Nuova Cultura - Introduzioni
278

Marco Di Domenico

Italiani pericolosi

Leggende e verità sugli animali di casa nostra

Bollati Boringhieri

Prima edizione giugno 2012

Torino, corso Vittorio Emanuele II, 86
Gruppo editoriale Mauri Spagnol
ISBN 978-88-339-2335-2

Schema grafico della copertina di Pierluigi Cerri

I disegni sono dell'autore

www.bollatiboringhieri.it

Stampato in Italia da Press Grafica - Gravellona Toce (VB)

Indice

Introduzione

Nella mia storia personale, nelle mie esperienze umane e scientifiche, nei miei pensieri di oggi e nella memoria del passato, persino nelle immagini, nei suoni e negli odori che quotidianamente mi attraversano, c'è l'Africa. Quando ero un giovane tesista di biologia ho trascorso alcuni mesi in Africa, più esattamente nella Repubblica Sudafricana, nel 1991 e nel 1992. Poche esperienze mi hanno altrettanto segnato e insegnato, poche sensazioni hanno superato per intensità e bellezza quelle vissute in quel breve periodo. E soprattutto mai mi era capitato, e non mi è più capitato come in Africa, di avere paura. Paura biologica, intendo. Paura di essere inadeguato, piccolo, lento, indifeso; paura di essere solo, paura di morire o di commettere un errore che potesse essermi fatale. Paura di essere mangiato, ucciso, attaccato da un animale, morso da un serpente. Paura della malaria e della bilharziosi, invisibili e terribili. Paura di trovare nelle scarpe un ragno velenoso o uno scorpione, paura delle iene e dei leoni, dei leopardi, dei bufali, degli elefanti, dei rinoceronti, degli ippopotami, dei coccodrilli, dei babbuini. Ognuno di questi animali può ucciderti con un morso, una carica, una zampata, una puntura. Ed è ciò che accade, quotidianamente.

Pochi giorni prima che io arrivassi nel piccolo centro abitato di Skukuza, nel Parco Nazionale Kruger, un rinoceronte bianco aveva caricato e ucciso un giovane ricercatore, e un leopardo aveva ferito gravemente una turista. Sul giornale la cronaca quotidiana riportava uccisioni da parte di iene e leopardi, soprattutto di bambini – le prede più facili – che venivano attaccati mentre accompagnavano le madri nel lavoro dei campi. Non si contavano le persone affette da parassitosi da elminti (vermi) o da protozoi perché bevevano acqua contaminata o mangiavano carni di animali o altro cibo infetto. Un mio collega e amico era quasi morto, anni prima, dopo essere stato morso da un mamba verde. Era entrato in coma, ne era uscito ed era sopravvissuto, ma continuava a camminare scalzo. La gente che ho conosciuto in quei mesi, bianca e nera allo stesso modo, fossero zulu, tswana, mozambicani, boeri, anglosassoni, aveva sviluppato una sorta di fatalismo – a me allora incomprensibile – necessario alla conduzione di una vita normale. Non si può vivere, in quei luoghi, restando sempre sulla difensiva. E allora molti facevano il bagno nei laghi, non prendevano il chinino, dormivano in tenda ironizzando sul fatto che la zanzariera li avrebbe difesi dagli insetti ma sarebbe stata poco efficace con una iena, organizzavano merende sul fiume. Una volta partecipai a una di queste merende, il fiume era il Sabie. Eravamo forse cinque o sei persone e avevamo un fucile. Il più anziano del gruppo, ridacchiando, mi disse pressappoco: «Scegliti il tuo albero, così se arriva un bufalo sai già dove arrampicarti». Io pensai a cosa avrei fatto se invece fosse arrivato un leopardo, ma non dissi nulla. Non ero africano, e avevo paura, comunque più paura di loro. Più volte mi sono svegliato prima dell'alba per il ruggito di un leone a pochi metri dalla finestra della mia stanza: sapevo che il leone non avrebbe aperto la porta e non mi avrebbe mangiato, ma non potevo più riaddormentarmi, potevo solo aspettare il ritorno della luce. Una volta sorprendemmo una iena in cucina mentre rovistava nella spazzatura. Anche i luoghi, vasti e disabitati, troppo caldi e polverosi oppure troppo piovosi e umidi, erano privi di rassicuranti vie di mezzo: al Parco Nazionale Kruger la temperatura minima mai registrata è inferiore di qualche decimo di grado allo zero (100 km a sud del Tropico del Capricorno!), la massima sfiora i 50 °C all'ombra, e il terreno si scalda fino a 70 °C, creando venti ascensionali che sollevano nel cielo colonne di polvere nell'aria immobile. Le stagioni sono estreme. Da aprile a ottobre le precipitazioni sono rarissime, e le piante del bush sembrano morte, bruciate, sbiancate. Salvo poi riempirsi improvvisamente di verde dopo la prima pioggia, quando ormai le carcasse degli animali stremati dalla sete non si contano, e improvvisi e violenti temporali rischiarano le notti di fulmini orizzontali. Un inferno, a dirla così. Eppure su tutto dominava la bellezza. Una bellezza senza paragoni e senza sfumature, che faceva paura. L'Africa, almeno quell'Africa, fa capire cosa sia il pericolo che viene dalla natura. Ti dice semplicemente e continuamente: non puoi fare ciò che vuoi quando vuoi, perché hai discrete probabilità di morire.

Poi tornai in Italia. Qui non piovono cavallette, i fulmini sono rari e verticali, le acque non brulicano di coccodrilli né di ippopotami. Ci si può tranquillamente addormentare su un prato dopo un piacevole pic-nic. Il passaggio da una stagione all'altra è graduale, lento, rassicurante. La vita quotidiana allontana le paure – quelle paure – che però non scompaiono: al contrario, si sdoppiano. Una parte rimane in Africa, pronta ad assalire un altro (tu non ci sei più, ma la natura non se ne è accorta, susciterà le stesse impressionanti sensazioni a chiunque abbia la fortuna di viverle); una parte invece la porti sempre dentro, come una presenza priva di riscontro oggettivo e sensitivo.

Recentemente, in automobile, sono rimasto colpito da uno spot alla radio. La sostanza era più o meno questa: in un luogo esisteva una foresta tetra e intricata, piena di suoni sinistri e misteriosi, infestata da terribili animali. Ora fortunatamente quel luogo minaccioso non c'è più, e al suo posto sorge uno splendido centro commerciale pieno di accoglienti punti vendita, tra cui una macelleria e un negozio di pellicce. L'intento ironico dello spot era evidente, ma dietro l'apparente leggerezza ho trovato una verità tanto ovvia quanto drammatica: noi non abbiamo eliminato il pericolo dalle nostre vite di europei, noi abbiamo letteralmente e simbolicamente asfaltato il pericolo. Quando si asfalta una superficie ciò che rimane al disotto non si elimina, si nasconde. E sopra si costruisce una realtà nuova: la strada, la città, il centro commerciale, il nucleo industriale, il parcheggio, ma anche la nostra vita sociale e affettiva, il nostro cibo, tutto ciò che costituisce il mondo fisico, reale e quotidiano in cui viviamo, il luogo dove è la nostra casa, o il nostro posto di lavoro, o ciò che c'è tra l'una e l'altro o entrambi. Credo che nessuno, oggi, possa fare a meno di calpestare quell'asfalto. Nemmeno chi ha fatto scelte coraggiose e radicali e vive magari autoproducendosi il cibo, l'energia domestica o gli abiti, e ha rinunciato all'automobile, alla televisione o al cellulare. Costui deve avere comunque una casa, deve percorrere una strada. Deve poter acquistare le cose che gli servono per vivere, sia pure una medicina, un libro, un paio di occhiali. Ogni singolo oggetto si porta dietro un'eredità pesantissima fatta di asfalto, di spazio sottratto a qualcos'altro. Paradossalmente e dolorosamente, anche chi è tagliato fuori da tutto, chi non possiede nulla, chi vive in strada, può sopravvivere solo grazie a quella trasformazione, di cui non è complice ma da cui dipende. Si è insomma tutti partecipi della sostituzione di una realtà con un'altra – di una natura con un'altra – oppure dipendenti da essa.

C'era un'Africa anche in Europa, ed è stata asfaltata. È da qui che voglio entrare nel vivo dell'argomento del libro. Ponendo delle domande. La natura italiana, oggi, è ancora pericolosa? Quanto lo era in passato? Quali e quanti sono oggi gli animali pericolosi? Dove vivono? Costituiscono un pericolo oggettivo o solo potenziale? Il nostro comportamento e le nostre abitudini ne aumentano la pericolosità?

Questo libro racconta la biologia delle specie animali marine e terrestri che oggi, in Italia, costituiscono un pericolo per l'uomo. È necessario, innanzitutto, definire il termine pericolo e stabilire di conseguenza cosa vuol dire pericoloso; per far questo ho scelto tre opere di riferimento pubblicate in epoche diverse: il *Vocabolario etimologico della lingua italiana* di Pianigiani (1907), il *Vocabolario della lingua Italiana* di Devoto-Oli (1979) e il *Vocabolario* Treccani consultabile on line. Iniziamo da quest'ultimo: «pericolóso agg. [dal lat. *periculosus*, der. di *perĭcŭlum* «pericolo»]. [...] Che ha in sé la possibilità di determinare o di costituire un pericolo, che può procurare o provocare danni fisici o d'altra natura, direttamente o indirettamente [...]; perìcolo s. m. [dal lat. *perĭcŭlum* «esperimento, processo giudiziario, rischio»]. [...] Circostanza o complesso di circostanze da cui si teme che possa derivare grave danno». Secondo il Devoto-Oli, invece, pericoloso è ciò «che comporta dei rischi o va affrontato con cautela» o che «è capace di recar danno», e pericolo è quella «situazione o motivo da cui si teme possa derivare un danno più o meno grave». Pietro Ottorino Pianigiani, invece, nel suo *Vocabolario etimologico*, scrive che pericolo è genericamente «rischio, male soprastante». In queste definizioni, e negli esempi che seguono e che qui non ho riportato, non c'è alcun accenno agli animali come possibile fonte di pericolo. Eppure l'uomo è da sempre soggetto ai pericoli che derivano dalla natura e in particolare dagli altri animali, dei quali è stato preda, competitore, ospite (nel senso parassitologico del termine), vittima di attacchi e morsi velenosi. Il suo essere piccolo in una natura di giganti, o comunque di animali infinitamente più forti, veloci e «armati» di lui, oppure tanto minuscoli da risultare inconoscibili e invincibili, lo ha reso e lo rende estremamente vulnerabile. Il cervello e il pollice opponibile – la manualità, la tecnologia, il linguaggio e la cultura – le armi (quasi) esclusive della specie *Homo sapiens*, non sempre lo hanno difeso, né mai potranno salvarlo del tutto. Ancora oggi, nell'era digitale, gli animali sono tra le prime cause di morte al mondo: solo di malaria, malattia causata da protozoi e trasmessa all'uomo dalle zanzare *Anopheles*, muoiono un milione di persone ogni anno. Sono stime arrotondate per difetto perché, soprattutto in Africa, molte morti, in particolare fra i bambini sotto i cinque anni, non rientrano nelle statistiche. La malaria è una delle tantissime malattie trasmesse all'uomo da animali – in particolare Artropodi – che uccidono o condizionano fortemente l'esistenza di milioni di persone; a queste vanno aggiunte le parassitosi e le uccisioni causate da grandi mammiferi, serpenti velenosi, ragni e scorpioni, insetti, pesci, cubomeduse, soprattutto nei paesi tropicali. Solo nelle Filippine e in India il cobra *Naja naja* e altre specie di serpenti uccidono migliaia di persone ogni anno.

Anche in Italia, come nel resto dell'Europa, in un recente passato, si moriva a causa degli animali. C'era, innanzitutto, la malaria, che come dice un documento del parlamento italiano della fine del XIX secolo «desola le campagne e fa dei contadini un numero sterminato di vittime»; di malaria si continuò a morire fino alla metà del XX secolo, e la malattia fu ufficialmente eradicata dal nostro Paese solo nel 1970. Almeno fino al XIX secolo si moriva anche di tifo petecchiale, trasmesso dai pidocchi, di malattie veicolate dalle mosche, dagli scarafaggi, dai ratti, oltre che di infinite infezioni batteriche e virali; tra la popolazione erano diffusissime cimici, piattole, acari della scabbia, parassiti interni.

Da sempre l'uomo ha nei confronti degli animali e della natura una paura istintiva e non certo immotivata. Una paura biologica e necessaria alla sopravvivenza, dovuta al fatto che per centinaia di migliaia di anni *Homo sapiens* – e prima di lui le tante forme di

Homininae che lo hanno preceduto – è stato vittima dei predatori e dei parassiti, ha lottato contro infiniti competitori, ha subito la fame, le malattie, la durezza del clima, esattamente come tutte le altre specie viventi. Konrad Lorenz individua nell'uomo paure innate che non derivano dall'esperienza, esattamente come accade negli animali, ma fanno parte della nostra memoria biologica, impressa nei nostri geni ed ereditata dai nostri progenitori. Non è difficile riconoscerne alcune, come la paura del buio e quella della solitudine. Nel mondo in cui gli uomini hanno vissuto per milioni di anni la notte e il buio dovevano costituire un incubo. Nell'oscurità, almeno fin quando l'uomo imparò a controllare il fuoco, l'uomo era cieco e indifeso ancor più che durante il giorno, era angosciosamente impotente. I suoi sensi erano relativamente poco efficienti, lo erano certamente meno di quelli dei suoi predatori. Non solo la notte, ma anche la solitudine poteva significare la morte per un individuo di un milione di anni fa. L'uomo era un buon cacciatore, ma era un animale sociale, e il gruppo compensava la debolezza oggettiva del singolo. Se un gruppo poteva aver ragione di un animale grande e pericoloso, nulla poteva un uomo da solo: né fuggire né attaccare.

Poi c'era la paura della morte, la madre di tutte le paure, e dei morti. Veder morire un compagno di caccia, un membro della famiglia o del gruppo era sconvolgente. La morte non si comprendeva, e i morti sembravano andare altrove, in un luogo lontano da dove potevano forse tornare tra i vivi – colpevoli di essere sopravvissuti – e trascinarli con loro. La paura della morte, che l'uomo non condivide con gli altri animali, è forse il prezzo che l'essere umano paga alla coscienza di se stesso. Nel tempo, le paure ancestrali sono rimaste, immutate nel profondo, ma vestite di abiti diversi; come ha scritto Jean Delumeau *la paura* rimane, ciò che cambia sono *le paure*, che sostituiamo, le une alle altre, epoca dopo epoca.

I bestiari medievali si diffusero in Europa nell'Alto Medioevo, ma la loro origine è molto più antica. Con intento moralizzatore, vi si raccontavano storie di animali reali o fantastici, intrise di riferimenti alla Bibbia o al Vangelo. Ne circolavano diversi, e centinaia furono le creature descritte: «Uomo di Dio, ascolta il testo degno di fede: devi volare sopra il mare, cioè vivere il mondo, dove vivono molte bestie feroci, astute e di natura malvagia» (bestiario di Philippe de Thaun, XII secolo). Innumerevoli storie favolose. L'aquila getta nel vuoto i figli che allontanano lo sguardo dal sole, perché indegni della specie; la balena si finge un'isola per poi trascinare negli abissi le navi che vi approdano; l'aspide, come i peccatori, resiste alla voce di Dio poggiando un orecchio al suolo e tappando l'altro con la coda; la pernice ruba le uova altrui, come il demonio che ghermisce le anime; la salamandra doma le fiamme e avvelena i frutti degli alberi e le acque dei pozzi. Non può mancare il lupo, animale simbolo di malvagità, che, secondo un bestiario toscano del XIII, «vive de rapina; e sì como lo lupo intra per involare guardingamente, cussì sono homini di tanta malvagità, che tuto tempo viveno de rapina. E cossì como lo lupo non engenera né nonne engravida fine a tanto che è vivo lo patre del maschio e la madre dela femena, cossì devene dell'omo peccatore, che in fin tanto che il peccatore dimora indel peccato, lo patre e la matre del peccato non pò fare fructo che piaccia tanto a Dio che lui possa salvare». E ancora scimmie, idre, pellicani, upupe, donnole, iene, volpi, unicorni. Dei bestiari rimangono tracce evidenti nella decorazione scultorea delle chiese romaniche, che pullulano di animali di ogni tipo, mostri, chimere, esseri fantastici, così come nella pittura del XV e XVI secolo. E forse più in là. Visitando molti dei musei di storia naturale del XVII o del XVIII secolo ci si troverà circondati da mostri: pulcini a quattro zampe, vitelli e tartarughe a due teste, arieti con quattro corna, feti deformi riempiono barattoli e armadi. In quelle collezioni c'è certamente un intento scientifico e classificatorio, ma c'è anche una fatale attrazione verso una mostruosità del mondo animale che sembra arrivare diritta dal Medioevo. Ancora oggi proviamo una sensazione di attrazione-repulsione verso quegli esseri aberranti. In effetti non si è mai smesso di raffigurare le paure in forma di animale, perché l'animale è quello che ti divora, ti avvelena, ti trasmette malattie, ti porta via il cibo. L'animale rappresenta anche la natura cattiva, è l'altro da sé e la parte più oscura di noi stessi, fino a diventare l'animale-mostro. Le paure legate al mondo animale rappresentano un universo affascinante e complesso che ovviamente esula dagli scopi di questo libro. Ma un filo comune sembra attraversare il tempo, dai bestiari scolpiti nelle cattedrali romaniche alle fiabe e ai racconti del folclore popolare fino alla letteratura horror e al cinema fantasy del XX secolo. Creature demoniache, esseri esotici e fantastici, mostri marini e giganti: i serpenti dell'iconografia religiosa, simboli del peccato e temuti ben oltre la loro reale pericolosità; i rapaci notturni portatori di disgrazie perché figli del buio e della foresta; il lupo delle fiabe; la bestia antropofaga del Gévaudan, che sparse il terrore in Francia nel XVIII secolo; le tarantole e il tarantismo del meridione d'Italia; gli esseri mostruosi di Hieronymus Bosch; il gatto nero delle superstizioni e del terrificante racconto di Edgar Allan Poe; la piovra delle *Ventimila leghe sotto i mari* di Jules Verne, così simile al mitico kraken della mitologia nordica e anche al Leviatano della Bibbia; la balena bianca di Herman Melville. C'è il King Kong di Merian C. Cooper ed Ernest B. Schoedsack, gli uccelli di Alfred Hitchcock, lo squalo di Steven Spielberg, dove l'incubo di essere divorati, antico quanto l'uomo, diventa realtà. E *Jurassic Park*, ancora di Spielberg, Godzilla, rettile che arriva dal passato, e Alien, mostro spaziale del futuro, metà pesce abissale, metà parassita; e c'è la mosca di Cronenberg, che contamina l'uomo e riporta alle chimere, metà animali metà uomini. C'è Jurassic Park, ancora di Spielberg, dove l'incubo di essere divorati, antico quanto l'uomo, diventa realtà; e ancora un prolifico cinema cosiddetto di serie B, grondante di truculente storie di ragni, vespe, piranha, anaconde, orche e pescecani.

Anche i documentari di argomento scientifico, che dovrebbero in teoria dare un'immagine oggettiva della natura, cedono a volte alla tentazione di mostrare la parte più oscura degli animali e, paradossalmente, sembra che il progresso delle tecnologie esalti questo aspetto. Il risultato è che gli animali continuano a essere circondati da credenze mitiche ed esagerazioni, falsità e pressappochismo. Molti anni fa vidi in televisione un filmato americano degli anni cinquanta in cui il conduttore, per dimostrare che l'aquila reale non era pericolosa per i bambini, aveva applicato un peso di 5 kg alla zampa di un esemplare in cattività. La povera bestia, per quanto sbattesse goffamente e inutilmente le ali, non poteva ovviamente staccarsi di un centimetro da terra. Ed ecco brillantemente dimostrata l'innocuità delle aquile nei confronti dei bimbi: mai un'aquila avrebbe potuto ghermirne uno e rapirlo; le aquile, in fondo, sono buone. Quell'assurdo documentario, o supposto tale, era il padre, ancora grezzo e tecnicamente poverissimo, di tanta cattiva documentaristica che sarebbe seguita nei decenni a venire, supportata dalla tecnologia e culminata nelle follie dell'australiano Steve Irwin e dei suoi tanti epigoni. Costoro forse credevano e credono di educare al rispetto degli animali e contribuire alla loro conoscenza infilando la testa nelle fauci dei coccodrilli, manipolando serpenti dal veleno mortale, catturando nelle Llanas venezuelane anaconde di 7 metri, lasciando camminare sul palmo della propria mano ragni dal morso mortale, nuotando senza protezione tra gli squali martello. Hanno invece solo ridotto le specie in questione a macchiette da circo, figuranti di un copione sempre uguale: alla fine l'uomo vince, ha la meglio sulla brutalità della natura, schianta con la forza dell'intelligenza la bestialità ferina e muscolare. Quei documentari raccontano pochissimo della biologia delle specie, non ne mostrano la bellezza, la forza, la perfezione, il senso della loro reale pericolosità. E nemmeno contribuiscono a sfatare le leggende e i pregiudizi che magari ne giustificano il massacro. Sono in realtà apologie dell'uomo, non documentari sugli animali: questi sono solo comparse, scelte di volta in volta perché dimostrino, attraverso la propria sconfitta, la grandezza e la superiorità dell'altra specie, quella che da millenni governa e tiranneggia questo pianeta. Irwin morì nel 2006, mentre girava un documentario sulla grande barriera corallina al largo di Port Douglas, nel nordest dell'Australia. L'aculeo di una pastinaca lo colpì al torace, causandogli un arresto cardiaco. Una morte casuale e beffarda per un uomo che aveva sfidato (e vinto) le mascelle dei coccodrilli marini e i morsi dei serpenti più velenosi del mondo. Va dato atto a Irwin di essere stato promotore di molti progetti per la protezione dei coccodrilli e di essersi sempre opposto alla caccia agli animali selvatici in Australia, ma il messaggio dei suoi «documentari» è stato a mio avviso comunque deleterio.

Il dopo Irwin è sotto gli occhi di tutti: filmati dal montaggio veloce e incalzante, dai primi piani terrifici, dalla colonna sonora da film dell'orrore; testi scarni, che rimandano sempre a qualcosa che sta per accadere, come in un giallo o nelle peggiori trasmissioni televisive pseudoscientifiche e infarcite di sciocchezze. Ovunque fauci spalancate, cacce spietate e uccisioni sanguinarie, inquietanti creature notturne. A fare da padroni grandi felini, pipistrelli vampiri, squali, orche, foche leopardo, calamari giganti, scorpioni, ragni velenosi, serpenti: tutto l'immaginario collettivo ancestrale dell'uomo (ancora una volta il vero protagonista subliminale), rivestito però di immagini di qualità e definizione impressionanti. Alla fine si è imparato poco o niente, mentre molto ci si impressiona e si esorcizza. Credo che sia necessario, in questo campo, liberarsi dei condizionamenti, dei luoghi comuni, delle convinzioni errate, e provare a raggiungere un minimo di conoscenza oggettiva della realtà, con quello sguardo che Francesco Redi definiva «visione oculare delle cose».

Io sono cresciuto con i documentari di Jacques-Yves Cousteau che a bordo della sua Calypso solcava i mari di tutto il mondo alla scoperta degli animali marini. Quei brevi filmati comunicavano pura passione per la natura, curiosità, entusiasmo. Cousteau e i suoi collaboratori discutevano durante il pranzo delle immersioni da preparare, delle immagini riprese, degli animali visti o delle domande da porre ai colleghi zoologi su questo o quel pesce o cetaceo o tartaruga marina. Anche qui l'uomo era il protagonista, ma la natura appariva grandiosa, affascinante, misteriosa, enormemente più grande di lui. E Cousteau e la sua Calypso la attraversavano piano, in silenzio, rispettosi e curiosi. O almeno questo era ciò che i miei occhi di bambino vedevano. E veniva voglia di fare lo stesso: prendere una bombola, un boccaglio e una cinepresa e filmare da vicino una cernia o una balena. Sono passati quarant'anni, e le guance scavate di Cousteau, i suoi occhiali, il naso affilato, la pipa e il berretto non smettono, al solo pensiero, di infondermi una sensazione di delicato rispetto per il mondo.

Torno per un attimo alla storia della foresta e del centro commerciale, metafora della nostra civiltà, del nostro stare al mondo. Il rassicurante centro commerciale-Italia nasconde forse dei pericoli? Quali e quanti? Mi limito a citare alcuni dati recenti. Si stima che nell'anno 2010 gli incidenti stradali con lesioni a persone siano stati 207 000 e abbiano causato 4000 morti e quasi 300 000 feriti: 567 incidenti stradali al giorno, per una media giornaliera di 11 morti e 811 feriti. Questo per quanto riguarda gli automobilisti. E i pedoni? 648 morti nel 2008, 667 nel 2009; feriti di qualche entità 20 640 nel 2008, 20 326 nel 2009; nel decennio 1999-2009 i pedoni morti sono stati quasi 8700, i feriti oltre 205 000. Ancora: da un'intervista ISTAT pubblicata alla fine del 2010 è risultato che il 5,7% degli individui (di almeno quattordici anni di età) ha subito nei dodici mesi precedenti reati contro la proprietà (scippi, borseggi e furti di oggetti personali di altro tipo) o reati violenti (minacce, aggressioni, rapine), e che il 16,2% delle famiglie ha subito reati relativi ai veicoli o alle abitazioni (furti, tentati furti, atti vandalici ecc.). Ancora dati ISTAT: nel 2008 ci sono stati circa 875 000 infortuni sul lavoro, nel 2009 circa 790 000; nello stesso anno, i casi mortali sono stati 1050. Ancora l'ISTAT riporta che nel 2009 in Italia ci sono stati circa 600 omicidi; a Roma, nel 2011, gli omicidi sono stati almeno 30.

Questo è il contesto nel quale, quotidianamente, conduciamo la nostra vita. E tralascio volutamente gli incidenti domestici (di cui si accennerà più oltre nel libro), le sciagure aeree, quelle ferroviarie o marittime, le morti per tossicodipendenze o alcolismo, quelle conseguenti a patologie derivanti da inquinamento o da stili di vita errati e insani, i tumori e le malattie cardiovascolari, ovunque in aumento esponenziale. Il mio intento però non è dimostrare se e quanto questo sia un Paese malsano, pericoloso o violento, o insicuro sulle strade o sul posto di lavoro (malsano, pericoloso, violento e insicuro rispetto a quale altro Paese, a quale altra epoca?). Più semplicemente, parto da un'osservazione per arrivare a formulare una domanda: viviamo oggi una strana condizione (o condizionamento) per cui sfrecciare in automobile su un'autostrada, attraversare una via cittadina trafficata, abitare in una grande città, prendere un aereo, fumare, assumere cibi e bevande di cui si ignora l'origine, la composizione e le modalità di trasporto e conservazione, gran parte insomma di ciò che costituisce il nostro quotidiano, viene percepito come l'assoluta normalità, come un'esistenza magari scomoda e stressante, forse insopportabile, ma *normale*. In un contesto del genere mi chiedo: ha senso, oggi, in Italia, avere paura di un animale?

Arriviamo quindi al tema centrale del libro: la pericolosità degli animali italiani. Rispetto al passato, le condizioni igieniche e sanitarie sono oggi enormemente migliorate, così come le condizioni di vita in generale, l'istruzione, l'alimentazione, la tutela della salute dei cittadini. L'aspettativa di vita è più che raddoppiata in un secolo, la mortalità infantile è quasi scomparsa. Il nostro è oggi un Paese dalla natura addomesticata e spesso violentata, eppure talmente eterogenea e ricca di vita da essere il Paese europeo con maggiore biodiversità e allo stesso tempo quello tra i più densamente popolati. Nei nostri affollatissimi 300 000 km^2 ospitiamo, oltre a noi stessi, altre 57 500 specie animali, 4700 delle quali sono endemiche, cioè vivono solo in Italia. Le specie animali pericolose per l'uomo sono in percentuale poche, anzi pochissime, ma sono comunque numerose e diffuse, e spesso poco conosciute. Questo libro prenderà in esame le specie animali pericolose presenti oggi in Italia raccontandone la biologia, l'ecologia, i rapporti con l'uomo, la diffusione, e cercando di valutarne l'effettiva pericolosità, quando possibile, attraverso dati ufficiali e risultati scientifici. Non potrà considerare tutte le specie pericolose, anche perché il concetto di pericolosità ha confini estremamente labili, inafferrabili.

Preparando il materiale per il libro mi sono subito reso conto che sarebbe stato necessario porre un limite, e che non mi sarebbe stato possibile essere completo ed esaustivo, e nemmeno del tutto coerente con i criteri scelti. Il concetto di pericolosità è indefinibile, anche perché in natura quasi tutto è almeno potenzialmente pericoloso, perché il livello stesso della pericolosità sfuma indefinibilmente fino ad annullarsi, dipende e varia enormemente a seconda del caso, della personale sensibilità, dei comportamenti, della responsabilità di ognuno. Dalla cantaride o mosca di Spagna (*Lytta vescicatoria*), un bel coleottero dei Meloidi, si ricava la cantaridina, un veleno potentissimo a forti dosi, conosciuto e usato già dai greci nell'antichità; e anche il *Paederus fuscipes*, un grazioso ed esile coleottero degli Stafilinidi, contiene una sostanza tossica; la pelle dei rospi è irritante per le mucose; un uccello rapace può causare profonde ferite con gli artigli, e di certo affrontare a mani nude un istrice è rischioso, perché i suoi aculei sono talmente aguzzi e forti da avere su uomo un effetto devastante; un ghiro o uno scoiattolo possono dare morsi dolorosissimi. È da considerare pericoloso un cinghiale che di notte attraversa una strada? Dal nostro punto vista, certo che sì! E sono in aumento gli incidenti, anche mortali, dovuti all'impatto delle automobili con ungulati selvatici. Ma in quel caso, il pericolo è nell'animale, nella sua biologia o etologia, oppure è insito nell'attività tutta umana di percorrere strade che tagliano ambienti naturali ancora ricchi di fauna? Il vero pericolo è rappresentato dal cinghiale per noi o dalla strada per lui? E possiamo dire che il cane è un animale pericoloso? Si direbbe di sì, dal momento che non poche sono le vittime dei cani (è cronaca di questi giorni l'uccisione di due uomini da parte di branchi di cani), che comunque il morso di un cane quasi mai è uno scherzo senza conseguenze, e che il cane è portatore di malattie serie. Eppure il cane ci accompagna da migliaia di anni, e certo chi ne possiede uno e con lui condivide l'esistenza non lo percepisce come un pericolo. Lo stesso discorso vale per quasi qualsiasi altro animale domestico: un gatto, un cavallo, una vacca, un montone, un maiale possono fare molto male o anche uccidere. Dobbiamo allora considerarli tutti animali pericolosi? Potrei continuare con altri, infiniti casi nei quali la zona grigia che si estende tra pericolo reale, potenziale o fittizio, tra biologia e antropocentrismo, rende impossibile stabilire un confine netto. Mi sono allora convinto che sarebbe stato necessario porre alcune limitazioni, e alla fine ho fatto una scelta: considero pericolosi oggi in Italia gli animali selvatici che costituiscono un pericolo oggettivo e reale per l'uomo. Ho escluso le specie domestiche, per le quali la convivenza con l'uomo e la selezione artificiale alla quale sono stati sottoposti crea situazioni, anche di pericolo, del tutto innaturali, e le specie selvatiche la cui pericolosità è solo potenziale, e dipende esclusivamente dal nostro comportamento e dalla nostra ignoranza, non dalla loro biologia. Ho inoltre escluso i protozoi patogeni non trasmessi da vettori animali; questi minuscoli organismi non appartengono infatti al regno animale, e per la loro abbondanza, complessità e importanza meritano una trattazione approfondita a parte. Per lo stesso motivo si parlerà di batteri e virus patogeni solo se trasmessi all'uomo da animali. I protagonisti del racconto non saranno loro, quindi, ma altri: le attinie e le meduse, i bivalvi che possono accumulare tossine e diventare velenosi se mangiati, i vermi marini e gli Echinodermi, i pesci dotati di spine connesse a ghiandole del veleno, gli squali. E poi gli elminti, oscuri parassiti interni che penetrano nell'organismo attraverso la pelle o celati nel cibo; gli acari, le zecche e gli insetti ematofagi, che pungono causando reazioni allergiche a volte importanti, e soprattutto che possono veicolare malattie. E ancora i ragni e gli scorpioni, gli Imenotteri dotati di pungiglione; gli scarafaggi, le mosche e i ratti, onnipresenti serbatoi di agenti patogeni, instancabili contaminatori di cibo; e poi le vipere e molti altri ancora. Ho infine deciso di dedicare il capitolo conclusivo del libro al lupo, che, a differenza delle altre specie, non costituisce un pericolo oggettivo, ma che è ugualmente vittima da sempre delle paure più profonde dell'uomo, e che paga tali pregiudizi con una persecuzione che non ha eguali tra tutti gli animali italiani. Molti altri sono i luoghi comuni da sfatare, e moltissime le percezioni distorte del pericolo costituito dagli animali. Se vipere, scorpioni e vespe sono temuti da tutti, spesso in maniera esagerata, lo stesso non si può dire di creature meno note, che però sono certamente più pericolose di loro: piccoli artropodi vettori di microrganismi patogeni, come insetti o zecche, a volte di recente introduzione in Italia, bizzarri animali marini, parassiti interni assunti inconsapevolmente attraverso l'alimentazione. Chi ha il terrore delle vipere, cosa sa sui rischi del sushi e del sashimi, e in generale sul consumo di pesce crudo?

Ha scritto Franco Marcoaldi che gli uomini «vivono nel terrore di essere contaminati da altre creature, sporcati da altri mondi. Credono che la vita altro non sia che una lunga marcia di conquiste, e il fine unico e ultimo vincere, imporsi e sopravvivere. Preservando la loro sterilizzata immunità, senza guardare in faccia a nessuno». Invece dobbiamo rassegnarci, e – credo – anche gioire: viviamo ancora in un luogo dove la natura esiste; accanto, appena al di là dell'asfalto, c'è anche il pericolo, che dalla natura è inscindibile.

Italiani pericolosi

a mia figlia Giulia
che da poco è arrivata
e ad Andrzej, Fabiola e Francesco
che da poco sono andati via.

Temer si dee di sole quelle cose,
ch'hanno potenza di fare altrui male,
dell'altre no, che non son paurose.

Franceco Redi, 1664

Tutti gli uomini hanno paura,
e chi non ha paura è un anormale.
E tutto questo non ha niente a che vedere
con il coraggio.

Jean Paul Sartre, 1945

Parte prima

Animali marini

Il racconto inizia in mare. Dove del resto, 4 miliardi di anni fa, è iniziata anche la vita, e dove ancora oggi la vita continua a pullulare con un numero strabiliante di individui. Molte specie presenti nei mari italiani rappresentano un pericolo potenziale o reale per l'uomo, e causano ogni anno un gran numero di incidenti di diversa gravità, in qualche raro caso mortali. Praticamente tutti i gruppi marini principali – Poriferi, Cnidari, Nematodi, Anellidi Policheti, Molluschi, Briozoi, Crostacei, Echinodermi, Pesci Cartilaginei e Pesci Ossei – annoverano almeno alcune specie pericolose, anche se ovviamente la pericolosità varia da specie a specie, da gruppo a gruppo, ed è, come vedremo, dovuta ai fattori più diversi, anch'essi variabilissimi. In generale, la pericolosità degli animali marini può avere origine tossica – da contatto, da inoculo o da ingestione – o meccanica – per la presenza di spine, aculei, chele o denti acuminati; a volte le due cose agiscono insieme, come nel caso delle spine delle tracine. È sempre bene poi ricordare che la pericolosità varia spesso, e in qualche caso soprattutto, a seconda della sensibilità individuale di chi subisce l'incidente: qualsiasi sostanza che entri in contatto con l'organismo può provocare reazioni che vanno da una blanda irritazione locale a effetti sistemici e shock anafilattico, con conseguenze gravissime o fatali. L'azione di una tossina introdotta nell'organismo è infatti sempre duplice: l'effetto proprio di quella tossina (litico, neurotossico, cardiotossico ecc.) e l'effetto allergenico; spesso è proprio quest'ultimo ad avere le conseguenze più gravi. Ciò vale, ovviamente, non solo per gli animali marini. C'è poi un tipo di tossicità esogena, cioè acquisita, come nel caso dei molluschi o dei pesci che si nutrono di organismi tossici e ne accumulano le tossine nei tessuti, e c'è una pericolosità del tutto diversa e dovuta alla presenza di parassiti che possono passare all'uomo attraverso il consumo alimentare di pesci e molluschi. In qualche caso, infine, la pericolosità è semplicemente dovuta alle grandi dimensioni degli animali, di per sé privi di comportamenti aggressivi nei confronti dell'uomo. È il caso dei cetacei, presenti nel Mediterraneo con numerose specie anche gigantesche, come il capodoglio o la balenottera comune, della manta o dello squalo elefante, che non saranno trattati in questo libro. Iniziamo invece il viaggio partendo dalle spugne, gli organismi più semplici tra tutti gli animali, tanto da essere classificate sull'indefinito confine tra il regno animale e quello dei protisti, gli organismi unicellulari.

Le spugne

Quelle strane creature che chiamiamo comunemente spugne appartengono al phylum dei Poriferi, un gruppo che comprende all'incirca 8000 specie, quasi tutte marine, alcune delle acque dolci, tutte comunque acquatiche e sessili; di queste, circa 500 appartengono alla fauna italiana. Sono organismi dalla struttura semplice e scarsamente differenziata, costituita da uno strato esterno (ectoderma) di cellule dette «pinacociti» e uno interno (endoderma) di cellule flagellate dette invece «coanociti»; i coanociti affacciano su una cavità interna detta «spongocele». Tra i due strati c'è una matrice gelatinosa che contiene altri tipi di cellule mobili e un intreccio di spicole, minuscoli cristalli calcarei o silicei che costituiscono lo «scheletro interno» delle spugne; tra le cellule esterne è inoltre presente una struttura a traliccio formata da spongina, una proteina che conferisce rigidità e tiene insieme tutta la struttura. Tra i coanociti sono presenti cellule specializzate, i porociti, che delimitano dei canali inalanti attraverso cui passa l'acqua, attratta nello spongocele dal movimento dei flagelli dei coanociti. Dalla corrente d'acqua che ne risulta, le spugne traggono ossigeno e cibo: microrganismi e microparticelle sospese. L'acqua poi fuoriesce da un grande foro comunicante con le cavità interne, l'osculo. Le spugne possono essere semplici, a sacco, con lo spongocele che comunica direttamente con l'esterno attraverso canali inalanti semplici (tipo *ascon*), oppure possono avere canali inalanti ramificati e comunicanti con cavità intermedie, che aumentano la superficie di scambio (tipi *sycon* e *leucon*). Le dimensioni vanno da pochi centimetri a un metro, la forma da sacciforme a crostosa, da colonnare ad arborescente. Le spugne sono ermafroditi non sufficienti: gli individui, cioè (o forse sarebbe meglio dire le colonie di cellule) producono sia uova che spermi, ma non si autofecondano. Nel periodo riproduttivo i coanociti si trasformano in gameti e gli spermi vengono liberati attraverso l'osculo. Quando entrano in contatto con un'altra spugna, i coanociti li catturano e li assorbono, così da permettere il contatto con le uova e quindi la fecondazione. Dall'uovo fecondato nasce una larva, l'anfiblastula, che è planctonica finché non subisce una metamorfosi e si fissa al substrato. Da quel momento è già una minuscola spugna e inizia ad accrescersi e a filtrare acqua. La pericolosità delle spugne è generalmente bassa, almeno per le nostre specie, ma alcune provocano, al contatto, reazioni di varia natura: bruciore, indolenzimento, rash cutanei, eczema. Le spugne producono infatti varie tossine, utilizzate contro i predatori o con effetto antibiotico per limitare l'infestazione da parte di parassiti e altri microrganismi che si annidano facilmente sulla loro superficie esterna. La spugna del paguro o pallottola (*Suberites domuncula*) per esempio, una comune spugna del Mediterraneo, secerne suberitina, una neurotossina in grado di uccidere molti piccoli animali marini, tra cui l'*Asterocheres suberitis*, un minuscolo crostaceo copepode parassita. La *Suberites*, tra le altre cose, sviluppa ben note simbiosi con alcuni paguri, perché si insedia spesso sui nicchi delle chiocciole occupate dai Crostacei. La tossicità della *Suberites* dissuade i predatori del paguro, che in cambio trasporta la spugna, migliorandone le prestazioni di filtratrice. Le tartarughe marine, comunque, mangiano regolarmente le *Suberites* e altre spugne, senza subire alcun effetto, come del resto fanno anche con le più velenose tra le meduse. Sull'uomo, l'azione tossica da contatto della suberitina è blandamente irritante e provoca al massimo dermatiti non gravi, accentuate dall'azione congiunta della tossina e delle microabrasioni provocate dallo scheletro.

Ho utilizzato la – scarsa – pericolosità delle spugne per aprire la parte del libro dedicata alle specie, e introdurre il capitolo successivo; un antipasto, diciamo così, prima della scorpacciata di veleni che segue. Perché la tossicità delle spugne è nulla in confronto a quella di molti Cnidari.

Gli Cnidari

Il gruppo marino che annovera il maggior numero di specie pericolose per l'uomo è quello degli Cnidari, in passato più noti come Celenterati: meduse, attinie, polipi e altri organismi, quasi tutti marini, alcuni di acqua dolce, come le piccole idre (genere *Hydra*). Solo nei mari italiani se ne contano circa 460 specie. Gli Cnidari sono animali dalla struttura relativamente semplice, un gradino più su dei Poriferi e dei Mesozoi, animali che somigliano più a colonie di cellule che a organismi complessi. Dagli Cnidari in poi si entra invece nel grande gruppo degli animali costituiti da tessuti differenziati e specializzati. In questi animali e negli affini Ctenofori, però, tutti gli organi del corpo derivano da due soli foglietti embrionali, non da tre come accade in altri gruppi. Sono presenti infatti solo un ectoderma e un endoderma, cioè rispettivamente un foglietto esterno e uno interno. In mezzo c'è una matrice gelatinosa, la mesoglea, non cellulare – anche se contiene delle cellule – e composta essenzialmente di acqua. In questo la struttura degli Cnidari ricorda quella dei Poriferi. Negli animali più complessi, ai due foglietti se ne aggiunge un terzo, il mesoderma, quello che per esempio costituisce lo scheletro e i muscoli dei Vertebrati. Semplificando un po' e ignorando le non poche eccezioni, agli Cnidari appartengono due forme distinguibili e immediatamente riconoscibili: la forma polipoide e quella medusoide. La prima (polipo) è sessile, cioè ancorata al substrato, la seconda (medusa) conduce vita libera, è capace di movimento e nuota più o meno attivamente. I polipi hanno una colonna che li ancora al substrato e alla cui estremità superiore si apre la bocca, circondata da un numero variabile di tentacoli. Le meduse hanno invece un'ombrella che sovrasta la corona dei tentacoli, al centro dei quali si trova una struttura detta «manubrio»; alla sommità del manubrio si apre la bocca. Non bisogna associare i polipi ai polpi, animali ben più complessi e appartenenti ai Molluschi, solo superficialmente simili per il fatto di avere dei tentacoli. I due nomi sono spesso confusi nel linguaggio comune, oltre che sui banchi dei mercati del pesce o sui menù dei ristoranti, e hanno anche identica etimologia (in greco: «con molti piedi»). Polpi e polipi differiscono però tra loro più di quanto noi siamo diversi da un lombrico. Nonostante l'aspetto, polipi e meduse sono invece strettamente imparentati, anzi, possiamo dire che sono le due facce della stessa medaglia, tanto è vero che le meduse, quasi tutte almeno, durante lo sviluppo attraversano uno stadio polipoide, e i polipi, per riprodursi, si affidano a forme medusoidi. Lo sviluppo degli Cnidari non è diretto, ma passa per una una fase larvale planctonica, la planula, trasparente e ciliata, che metamorfosa in un piccolo polipo. Negli Cnidari polipoidi (Antozoi e Idrozoi) il polipo si accresce e assume il suo aspetto definitivo, di individuo, come nelle idre o nelle attinie, o di colonia, come nel caso dei coralli. Nelle forme medusoidi, invece (Scifozoi e Cubozoi), il giovane polipo (che prende il nome di scifostoma) inizia a segmentarsi orizzontalmente in strati sovrapposti (efire), che si staccano e danno vita alle meduse così come le conosciamo. Negli Cnidari coloniali i polipi maturi sessualmente producono per gemmazione minuscole meduse a sessi distinti, che si liberano e producono a loro volta gameti, dalla cui unione si generano planule e quindi una nuova generazione di polipi. Insomma, una questione tanto affascinante quanto complicata. Polipi o meduse che siano, gli Cnidari possiedono armi minuscole ma micidali, con le quali paralizzano e uccidono le prede, e con le quali provocano, in caso di contatto, reazioni anche serie nel nostro organismo. Nell'epidermide (ectoderma) degli Cnidari sono presenti cellule speciali, (cnidociti o cnidoblasti) che contengono piccole cisti dette «cnidocisti», le armi segrete degli Cnidari. Nelle cnidocisti del tipo «nematocisti», tipiche delle meduse e delle attinie, ci sono, avvolti a spirale, microscopici arpioni capaci di inettare veleno. Basta un semplice contatto che le nematocisti si aprono e lasciano partire i loro dardi lillipuziani. Non uno, ma migliaia. Che iniettano nella

TAVOLA I

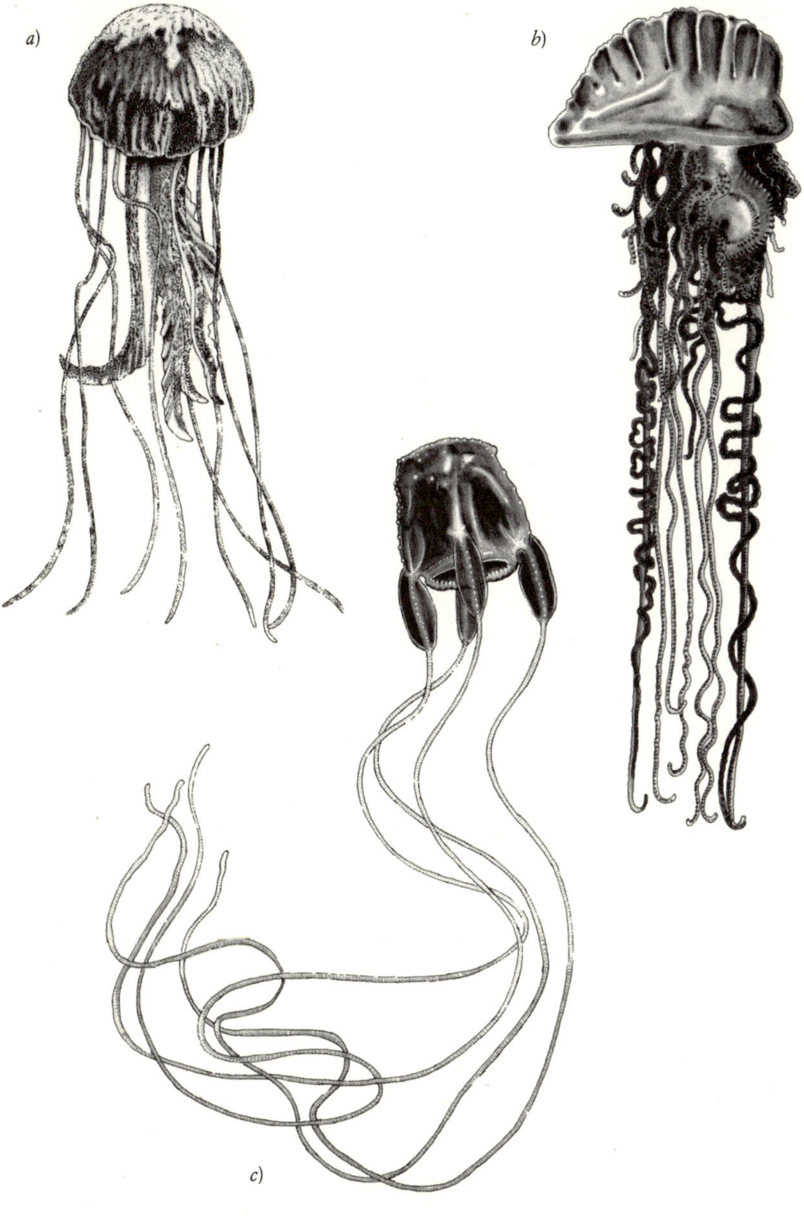

1. *a) Pelagia noctiluca*; *b) Physalia physalis*; *c) Carybdea marsupialis*.
Ridisegnati da Bigazzi e Fellegara, 2000.

pelle del piccolo pesce, del crostaceo o dell'uomo (l'attacco è meccanico e scatenato dal contatto, e quindi non selettivo) tossine con effetti miolitici, neurotossici, emolitici o necrotici. Le conseguenze sono varie e di diversa gravità. Non mancano nel mondo, e anche nei nostri mari, specie potenzialmente mortali.

Le attinie

Alla forma polipoide degli Cnidari appartengono le attinie, o anemoni, raggruppate nella classe degli Antozoi, letteralmente animali-fiori, per la loro somiglianza con variopinti fiori marini. Fiori che non hanno petali, però, ma tentacoli urticanti. Sono animali dotati di colorazioni sgargianti, per esempio verdi, rosse o viola, con molte specie comuni nel Mediterraneo e localmente comunissime. Su palcoscenici più esotici e sfavillanti, come le grandi barriere coralline dei mari tropicali, le attinie sono protagoniste di casi famosissimi di simbiosi con piccoli pesci del genere *Amphiprion*, i pesci pagliaccio, che hanno sviluppato immunità al veleno delle cnidocisti, e che in cambio della protezione offerta dai pericolosi tentacoli delle attine garantiscono a chi li ospita una continua e accurata igiene orale. Nei nostri mari, l'anemone *Calliactis parasitica* ha invece sviluppato un'alleanza con il paguro bernardo (*Eupagurus bernhardus*), il quale a sua volta si insedia nelle conchiglie vuote dei *Buccinum*. Il paguro trasporta sulla conchiglia l'anemone, facilitandolo nella cattura dei microrganismi di cui si nutre; in cambio i tentacoli urticanti dell'anemone garantiscono protezione al paguro. Quando il paguro cambia casa, l'anemone, affezionato, lo segue (in realtà, è il paguro a prelevarlo dalla vecchia conchiglia e spostarlo sulla nuova).

Tra le attinie più note e diffuse in Mediterraneo ci sono senza dubbio l'*Actinia equina* e l'*Anemonia viridis*. L'*Actinia* è un animale alto 2-5 cm, con corpo colonnare che aderisce al substrato grazie a un disco pedale che gli consente piccoli e lenti movimenti laterali. La parte superiore della colonna si allarga in un disco che porta un numero variabile di tentacoli, disposti in circolo intorno alla bocca. I tentacoli fluttuano mollemente alla corrente, ma possono anche essere retratti, e in questo caso l'aspetto dell'attinia ricorda quello di un globo rosso. Da qui il nome volgare di «pomodoro di mare».

Quando un piccolo pesce o un altro piccolo animale marino vengono a contatto con uno o più tentacoli, le nematocisti sparano i loro dardi avvelenati e il malcapitato viene immediatamente paralizzato e ucciso. Lentamente i tentacoli lo portano alla bocca e l'attinia lo divora. Se invece a toccare i tentacoli è la pelle di un uomo, si scatena una reazione locale che comprende dolore intenso, arrossamento e formazione di vescicole. Dal pomodoro di mare è stata estratta una tossina molto potente, la equinatossina, che ha una composizione proteica simile per certi versi al veleno dei serpenti, e che è termolabile, cioè perde efficacia con il calore, a 60-70 °C. Ecco perché in alcune regioni italiane, come il Veneto, i pomodori di mare vengono cotti e mangiati, e considerati delle vere e proprie leccornie. La cottura inattiva la proteina, modificandone la struttura, e gli enzimi proteolitici dello stomaco e dell'intestino la demoliscono e digeriscono senza problemi. Come alimenti freschi, invece, questi graziosi animaletti sono assolutamente da sconsigliare.

Altra specie diffusa e comune è l'*Anemonia viridis*, meglio nota come anemone di mare. L'aspetto generale del corpo è simile a quello del pomodoro di mare, ma la colonna è solcata orizzontalmente e i tentacoli sono molto più lunghi, più numerosi e non retrattili. La colorazione è variabile, dal verde al viola al giallo al blu, e dipende in parte dalla presenza di alghe unicellulari (zooxantelle) all'interno dei tessuti. La tipologia del veleno e l'azione tossica sull'uomo sono simili a quelli del pomodoro di mare, così come l'abitudine al consumo alimentare dell'anemone, ricercato per esempio in Sardegna come una prelibatezza. Per quanto riguarda la terapia delle lesioni cutanee provocate dal contatto con le attinie, risultano molto efficaci i rimedi utilizzati tradizionalmente: lavaggi con acqua molto calda, sostanze acide (succo di limone, aceto) o basiche (ammoniaca), alcool o permanganato di potassio. Tutte queste sostanze, e il calore, inattivano le catene polipeptidiche della componente proteica del veleno, e quindi lo neutralizzano. Da evitare invece lo strofinamento, che può provocare l'attivazione di altre nematocisti presenti su piccoli frammenti di tentacolo eventualmente rimasti attaccati alla cute. Oltre alla equinatossina, il veleno delle attinie contiene anche altre tossine: talassina, congestina e ipnotossina, classificate nel gruppo delle tossine di media tossicità. La gravità della reazione a queste sostanze dipende comunque dall'estensione dell'area di contatto, dalla specie e dalla sensibilità individuale: in generale i bambini sono colpiti in maniera più grave, e in alcuni casi si verificano, oltre alle alterazioni locali, anche reazioni sistemiche che comprendono crisi respiratorie, collasso e perdita di conoscenza, tetano muscolare, vomito e diarrea. Nei casi più gravi occorre agire immediatamente con tecniche di rianimazione dirette a ripristinare la respirazione e il ritmo cardiocircolatorio, e in seguito somministrare farmaci opportuni: cortisone, antistaminici, adrenalina e cardiotonici. In casi rarissimi (bambini molto piccoli, soggetti ipersensibili) e in assenza di cure adeguate, può sopraggiungere la morte.

Le meduse

Le meduse, gli Cnidari a vita libera, sono distinte in due classi: Scifozoi e Cubozoi. Ai primi appartengono le specie più note e diffuse, le meduse propriamente dette o scifomeduse, quelle che spesso rovinano il piacere di un bagno estivo quando accade che arrivino a frotte presso le coste; ai secondi le meno diffuse cubomeduse. Le meduse sono animali mobili ma fondamentalmente planctonici, cioè dipendenti dalle correnti per gli spostamenti a lungo raggio, anche se, come vedremo, alcune compiono vere e proprie migrazioni mirate, le cubomeduse sono capaci di nuotare in maniera veloce, potente e direzionale.

Nei mari italiani vivono 16 specie di Scifozoi, suddivise in 10 famiglie. Gran parte dei contatti uomo-medusa riguarda però poche specie, fondamentalmente quattro: *Aurelia aurita*, *Pelagia noctiluca*, *Cotilorhyza tubercolata* e *Rhizostoma pulmo*; queste specie sono tra le più comuni, ma fortunatamente non tra le più pericolose.

Aurelia aurita è una piccola e graziosa medusa bianca e semitrasparente. Si riconosce facilmente per la presenza, alla sommità dell'ombrella, delle gonadi, quattro strutture a semicerchio che formano un disegno simile a un quadrifoglio. L'ombrella non supera i 40 mm di diametro ed è bordata da numerosi, brevi e sottilissimi tentacoli. Intorno al manubrio ci sono inoltre quattro braccia simili a veli spessi e frastagliati, evidenti però solo negli adulti. Anche se le correnti o le forti mareggiate possono avvicinare gli animali alle coste in qualsiasi periodo dell'anno, l'*Aurelia aurita* forma tipicamente, in primavera e in estate, densi banchi presso le baie e gli estuari. I banchi si orientano con il sole, e le loro migrazioni sono quindi attive e finalizzate alla riproduzione. Maschi e femmine emettono in mare i gameti, la cui unione origina delle planule che scendono al fondo, metamorfosando. Gli scifostomi si insediano nelle acque calme e poco profonde, si accrescono e all'inizio dell'anno iniziano a produrre le efire, che le correnti riporteranno in mare aperto. Queste piccole e onnipresenti meduse si nutrono di organismi planctonici, comprese uova e larve di pesci. Il contatto con la pelle provoca dolore non particolarmente intenso e arrossamento, e i sintomi di norma spariscono nell'arco di poche ore.

Altra specie comune e ben nota è la *Pelagia noctiluca*, che deve il suo nome specifico al fatto di apparire fosforescente nelle ore notturne. Ha una colorazione rosa o violetta, e le sue dimensioni superano di circa due volte quelle della *Aurelia*. L'ombrella è emisferica, e porta lungo il bordo 8 lunghi tentacoli filiformi alternati a 8 organi sensibili alla luce e dotati di cellule visive, piccoli e primitivi occhi. Non è la loro unica particolarità: le cnidocisti sono presenti, oltre che sui tentacoli, anche sui margini dell'ombrella, e a differenza delle altre meduse non hanno uno stadio polipoide: dall'uovo sgusciano larve (planule) che poi metamorfosano direttamente in piccole meduse già indipendenti e capaci di movimento autonomo. Le *Pelagia* si nutrono di piccole meduse pelagiche e altri organismi planctonici. La loro tossicità è considerata moderata, ma il contatto con la pelle è comunque molto doloroso e i sintomi hanno una durata prolungata e lasciano spesso chiazze cutanee e arrossamenti. Molto più grave è il contatto con le mucose, specie con la congiuntiva dell'occhio. Il contatto multiplo, inoltre, che si verifica non di rado vista la presenza a volte abbondantissima della specie, può provocare fenomeni di sensibilizzazione: i contatti successivi con le *Pelagia*, o anche con altre specie, a volte scatenano reazioni allergiche anche violente.

Da bambino ero insieme attratto e terrorizzato da enormi (ai miei occhi) meduse che le mareggiate di fine agosto spingevano sulla spiaggia. La mattina trovavo il bagnasciuga costellato da masse gelatinose brune, informi. Con cautela raccoglievo le più piccole e le mettevo in un secchiello, oppure giravo le più grandi, esponendo la parte inferiore, con i tentacoli e la bocca, al sole. Molte erano ancora vive e continuavano a contrarsi per un po' come se ancora nuotassero. Poi il sole si alzava e le grandi meduse, letteralmente, si scioglievano, lasciando un'impronta circolare sulla sabbia o al massimo un disco piatto, traslucido e coriaceo. Erano le *Cotylorhiza tuberculata*, una specie poco urticante, se non innocua per l'uomo e probabilmente anche per i pesci; molti la adottano come rifugio, ma ciò non dipende dalla loro scarsa tossicità, dal momento che ci sono pesci che vivono stabilmente tra i tentacoli anche delle specie più velenose. La *Cotylorhiza* possiede comunque nematocisti, e non va mai toccata. È una medusa grande e bellissima, con ombrella rossa o gialla che raggiunge i 30 cm di diametro e manubrio voluminoso e sgargiante con bottoni blu e violetti, e tentacoli degli stessi colori. La parte esterna dell'ombrella è piatta e molto mobile, e si contrae con vigore, mentre quella centrale, emisferica, è rigida. Questa specie vive in simbiosi con alghe microscopiche, che in cambio dell'ospitalità forniscono alla medusa parte dell'energia ricavata dalla fotosintesi. La stessa cosa accade per esempio in molti coralli tropicali. La *Cotylorhiza* si nutre anche di piccoli organismi planctonici.

C'è infine la *Rhizostoma pulmo*, che può raggiungere i 10 kg di peso, ed è tra le più grandi specie del Mediterraneo. La potenza delle tossine di questa medusa non è però proporzionata alle dimensioni, ed è paragonabile a quella di specie più piccole.

La palma della tossicità va invece a specie relativamente rare, come la grande *Drymonema dalmatinum*, di origine atlantica. Predatrice di altre meduse, e a sua volta attivamente ricercata dalle tartarughe marine, la *Drymonema* raggiunge il diametro di un metro e il peso di 25 kg, ed è la più grande specie del Mediterraneo. Questa grande medusa misteriosamente appare e scompare nei mari di mezzo mondo, Adriatico compreso. Fu descritta per la prima volta nel 1880 dal grande naturalista tedesco Ernst Heinrich Haeckel su individui catturati sulle coste dalmate. Poi scomparve (la medusa, non Haeckel) per riapparire in Adriatico nel 1940 e poi ancora sulle coste di Puerto Rico e di nuovo in Croazia. Nel giugno e nel settembre del 2011 ne sono stati avvistati alcuni esemplari al largo di Bari. In realtà, non è che le meduse compaiano e scompaiano come fantasmi. Più semplicemente, diventano visibili se si avvicinano alla costa, dove c'è qualcuno a osservarle, e se la loro densità aumenta. In mare aperto, a densità bassissime, trovarle è statisticamente quasi impossibile. La tossicità della *Drymonema* e delle altre scifomeduse è nulla in confronto agli effetti di un incontro con una cubomedusa.

Alla classe dei Cubozoi appartengono una ventina di specie note come cubomeduse e diffuse nei mari tropicali, subtropicali e temperato-caldi del mondo. Hanno forma vagamente cuboidale e organi visivi complessi ed evoluti, che comprendono una cornea, una lente e una retina. Di conseguenza, anche il loro sistema nervoso è più complesso di quello degli Scifozoi, e secondo alcuni studiosi sono in grado oltre che di percepire, anche di elaborare e decodificare le sensazioni. Niente male per esseri trasparenti e considerati i più semplici tra gli animali complessi. Ai margini dell'ombrella, su altrettanti lobi, si inseriscono i lunghi tentacoli nastriformi, in numero di 4 oppure più numerosi, ma raggruppati comunque in 4 ciuffi.

I Cubozoi sono animali estremamente velenosi, ed è probabile che una specie australiana, la *Chironex fleckeri*, anche nota come «vespa di mare», sia in assoluto l'animale più velenoso del mondo. È documentato un caso in cui un uomo è morto tre minuti dopo essere venuto in contatto con una *Chironex*, che del resto possiede veleno in quantità sufficiente a uccidere sessanta persone. In Australia, quando le *Chironex* aumentano e si avvicinano alla costa, viene vietata la balneazione. Con le cubomeduse non si scherza, i casi accertati di morte sono diverse decine, molto più numerosi, per esempio, di quelle causate dagli squali. Nei mari italiani nuota una sola specie di cubomedusa, la *Carybdea marsupialis*, di origine atlantica, che sta diventando sempre più comune e diffusa soprattutto nei nostri mari più settentrionali, anche se segnalazioni della specie si sono verificate durante il 2011 su gran parte delle coste italiane. Sono per lo più segnalazioni diurne, da parte di bagnanti o pescatori, che quindi ne sottostimano l'abbondanza, perché durante la notte la *Carybdea*, attratta dalle luci, si avvicina alla costa. Grande circa come una *Aurelia aurita*, la *Carybdea* è armata di 4 lunghi tentacoli ed è in grado di nuotare vigorosamente. La sua pericolosità non si avvicina a quella delle cubomeduse tropicali, ma le sue tossine sono potenti e provocano reazioni cutanee dolorose e violente simili a ustioni. In soggetti sensibili si può arrivare allo shock anafilattico e alla morte. Il perché di una così alta tossicità è forse spiegabile con la strategia alimentare di questi animali. Fondamentalmente, essi vanno alla deriva portandosi dietro i lunghissimi tentacoli armati. La loro speranza è che uno dei tentacoli tocchi un pesce o un qualsiasi altro organismo marino planctonico o pelagico. La probabilità dell'incontro, in mare aperto, è bassissima, e quando si verifica la medusa deve avere la certezza che la preda non sfugga. Per far questo, lo fulmina con una dose di veleno tale da non lasciare scampo. Non a caso, anche la caravella portoghese, che ha una strategia alimentare simile, è velenosissima.

La caravella portoghese

Al variegato, bellissimo e vagamente inquietante mondo degli Cnidari appartiene anche uno strano organismo, simile in tutto e per tutto a una medusa, ma che in realtà è un idrozoo sifonoforo, una colonia galleggiante di polipi specializzati ognuno per una differente funzione. È la *Physalia physalis*, nota in italiano come «caravella portoghese». Altre lingue rendono meglio della nostra la pericolosità di questo animale: il nome inglese per esempio è *Portuguese man-of-war*, quello francese *Vaisseau de guerre portugais*. L'aggettivo portoghese, che ricorre, indica che la specie è diffusa soprattutto nell'Atlantico, ma è presente anche in alcune zone dell'Indopacifico e nel Mediterraneo. Dalla superficie, della colonia della *Physalia* è visibile solo un palloncino oblungo, viola o bluastro, lo pneumatoforo, pieno di una miscela di gas e sormontato da una cresta. Più in basso, al di sotto della linea di galleggiamento, c'è la vera e propria colonia, costituita da polipi differenziati e specializzati e dagli stadi medusoidi di questi, che invece di liberarsi e provvedere alla dispersione come negli altri polipi rimangono uniti alla colonia. I polipi dattilozoidi, i pescatori della colonia, possiedono tentacoli contrattili, lunghi anche alcune decine di metri, ricchi di nematocisti. La colonia galleggia alla deriva e draga l'acqua con la rete dei tentacoli finché questi non toccano una preda, in genere un pesce. Le nematocisti allora esplodono il loro potenziale tossico, paralizzano e uccidono la preda e la portano alla base dello pneumatoforo, dove i gastrozoidi, i polipi mangiatori provvisti di bocca, provvedono a digerirla. Alla riproduzione pensano invece i polipi gonozoidi. Tutti i polipi della colonia condividono un unico apparato digerente. Le caravelle portoghesi hanno un problema, diciamo così, logistico: totalmente incapaci di movimento autonomo, galleggiano alla deriva in mare aperto. Questo costituisce un limite, perché la deriva porterebbe le colonie galleggianti a subire le correnti prevalenti, con il risultato di aggregarsi tutte nelle stesse aree e non avere mai la possibilità di diffondersi altrove. Eppure non è così. Il motivo è nello pneumatoforo: la colonia in realtà si muove con il vento, non con la corrente; in più, la conformazione dello pneumatoforo fa sì che la colonia navighi di bolina, percorrendo sempre una traiettoria obliqua rispetto al vento, con un angolo che oltretutto non è fisso, perché lo pneumatoforo ha forma irregolare, ondulata e asimmetrica. Le tossine (ipnotossine) della *Physalia* hanno effetti neurotossici e cardiotossici. Essendo proteiche sono termolabili, e si inattivano già a 55 °C. La reazione locale da contatto comprende dolore intenso e duraturo con eritema, vescicole, bolle, edema diffuso. A livello sistemico si può andare incontro a torpore e sonnolenza, alterazioni psichiche quali ansia e senso di angoscia, malessere generale, astenia, disturbi gastrointestinali, incoscienza, convulsioni, spasmi muscolari con incurvamento della schiena, asma e aritmie cardiache. A questi sintomi possono seguire bradicardia e febbre, e le lesioni cutanee evolvere in piaghe. Questo quadro clinico è noto come sindrome fisalica. Nel mondo la caravella portoghese uccide ogni anno diverse persone. Nell'agosto del 2010 una donna di sessantanove anni è morta a Villaputzu, in Sardegna, per arresto cardiaco conseguente a shock anafilattico dopo essere venuta in contatto, presso la riva, con i tentacoli di una *Physalia*. Per il momento questo rimane l'unico caso italiano accertato di morte causata dalla caravella portoghese.

Chiudo la parte dedicata agli Cnidari citando brevemente un altro idrozoo, la *Macrorhynchia philippina*, animale coloniale, sessile, orginario della fascia intertropicale e temperato-calda di tutti gli oceani. È uno dei tanti migratori lessepsiani, cioè quegli organismi marini che dal Mar Rosso, attraverso il canale di Suez, sono entrati nel Mediterraneo, alcuni per diffondersi poi dalle calde acque dell'estremo angolo sudorientale fino ai più freddi mari settentrionali come l'Adriatico o l'alto Tirreno. La *Macrorhynchia philippina* per ora se ne sta acquattata sulle sponde meridionali del *mare nostrum*, dove cresce tra 2 e 45 metri di profondità, ma potrebbe espandersi anche lei verso nord, se le condizioni ambientali lo permettessero. Le bianche ed eleganti ramificazioni della colonia, simili alle *egrettes*, quelle penne di garzetta che un tempo ornavano i cappelli eleganti delle signore, portano minuscoli polipi, ognuno con i suoi ancor più piccoli tentacoli protesi a caccia di microrganismi marini. Se toccati, i tentacoli scatenano sulla pelle una violenta reazione molto dolorosa e simile a una bruciatura, seguita da arrossamento e rash cutanei. La reazione è più o meno violenta a seconda della quantità di veleno e della sensibilità individuale. Per la *Macrorhynchia*, che gli anglofoni chiamano *white stinger* (il pungitore bianco) non sembra siano documentati casi mortali.

I Nematodi

Dire a qualcuno «Sei un verme» non è esattamente un complimento. Eppure, per usare le parole e gli insulti in modo appropriato, bisognerebbe sapere cos'è esattamente un verme. In realtà, questa parola indica un generico animale molle, invertebrato, strisciante e privo di zampe. Se però si va a consultare un libro di zoologia, ci si accorge che c'è verme e verme. Forse il più noto è il lombrico, verme appartenente al phylum degli Anellidi insieme a sanguisughe, altri animaletti non proprio amati, e Policheti, di cui si parlerà nel capitolo successivo. Questi vermi hanno tutti i requisiti per essere tali: molli, striscianti, privi di scheletro e di arti; in più, hanno il corpo segmentato, diviso in anelli, da cui il nome del gruppo. Ci sono però anche vermi non segmentati e quasi ignoti ai più, che hanno un enorme interesse sanitario, perché moltissimi sono parassiti di piante e animali, tra cui l'uomo, e un ancor più grande interesse scientifico, essendo in molti casi le forme animali dominanti in quanto a numero di individui. Questi vermi sono i Nematodi, anche detti «vermi tondi» o «vermi cilindrici» (in realtà, dal momento che nematode viene da una parola greca che vuol dire «filo», sarebbe più corretto chiamarli «vermi filiformi»); vivono ovunque, nel terreno, nelle acque dolci e in quelle marine, negli organi e nei tessuti di praticamente tutti gli organismi pluricellulari viventi. In Italia ne esistono qualcosa come 1350 specie; nel mondo quelle note alla scienza sono diverse decine di migliaia, ma alcune stime parlano di 500 000 specie ancora da descrivere. E in quanto a numero di individui non sono secondi a nessuno: in una

TAVOLA II

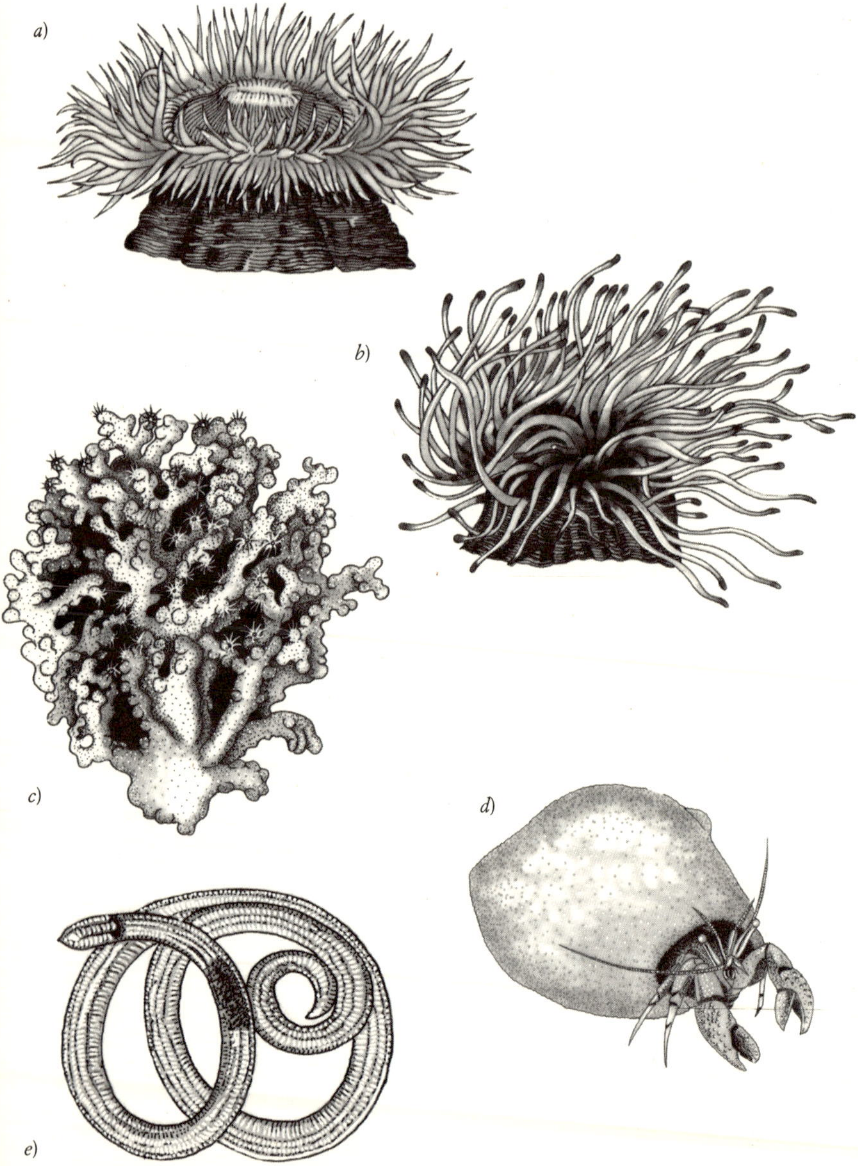

II. *a) Actinia equina*; *b) Anemonia sulcata*; *c) Alcyonidium gelatinosum*; *d) Suberitis domuncula*; *e) Anisakis simplex*.

a) b) d) Ridisegnati da Bigazzi e Fellegara, 2000.

manciata di terreno ci possono essere diverse decine di migliaia di vermi tondi, e alcune specie sono in grado di produrre 27 milioni di uova alla volta e rilasciarne 200 000 in un solo giorno; nei fondali marini i vermi tondi da soli costituiscono il 90% delle forme viventi. Non solo, dobbiamo a un nematode, il *Caenorhabditis elegans*, un piccolo verme costituito dall'invariabile numero di 959 cellule, importantissimi progressi in campo biomedico sulla comprensione di fenomeni biologici come la divisione cellulare e l'apoptosi (la morte cellulare programmata), e sul funzionamento del sistema nervoso.

I Nematodi sono organismi di piccole o piccolissime dimensioni, ovviamente vermiformi, caratterizzati dal fatto di possedere una cavità interna del corpo detta «pseudoceloma», compresa tra l'apparato digerente e la parete del corpo, riempita di un liquido pseudocelomatico e diversa dal celoma di altri animali, uomo compreso, perché ha una origine embrionale differente. Condividono questa peculiarità con altri vermi dai nomi oscuri e poco pronunciabili: Nematomorfi, Acantocefali, Kinorinchi, Gastrotrichi, Loriciferi ed Entoprotti, e con altri piccoli e graziosi animaletti non vermiformi e abbondantissimi negli ambienti acquatici: i Rotiferi. Ritroveremo i Nematodi anche oltre nel libro, quando il racconto sarà approdato sulla terraferma.

*L'*Anisakis simplex

Come detto, moltissimi Nematodi sono parassiti interni di animali e piante. Siccome moltissime sono le specie marine, è abbastanza intuitivo che altrettanti siano i parassiti di animali marini. E qui ci avviciniamo al punto, perché non c'è quasi mollusco, pesce o altro organismo marino che non sia vittima di una qualche infestazione da nematode. Il problema è che gli stessi organismi marini parassitati sono anche un'importante fonte di alimento per l'uomo. Alcune specie di vermi tondi parassiti possono quindi passare all'uomo e infestarne i tessuti, con conseguenze anche gravi. Tra tutti, certamente l'*Anisakis simplex* è quello che va più di moda, nel senso letterale del termine: la sua diffusione oggi è fortemente legata a una moda mondiale, quella del sushi e del sashimi, e in generale al consumo di pesce marino crudo, e secondo alcune stime oggi nel mondo ci sarebbero mezzo miliardo di persone a rischio infestazione da *Anisakis*.

Il sushi è un cibo a base di pesci (oltre a vegetali e uova), che possono essere cotti, crudi o marinati e serviti con riso, arrotolati in strisce di alghe o variamente preparati in rotoli di riso o con tofu; il sashimi è invece a base di pesci o Molluschi crudi e serviti semplicemente con aggiunta di una salsa in cui intingerli. Entrambi, lo si sa, appartengono alla cucina tradizionale giapponese. La parola sashimi vuol dire letteralmente «corpo infilzato», e si riferisce forse alla pratica di infilare la coda e le pinne del pesce nella polpa, o forse al metodo di pesca tradizionale: il pesce destinato al sashimi è preso all'amo e, appena tirato a terra, il suo cervello viene infilzato con una punta affilata, così da ucciderlo istantaneamente, e poi congelato; questo procedimento (in giapponese *Ike jime*) previene la formazione di acido lattico, che si formerebbe nel caso di una morte lenta del pesce. La moda del sushi e del sashimi, esplosa in tutto il mondo da alcuni anni, in Cina come in Europa, in Australia come nelle Americhe, sta causando un'impennata della pesca di molte specie ittiche, tra cui il tonno rosso (*Thunnus thynnus*), che i giapponesi, i principali consumatori ed esportatori al mondo, ormai cercano con i sistemi più avanzati nell'Atlantico e nel Mediterraneo per accontentare la richiesta crescente di carne cruda di tonno. Secondo molti esperti, dei tonni presenti trenta anni fa in Atlantico oggi ne sopravvive il 2%: quel che basta per dare ancora un pezzo di pesce crudo a una cinquantina di milioni di persone, poi non ce ne sarà più. E questa è la conseguenza diretta, tangibile e terribile della diffusione di una abitudine alimentare imposta dal mercato e che sembra non conoscere limiti, sulla quale si è costruita un'economia fortissima e per il momento in crescita, anche se i primi segnali di crisi già arrivano da molti porti asiatici: di tonno, in alcune zone, non ce n'è più. Poi c'è una conseguenza più strisciante e subdola, che non miete vittime tra i pesci ma colpisce gli uomini: quei cinquecento milioni di persone a rischio.

I tonni, come anche molte altre specie di grande interesse commerciale, sono comunemente infestati da Nematodi della famiglia Anisakidi: *Anisakis*, *Hysterothylacium* o *Pseudoterranova*. Come molti parassiti, l'*Anisakis* ha un ciclo piuttosto complesso. Inizia nell'apparato digerente dei delfini e dei pinnipedi (foche e otarie), i loro ospiti definitivi, al cui interno vivono e si riproducono gli adulti, lunghi alcuni centimetri, bianchi e sottili; nelle uova rilasciate dalle femmine e liberate in mare con le feci dei mammiferi si sviluppano larve di primo stadio, che poi mutano e diventano larve di secondo stadio. Queste sgusciano dall'uovo, iniziano a nuotare liberamente e possono essere ingerite da un crostaceo; in questo caso mutano in larve di terzo stadio e attendono che il loro ospite vanga a sua volta mangiato da un pesce o da un mollusco cefalopode, un polpo o una seppia, per esempio. A questo punto le larve si stabiliscono nelle viscere del secondo ospite e si accrescono. Predazione dopo predazione le larve passano da un ospite intermedio all'altro, finché tornano nello stomaco di un delfino o di un altro mammifero marino, raggiungono l'età adulta e il ciclo ricomincia. Se invece un pesce o un mollusco infestato vengono mangiati – crudi – da un uomo, i parassiti ingeriti muoiono, oppure vengono eliminati attraverso le feci o la bocca, o ancora rimangono vivi per un certo tempo nell'intestino, pur non causando sintomi e non potendo più raggiungere in ogni caso lo stadio adulto. A volte però sopravvivono e rimangono attivi. In questo caso si insediano nella mucosa orofaringea, in quella gastrica o intestinale, oppure invadono le cavità interne del corpo (il celoma), provocando infiammazioni che possono evolvere in ulcere e causare dolori addominali, nausea, vomito e febbre. All'effetto diretto della perforazione della mucosa si aggiungono spesso reazioni allergiche dovute alla liberazione di sostanze allergeniche da parte del parassita. La reazione è, come sempre, di gravità variabile, e dipende molto dalla sensibilità del soggetto infestato e dall'entità dell'infestazione. La diagnosi è basata essenzialmente sull'anamnesi (l'abitudine del soggetto a mangiare pesce crudo) e sulla sintomatologia. Per la terapia non c'è spesso alternativa: si deve ricorrere all'intervento chirurgico e alla rimozione meccanica dei parassiti.

In Italia l'*Anisakis* è stato rinvenuto su naselli, pagelli, triglie di scoglio, ricciole, alici, sardine, sgombri, scorfani, pesci San Pietro, rane pescatrici e totani, solo per citare le specie di più largo consumo. Da analisi condotte sul pescato, è risultato infestato il 100% dei pesci sciabola, il 95% dei sugheri, il 71% degli sgombri, il 40% dei naselli, il 32% delle rane pescatrici, il 22% dei totani, il 10% delle triglie e solo l'1% delle sardine (che però sono infestate quasi al 100% da *Hysterothylacium*). Il pesce che arriva dall'Atlantico – tra gli altri rana pescatrice, merluzzo, halibut – contiene invece spesso larve di *Pseudoterranova*.

I vermi si trovano, come detto, nelle viscere dei pesci, ma quando il pesce è pescato e muore, i parassiti migrano spesso nei muscoli. Ciò costituisce evidentemente un grosso problema sanitario, perché rende non sicura anche l'eviscerazione del pesce. Insomma, sembrerebbe non esserci difesa contro l'*Anisakis* e gli altri vermi tondi parassiti, ma non è così. Se proprio non si vuole rinunciare al pesce crudo, sia l'esotico sashimi o le più nostrane alici marinate, bastano pochi comportamenti corretti per azzerare il rischio, o comunque ridurlo a un minimo accettabile. Primo: preferire pesce di origine certa e sottoposta a controlli sanitari, quello cioè proveniente dai mercati ufficiali; eviscerare immediatamente il pesce, e comunque preferire pesce già eviscerato; avere l'accortezza di congelare per almeno 24-48 ore il pesce prima di consumarlo crudo o marinato (i –20 °C del congelatore uccidono il parassita); in caso si mangi pesce crudo al ristorante, accertarsi della provenienza del pesce e delle modalità di conservazione e preparazione. Per le alici, è anche possibile devitalizzare le larve attraverso l'immersione dei filetti in varie miscele di aceto di vino, sale e olio di semi: sono sufficienti due giorni di marinatura in salamoia al 20%, con aceto e sale al 12% in peso per unità di volume (bisogna però poi lavare i filetti di alici per almeno 12 ore perché siano mangiabili); tenendo invece il pesce in aceto al 6% sono necessari tredici giorni, lo stesso periodo che occorre utilizzando una miscela di sale, aceto e olio di semi. Ricette certamente efficaci, ma pensate più per i produttori di alici marinate che per i semplici consumatori fai da te, che acquistano le alici al mercato, le lavano, le sfilettano, le tengono uno o due giorni nel limone o nell'aceto e poi le mangiano. Non è un caso che i giapponesi, che di *Anisakis* se ne intendono, utilizzino da sempre il wasabi, un ricavato del rizoma della *Wasabia japonica*, una pianta della stessa famiglia del ravanello, del cavolo e della senape. Il wasabi, piccantissimo, viene mescolato alla soia o al riso come accompagnamento del pesce, ha una accertata azione antibatterica e sembra devitalizzi all'istante le larve. Comunque sia, le anisakiasi, lo abbiamo detto, sono in aumento ovunque nel mondo, e non a caso i paesi più colpiti sono quelli in cui sushi e sashimi sono più diffusi:

nonostante il wasabi guida dall'alto la classifica il Giappone con circa 2000 casi/anno, seguono, molto distanziati, l'Olanda con 12 e gli USA con 10; poi la Francia (6-7 casi), il Cile e vari Paesi europei. In Italia la prima anisakiasi accertata risale al 1966, e spicca il caso dell'ospedale di Pescara, dove dal 1998 al 2002 sono stati trattati almeno 20 casi. Dati però vecchi di oltre dieci anni. Nei primi dieci mesi del 2010 nella Comunità Europea sono risultati positivi all'*Anisakis* 58 controlli, di cui 41 in Italia, su pesce importato o esportato; nell'anno precedente erano stati 48 (31 in Italia). Per quanto riguarda il pesce pescato e consumato in Italia, invece, i casi sono stati 23, contro i 9 dell'anno precedente. È parere comune, però, che il numero delle infestazioni sia ampiamente sottostimato, vista l'altissima prevalenza dei vermi nel pescato. Inoltre, se il pesce non è destinato all'esportazione o all'importazione gli ufficiali delle ASL non sono tenuti a comunicare i dati al Ministero, che quindi non è in grado di pubblicare dati più precisi. Il numero effettivo delle persone colpite andrebbe invece ricercato direttamente nei reparti ospedalieri, cosa però complicata dal fatto che manca del tutto un coordinamento tra ospedali, servizio veterinario e centri di raccolta dei dati.

Le anisakiasi non sono certo il peggiore dei drammi che affliggono il genere umano – meno di nulla in confronto alle parassitosi che nel mondo colpiscono milioni di persone – ma causano comunque disagi, costringono a inasprire i controlli e moltiplicare le norme sanitarie a carico di pescatori, aziende, grossisti e commercianti di pesce, incidono sui costi della sanità; e soprattutto sono legate a doppio nodo con lo sfruttamento irresponsabile delle risorse marine, di cui oggi è vittima il tonno rosso. Sui mercati il tonno rosso ha una richiesta sempre maggiore, con quotazioni che arrivano a 1000 euro al chilogrammo; a Tokyo, alla prima asta del 2011, un esemplare di 348 kg è stato venduto al prezzo di circa 300 000 euro, e il Giappone da solo consuma l'80% del tonno rosso catturato nel mondo, soprattutto sotto forma di sushi. Greenpeace avverte che «l'estinzione commerciale del tonno rosso è appena dietro l'angolo a causa della pesca pirata», e sottolinea l'urgenza di modificare le norme sulla pesca e proteggere i luoghi di riproduzione del tonno. Nonostante le direttive dell'ICCAT, la Commissione Internazionale per la Conservazione del Tonno Atlantico, che stabiliscono un tetto alla pesca, secondo Greenpeace le catture superano la quota fissata del 37%, cioè di oltre 12 000 tonnellate. A questo si deve aggiungere che la produzione da allevamento (tonni pescati e messi in gabbia ad ingrassare) supera le 51 000 tonnellate/anno, quasi il 60% oltre la quota annuale di cattura ammessa. Grazie anche ai sussidi dell'UE che negli ultimi dieci anni hanno superato i 28 milioni di euro. Tutto questo per la diffusione mondiale di mode alimentari di cui si potrebbe benissimo fare a meno, ma su cui gravitano interessi economici enormi. Nel caso del sushi e del sashimi non ci sarebbe nemmeno bisogno di scomodare le tanto invocate «tradizioni», che comunque non possono bastare a giustificare qualsiasi comportamento. In molte culture umane era tradizionale anche l'antropofagia; e la tradizione nobilita in qualche modo il massacro delle balene, dei rinoceronti e delle tigri, o i lager in cui vengono tenuti gli orsi malesi da cui in Cina si estrae la bile? Io credo di no. Ancora una volta, non abbiamo alibi. Come un contrappasso, dopo tanta abbondanza il tonno sparirà anche dai nostri piatti, quando sarebbe bastato mangiarne tutti un po' meno.

I Molluschi

Tra i gruppi marini più rappresentati e anche noti, c'è quello dei Molluschi. Il numero delle specie si aggira intorno alle 110 000, suddivise in 8 classi (Solenogastri, Caudofoveati, Poliplacofori, Monoplacofori, Gasteropodi, Bivalvi, Scafopodi e Cefalopodi). La stragrande maggioranza delle specie è marina, ma alcuni gruppi di Bivalvi e Gasteropodi hanno colonizzato le acque dolci e le terre emerse. Sono animali tipicamente dotati di conchiglia, quasi sempre esterna, a volte interna o del tutto assente, formati da un piede e da un mantello che avvolge una cavità contenente i visceri. Il capo è presente in alcuni gruppi, del tutto assente in altri. Tradotto in immagini familiari a tutti, appartengono tra gli altri ai Molluschi cozze, vongole e telline, patelle, chiocciole e limacce, polpi, seppie e calamari, gli affascinanti argonauti, i meravigliosi chitoni. In Italia vivono oltre 2100 specie di Molluschi, per il 95% Gasteropodi e bivalvi (rispettivamente 1700 e oltre 300 specie). Tra i Gasteropodi terrestri o delle acque dolci, le comuni chiocciole e le nude limacce, le grandi limnee e i piccoli e piatti planorbidi degli stagni, di cui si parlerà anche in seguito; tra i Bivalvi non marini i minuscoli *Pisidium*, le gigantesche *Anodonta* e *Unio*, animali questi tanto comuni quanto misconosciuti, la terribile, esotica e incredibilmente invasiva *Dreissena polymorpha*.

I Bivalvi

Ricordo molto nettamente, e non potrebbe essere altrimenti, una marea rossa; il mare era l'Adriatico, l'epoca la metà degli anni settanta. Per alcuni giorni, a poche decine di metri dalla riva il mare divenne improvvisamente rosso sangue, in lunghe strisce che correvano parallele alla costa verso nord e verso sud. Nella memoria associo quella sensazione all'immagine del colore del mare intorno alle baleniere o nelle tonnare, dopo la mattanza; oppure a quella assai meno cruenta e biologicamente più pertinente del lago di Tovel, in Trentino, che nelle estati più calde diventava rosso (il fenomeno, a quanto sembra, non si verifica dal 1962). Le maree rosse sono eventi naturali, e nulla hanno a che vedere con il sangue, né con le maree. Sono dovute invece alla crescita improvvisa ed esplosiva di protisti planctonici, i dinoflagellati, o anche di alghe azzurre, alghe verdi e diatomee, tutti comunque unicellulari. Il colore delle maree varia dal rosso intenso al giallastro al bruno, a seconda degli organismi responsabili del fenomeno. I dinoflagellati, in ogni caso, sono i responsabili delle maree rosso-sangue come quella che ricordo io o quella del lago di Tovel. Le maree rosse spesso sono tossiche, perché le tossine contenute nei microrganismi arrivano a concentrazioni elevatissime (si arriva a 5000-10 000 cellule per centimetro cubico di acqua marina), e causano massicce morie di pesci, e in generale di tutte le forme di vita animale marina. Le tossine di alcuni dinoflagellati sono potentissime: quella del *Gymnodinium veneficum* è in grado di uccidere in pochi minuti tutti gli organismi presenti, Policheti esclusi; un grammo di *Exuviella mariaelabouriae* contiene tossine sufficienti ad ammazzare per inoculo 80 topi. Gli animali marini muoiono, oltre che per l'effetto delle tossine, anche per asfissia: i microrganismi consumano l'ossigeno disponibile e producono sostanze gelatinose che intasano le branchie. Lo sterminio delle specie marine, quindi, avviene anche se i dinoflagellati non sono tossici (la maggior parte delle specie, in realtà), e continua per giorni dopo la scomparsa della marea. Di maree rosse si parla anche nel Vecchio Testamento: è altamente probabile che alcune delle piaghe d'Egitto siano riconducibili a maree rosse: il mare (azzardo: che il nome stesso di Mar Rosso derivi dal ripetersi delle maree rosse?) diventava del colore del sangue e l'aria era ammorbata da un fetore insopportabile e si riempiva di milioni di insetti. È esattamente lo scenario apocalittico che appare quando i pesci morti arrivano a riva a tonnellate (le maree rosse si sviluppano spesso vicino alla costa), vanno in putrefazione e vengono assaliti da sciami di mosche desiderose di approfittare della benedizione, o almeno quella che a loro sembra tale e a noi una sciagura biblica. Anche Charles Darwin, nel suo *Viaggio di un naturalista intorno al mondo*, racconta che «l'acqua del mare [al largo di Conception, Cile] messa in un bicchiere aveva una tinta rossastra, e quando fu esaminata al microscopio rivelò la presenza di uno sciame di piccolissime creature...»

Le maree rosse non corrispondono alle fioriture (o *bloom*, in gergo tecnico) di microrganismi tipiche anche degli stagni o dei laghi d'acqua dolce. Le fioriture sono prevedibili e legate a condizioni ecologiche cicliche e note, le maree rosse no, ed è tuttora da chiarire con esattezza quali ne siano i fattori scatenanti. Inoltre, le fioriture riguardano diverse specie di microrganismi, tra cui prevalgono le diatomee; le maree rosse sono spesso monospecifiche o quasi. Ma cosa c'entrano i dinoflagellati con i Bivalvi? E perché costituiscono un pericolo per l'uomo? Il problema è tutto nella catena alimentare, che inizia dai dinoflagellati, passa per i Molluschi e arriva fino a noi. Innanzitutto, va specificato che a essere coinvolti sono solo alcune specie di Bivalvi. Gli altri gruppi sono estranei alla faccenda, e il motivo è semplice: i Bivalvi sono filtratori di microrganismi, gli altri no. Per svolgere al meglio il loro mestiere di filtri viventi, hanno sviluppato una organizzazione anatomica perfetta allo scopo e diversa da quella di tutti gli altri Molluschi. Il mantello avvolge il resto del corpo ed è a sua volta protetto dalle valve della conchiglia, formando una sorta di sacca al cui interno sono tutti gli organi e il piede muscoloso, con il quale vongole e telline si affossano e si spostano nella sabbia; l'orlo delle branchie è ciliato, e per mangiare il bivalve apre la conchiglia e muove le ciglia, provocando una corrente che risucchia l'acqua e con essa l'ossigeno e le particelle sospese; quelle utili vengono trattenute dalle branchie e ingerite. L'acqua entra ed esce dalla cavità del mantello direttamente, come nelle cozze, o attraverso due sifoni, i tubicini così evidenti per esempio nelle vongole e in altri Molluschi che vivono affossati nella sabbia. Quando si verifica una marea rossa, i bivalvi continuano a filtrare l'acqua e trattenere i microrganismi di cui si nutrono. Se l'acqua è contaminata, accumulano le tossine nei tessuti, ma senza subirne l'avvelenamento. Ciò accade – in Italia – in particolare per due specie, entrambe di grande interesse commerciale e largamente utilizzate nell'alimentazione umana: la cozza o mitile (*Mytilus galloprovincialis*) e l'ostrica (*Ostrea edulis*). Vongole, tartufi e telline invece non accumulano le tossine, e risultano quindi immuni da contaminazioni. Esattamente lo stesso accade quando in mare c'è una anomala concentrazione di microrganismi patogeni, ad esempio per problemi di inquinamento organico (è il caso del vibrione del colera, innocuo per un'ostrica, devastante per un uomo). In presenza di maree rosse, quindi, le popolarissime e ottime cozze e le più aristocratiche ostriche, da consumare crude con un po' di limone, diventano bombe chimiche.

I Bivalvi non sono in assoluto gli unici animali a diventare velenosi per effetto dei dinoflagellati: anche molti pesci planctofagi sono immuni alle tossine, e nei mari tropicali molte specie di pesci predatori ne accumulano talmente tante – per un effetto noto come «biomagnificazione» – da diventare a loro volta tossici e provocare una forma di avvelenamento conosciuta come «ciguatera», di cui si parlerà più in là nel libro. L'effetto sull'uomo delle tossine presenti nei Bivalvi è duplice: esiste infatti una intossicazione paralizzante e una intossicazione gastrointestinale. La prima riguarda in particolar modo le cozze (le tossine che provocano questo tipo di intossicazione sono dette «mitilotossine»), e i pesci planctofagi. Dopo l'ingestione dei Molluschi o del pesce non eviscerato (anche previa cottura: queste tossine non sono termolabili) inizia a manifestarsi una parestesia progressiva che dalla lingua e dalla bocca si estende al collo e alle dita, fino a sfociare in una vera e propria paralisi; altri sintomi sono vomito e diarrea, spossatezza, alterazioni del senso dell'equilibrio, cefalea; nei casi più gravi, a seconda della quantità di tossine ingerite, si arriva all'arresto respiratorio e alla morte, che subentra in poche ore. In Italia questa forma di intossicazione è piuttosto rara, ma in aumento, come ovunque nel mondo: forse per la maggiore conoscenza del fenomeno, che quindi è oggi correttamente diagnosticato più che in passato, forse per i traffici navali (nelle acque di zavorra viaggiano anche le cisti dormienti dei dinoflagellati), forse per entrambi i fattori. Colpisce il dato del 1976, anno in cui si verificarono nel nostro Paese 38 casi; nessuno però, a quanto pare, mortale. L'intossicazione gastrointestinale si manifesta invece con i sintomi classici – nausea, vomito e diarrea – ed è meno grave; per questo tipo di intossicazione non sono noti casi mortali. Dal momento che la cottura non neutralizza le tossine, l'unica difesa è il consumo di animali «sicuri», cioè provenienti da mercati sottoposti a controlli. Nel caso delle cozze, per esempio, se le mitilotossine superano i 40 microgrammi per 100 grammi di mollusco, il prodotto viene considerato tossico e quindi ritirato dal mercato.

Il calore uccide invece il vibrione del colera, contro il quale è efficace però soprattutto il buon senso: mai raccogliere cozze in acque inquinate e comunque mai consumarle crude. Il colera uccide facilmente per disidratazione da diarrea. Nel XIX secolo, quando ancora non se ne conosceva l'agente patogeno e si credeva che ci fossero degli avvelenatori che diffondevano il male, colpì a più ondate in tutta Europa, uccidendo decine di migliaia di persone: ci furono oltre 200 morti a Nizza, oltre 400 a Cuneo, più di 2000 a Genova e 1400 a Livorno; a Napoli, nel 1883, provocò 7000 morti, 8000 se si considera l'intera provincia; nel 1973 ci fu a Napoli una ulteriore epidemia, dai contorni piuttosto misteriosi, dal momento che il vibrione del colera non fu mai trovato nei mitili del pur inquinatissimo Golfo di Napoli: sembra che nei mitili la concentrazione dei colibatteri fosse così alta da impedire anche la sopravvivenza del vibrione. In ogni caso, l'epidemia, che colpì contemporaneamente anche Palermo, Bari, Cagliari e Barcellona, costrinse le autorità a vaccinare un milione di cittadini napoletani, in quella che rimarrà la più massiccia operazione di profilassi sanitaria in Italia dalla fine della seconda guerra mondiale. L'emergenza terminò ufficialmente solo tre mesi dopo, e solo previo emanazione di un documento dell'Organizzazione Mondiale della Sanità che certificava l'avvenuta cessazione dell'epidemia. Purtroppo quell'episodio è rimasto nella subcultura razzista di questo Paese, e l'associazione tra Napoli e colera sopravvive sulle scritte che imbrattano i muri delle città e negli slogan del peggiore tifo calcistico.

I Molluschi non sono responsabili soltanto di intossicazioni, ma scatenano in molte persone reazioni allergiche, che si manifestano dopo una prima sensibilizzazione e una successiva ingestione. Spesso l'allergia da Molluschi si accompagna a una allergia da Crostacei. È il motivo per il quale, per esempio, tanto i primi quanto i secondi sono altamente sconsigliati nelle diete dei bambini molto piccoli. Allergie di questo tipo si manifestano con orticaria, eritemi e prurito, soprattutto sulla testa e sul collo, cefalea, vampate di calore e disturbi intestinali; i decessi sono rari ma, come in tutte le reazioni allergiche, sempre possibili. In questi casi, l'unica prevenzione consiste nell'eliminare i cibi a base di Molluschi e/o Crostacei dalla dieta.

I Gasteropodi

Altra classe di Molluschi è quella dei Gasteropodi, a cui appartengono le comuni e ben note chiocciole di terra, le nude limacce, le numerosissime specie marine dalle conchiglie multiformi e coloratissime, oggetto del desiderio dei collezionisti e del mercato che hanno portato alla scomparsa o alla rarefazione di moltissime specie un tempo comuni. Al contrario dei Bivalvi, i Gasteropodi hanno un capo e un piede ben sviluppati, mentre il mantello è ridotto e nascosto dalla conchiglia (se presente). La maggior parte delle specie è marina, ma non mancano le forme terrestri e dulcacquicole. Sono animali predatori, brucatori o mangiatori di sostanza organica in decomposizione. Generalizzando, le forme marine hanno stadi larvali planctonici, quelle terrestri e delle acque dolci sviluppo diretto. Nei mari italiani vivono circa 1500 specie di Gasteropodi. Pochissimi rappresentano un potenziale pericolo per l'uomo, in particolare due: la porpora (*Stramonita haemastoma*) e il murice spinoso (*Bolinus brandaris*), entrambi della famiglia dei Muricidi. Il primo è un predatore di bivalvi tipico dei fondi rocciosi fino a 40 m di profondità; la sua conchiglia raggiunge i 9 cm ed è ovale, bruna ad anelli bianchi e con apertura grande e dai bordi aranciati (da qui il nome che gli diede Linneo nel 1767: in latino *haemastoma* vuol dire letteralmente «dalla bocca insanguinata»). Ai lati delle branchie, i Muricidi hanno un organo particolare, la ghiandola ipobranchiale, che oltre a secernere muco contiene una sostanza a base di cromo che a contatto con l'aria si ossida e diventa color viola. Per questo l'uomo utilizza i Muricidi, fin dall'antichità, per ottenere pigmenti. La porpora è occasionalmente pescata e mangiata, ma come altri gasteropodi contiene tossine: la sua si chiama deidromurexina, ed è un derivato della murexina, tossina tipica di altri Muricidi. La deidromurexina è una tossina molto potente e ha effetto paralizzante: piccole dosi (1 mg per kg di peso corporeo) provocano gastroenteriti, convulsioni e paralisi, e sono noti casi letali.

Il murice spinoso è un'altra comune specie dei nostri mari. Preferisce i fondi molli, ed è anch'esso un predatore. La sua conchiglia è bellissima, ovale ma allungata in una lunga punta scanalata e in comunicazione con l'apertura, e ornata da spine di forma e lunghezza variabili. Un tempo il murice era largamente utilizzato per estrarre la porpora di Tiro, dal nome dell'antica città fenicia, ed entra ancora oggi occasionalmente nella dieta umana. Contiene però murexina, tossina meno potente della deidromurexina ma dagli stessi effetti sull'organismo. Come per le cozze e le ostriche, il consumo di muricidi pescati e non sottoposti a controlli tossicologici è vivamente sconsigliato, e bisogna in ogni caso evitare di mangiarne in quantità, dal momento che gli effetti delle tossine aumentano, come è ovvio, con il dosaggio.

Termino brevemente il capitolo sui Gasteropodi con le *Aplysia*, le comuni lepri di mare, così dette forse per la forma del capo che porta tentacoli simili a orecchie di lepre. Al contrario dei cugini Nudibranchi, che da adulti sono del tutto privi di conchiglia, le lepri di mare conservano una conchiglia interna, seppur atrofizzata; nuotano attivamente agitando i bordi del mantello e nutrendosi di alghe, e hanno colorazioni brune, violette o nere, a seconda delle specie. Hanno corpo ovale con tentacoli cefalici ben sviluppati, e raggiungono dimensioni e peso – relativamente – considerevoli. Le *Aplysia* sono tossiche se mangiate, e inoltre se stimolate emettono per difesa liquidi anch'essi tossici e dall'effetto blando sulla pelle, più intenso però se entra in contatto con ferite aperte o con gli occhi; l'origine delle tossine delle *Aplysia* non è nota. È certo che alcune specie esotiche predatrici di spugne ne accumulano le tossine a scopo difensivo, ma non si sa se le *Aplysia* facciano lo stesso con le alghe. Le lepri di mare, in ogni caso, non sono utilizzate in Italia per l'alimentazione, al contrario di quanto avviene in altre parti del mondo, e la loro manipolazione, pur con qualche cautela, non è rischiosa per la salute.

I Cefalopodi

Anche i sorprendenti e affascinanti Cefalopodi – polpi, seppie, calamari e nautilus – fanno parte del grande gruppo dei Molluschi. Nei Cefalopodi il piede è trasformato in braccia (tipicamente 8 o 10), in un paio di tentacoli (come nei calamari) e nel sifone respiratorio; il mantello invece racchiude tutti gli organi del corpo: è «la testa» di polpi e seppie. I Cefalopodi sono predatori, e hanno una bocca simile al becco di un pappagallo, dura e tagliente, con la quale divorano pesci, Crostacei e altri Molluschi, di cui rompono senza problemi la conchiglia. Sono animali complessi, per molti aspetti i più sorprendenti tra tutti gli invertebrati. I loro occhi, in particolare, sono di gran lunga i più evoluti tra gli invertebrati, e hanno sconcertanti somiglianze con quelle dei mammiferi. Come molti predatori sono veloci, potenti, versatili, in qualche modo intelligenti (celebre il polpo che in un acquario riusciva a svitare il tappo di un barattolo di vetro in cui era stato messo un granchio, dimostrando capacità di lettura, interpretazione e risoluzione di un problema, qualità a volte assenti in molti manager e amministratori; celebre anche, purtroppo, il polpo Paul a cui furono attribuite, durante un recente mondiale di calcio, doti divinatorie...). Molti hanno ghiandole velenifere connesse all'apparato boccale, e il loro morso è velenoso. Tra questi, anche il comune polpo (*Octopus vulgaris*), abbondantissimo nei nostri mari e sui banchi delle pescherie. La presenza del veleno non costituisce un problema per l'alimentazione umana, perché i visceri non vengono consumati, e le parti ingerite sono quelle muscolose del piede e del mantello. Il morso di un polpo però può essere una brutta esperienza, sia per i bordi taglienti del «becco», sia per il veleno, anche se va detto che raramente i polpi mordono per difesa. I grossi esemplari, inoltre, sono dotati di una forza straordinaria in rapporto alla propria mole. Vorrei però sottolineare il fatto, non secondario, che si tratta sempre e invariabilmente di legittima difesa. Mai un polpo attaccherebbe

TAVOLA III

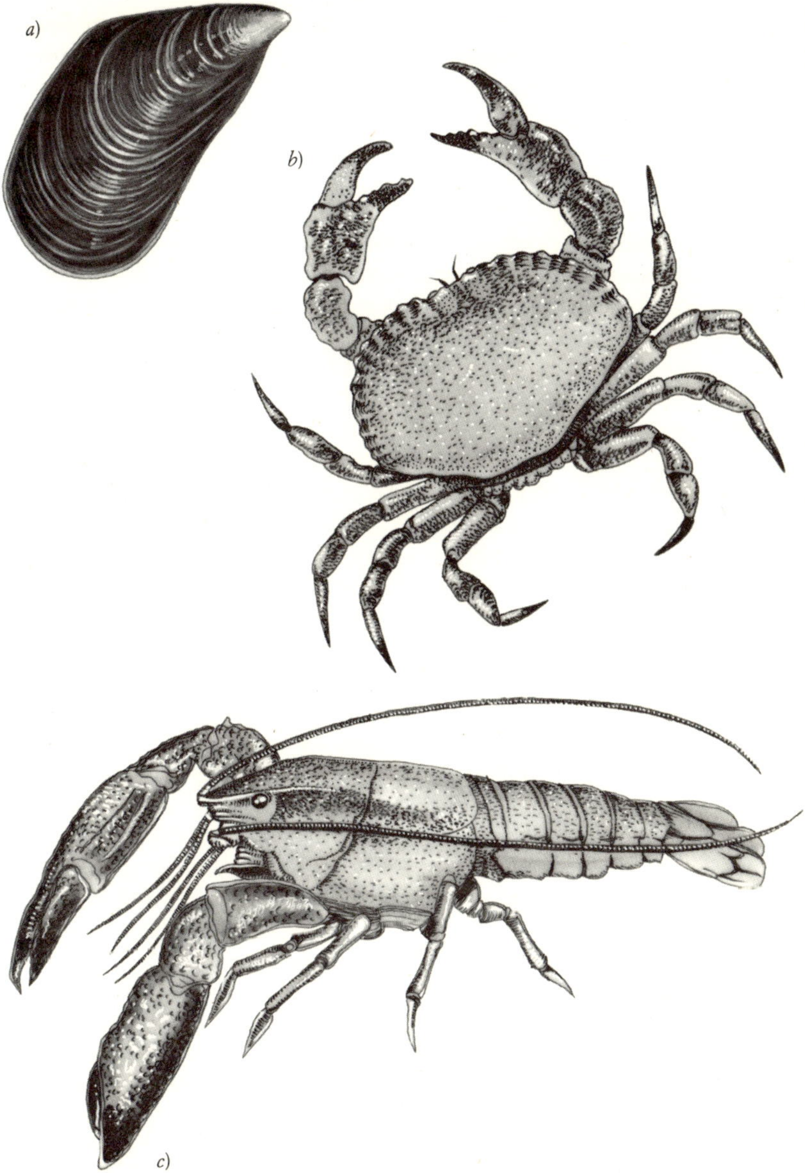

III. *a) Mytilus galloprovincialis*; *b) Cancer pagurus*; *c) Homarus gammarus*.
Ridisegnati da Bigazzi e Fellegara, 2000.

deliberatamente un uomo, dal quale invece timoroso fugge in una nuvola di inchiostro, o rapido si nasconde (che ne conosca le armi e le abitudini alimentari?), e i casi di contatto tra le due specie sono sempre e invariabilmente dovuti al vertebrato, mai al mollusco. Da qui si potrebbe anche concludere, anzi, ripetere, che quasi ogni animale selvatico può essere in qualche modo pericoloso, specialmente se minacciato; il polpo si difende dall'uomo come fa con qualsiasi altro suo predatore: strenuamente e coraggiosamente. Se questo libro lo scrivesse un polpo – e chissà che in un lontano futuro non accada – elencherebbe senz'altro la nostra specie tra quelle più pericolose per lui.

Il verme cane (o vermocane)

Come si diceva, c'è verme e verme. Al phylum degli Anellidi, i vermi con corpo metamerico (ad anelli, appunto), appartengono due classi: i Clitellati (lombrichi e sanguisughe) e i Policheti, i vermi marini. I primi sono caratterizzati dalla presenza del clitello, un ispessimento di alcuni segmenti del corpo che serve alla produzione del bozzolo (o cocoon) che contiene le uova; i secondi, privi di clitello, hanno invece un paio di appendici (i parapodi) in corrispondenza di ogni anello del corpo, appendici di cui sono privi sia i lombrichi che le sanguisughe (e anche un gruppo di Policheti, che però le hanno perse secondariamente). Tutti gli Anellidi hanno poi delle setole (chete) sparse sul corpo: abbondanti nei Policheti, scarse nei Clitellati (ma se accarezzate «contropelo» un lombrico, potete sentire chiaramente che è ruvido, proprio per la presenza delle chete). I lombrichi sono tipicamente terrestri o legati alle acque dolci interne (solo alcuni lombrichi sono marini interstiziali), le sanguisughe sono diffuse per lo più nelle acque dolci, anche se non mancano le specie marine come quelle del genere *Pontobdella*, i vermi marini sono per lo più – appunto – marini, ma ne esistono alcune decine di specie nelle acque dolci sotterranee di varie parti del mondo, per esempio in Messico o su una delle isole dell'arcipelago di Socotra; una di queste specie vive inoltre nel sottosuolo della regione del Carso, e fa quindi parte integrante della fauna italiana. Questi vermi dulcacquicoli derivano da specie marine rimaste isolate in seguito a sollevamenti delle terre emerse, che si sono gradualmente adattate alle acque dolci sotterranee; sono quindi relitti di antiche faune marine scomparse. La nostra specie, la prima a essere scoperta, nel 1930, ha non per niente l'emblematico nome di *Marifugia cavatica*. Comunque, si conoscono 13 000 specie di vermi marini, presenti in tutti i mari del mondo, e poco meno di un decimo di queste appartengono alla fauna italiana. Come gran parte degli organismi marini, i vermi marini hanno larve planctoniche; le loro (trocofore) somigliano a minuscole trottole dotate di una cintura di ciglia e un ciuffo alla sommità.

Alcune specie di vermi marini possiedono tossine localizzate nell'epidermide e utilizzate per la difesa contro i predatori. Queste tossine possono essere anche molto potenti, come nel caso della nereistossina trovata nel 1934 in due vermi giapponesi, il *Lumbriconereis heteropoda* e il *L. brevicirra*. La nereistossina è capace di uccidere un insetto al solo contatto (le mosche che si posano sui vermi esposti dalla bassa marea muoiono all'istante!) e alcuni suoi derivati sono perciò utilizzati in agricoltura come insetticidi. Tra l'altro, la natura chimica della tossina, una ammina terziaria contenente un disolfuro ciclico (praticamente un anello costituito da tre gruppi CH_2 e due atomi di zolfo, legato attraverso un atomo di azoto a due gruppi CH_3) è piuttosto originale, e prima del 1962, anno della sua definizione molecolare, non era mai stata osservata in natura. Dopo solo dieci anni dalla scoperta della nereistossina, la produzione dei derivati impiegati nell'agricoltura raggiunse le 1500 tonnellate; la dose letale è 2,5 milionesimi di grammo ogni ml di insetticida impiegato: 2,5 mg in un litro. Anche sull'uomo la nereistossina ha effetti importanti: chi manipola i *Lumbriconereis* (vengono comunemente utilizzati come esche) può avvertire nausea, vomito, mal di testa e disturbi respiratori. Anche la manipolazione dei Policheti del Mediterraneo è sconsigliata, perché l'azione delle setole, che si staccano e si conficcano nella pelle, può provocare irritazioni e dermatiti. Anche da noi infatti non mancano le specie tossiche: il verme cane, per esempio (*Hermodice carunculata*), ha setole cave e contenenti un veleno che provoca bruciore, prurito e intorpidimento della parte interessata; a questi sintomi a volte subentrano gonfiore e infiammazioni locali, oppure reazioni sistemiche che possono essere pericolose, soprattutto se si verificano durante un'immersione. Il verme cane è una specie comune nei bassi fondali rocciosi, fino a 40 metri di profondità, sui banchi di posidonia o sotto le pietre. Raggiunge la lunghezza di 30 cm e ha una colorazione brillante, con corpo verde metallico, violaceo, blu o rosso, e setole bianche riunite in ciuffi. Insomma, si fa vedere molto bene e sembra dire: Non toccatemi! È il linguaggio dell'aposematismo, che ricorre spesso tra gli animali velenosi e che faremmo bene a conoscere per evitare incidenti spiacevoli.

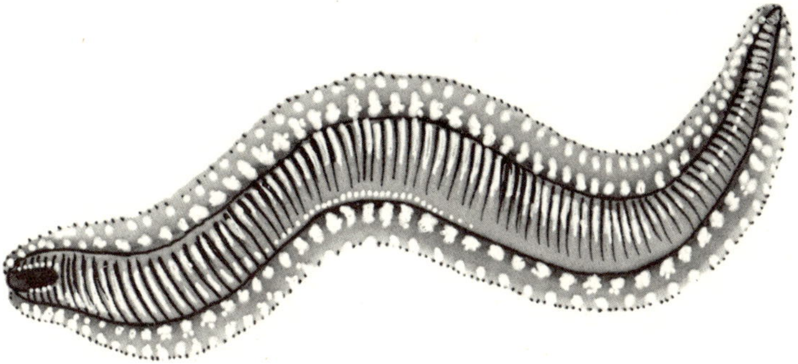

Hermodice carunculata.
Ridisegnato da Bigazzi e Fellegara, 2000.

I Crostacei

Solo un breve accenno ai quei Crostacei dei nostri mari che rappresentano un pericolo per l'uomo. Iniziamo con il dire chi sono i Crostacei, animali che comunemente chiamiamo gamberi e granchi. Come insetti, millepiedi e centopiedi, ragni, scorpioni, pseudoscorpioni, solifugi, acari e opilioni, picnogonidi e xifosuri, come i celeberrimi nonché estinti trilobiti, i Crostacei appartengono all'affollato phylum degli Artropodi, ovvero degli animali con appendici articolate e corpo metamerico e protetto da un esoscheletro chitinoso. Se ne contano decine di migliaia di specie, di dimensioni, morfologia, adattamenti estremamente vari. Alcuni, come certi Copepodi, non superano il decimo di millimetro, altri, come il granchio gigante del Giappone, *Macrocheira kaempferi*, raggiungono una apertura delle zampe di oltre tre metri e il peso di venti chili. Esistono specie planctoniche, altre sessili, altre ancora parassite interne ed esterne di pesci e invertebrati. Alcuni, come i Cirripedi, hanno subito trasformazioni morfologiche talmente estreme da essere difficilmente riconosciuti come tali. La *Sacculina carcini*, un cirripede parassita dei granchi, una volta penetrato nel corpo dell'ospite regredisce a una massa informe. Probabilmente nessun altro gruppo animale a livello di classe presenta una così alta diversificazione, tanto in mare quanto sulla terra. Eppure le forme note sono poche, e quasi tutte, non a caso, di interesse alimentare: granchi, gamberi, aragoste, astici, scampi, mazzancolle, paguri – tutti del gruppo dei Decapodi – e cicale di mare (Stomatopodi). Ma i Crostacei marini sono molto altro: i Copepodi e i Cladoceri spesso dominano nel plancton, gli Anfipodi si agitano tra le alghe spiaggiate, i Cirripedi incrostano rocce e oggetti galleggianti, gli Isopodi parassitizzano i pesci. Insomma, un mondo a parte, tanto brulicante di specie quanto semisconosciuto.

Come abbiamo già detto, alcune specie utilizzate come alimento dall'uomo causano allergie spesso associate a quelle per i Molluschi; e ci sono poi casi di accumulo di tossine (saxitossine) e conseguenti intossicazioni alimentari, simili a quelle che riguardano i Bivalvi. Nessun crostaceo produce invece tossine, forse perché l'esoscheletro, il più robusto tra gli Artropodi, insieme a spine e chele, rappresenta la loro principale arma di difesa e di offesa (almeno per quanto riguarda i Decapodi e gli Stomatopodi, le specie più grandi). Se la *Macrocheira*, nonostante le dimensioni gigantesche, ha chele relativamente piccole e deboli, e un'indole tanto mansueta da essere comunemente tenuta in acquario (immagino di dimensioni adatte) e accarezzata come fosse un cucciolo, lo stesso non si può dire degli astici e di certi grossi granchi. L'astice (*Homarus gammarus*) è un grande e robusto crostaceo noto più per il suo sapore che per la sua biologia. Vive nell'Atlantico orientale, dal Marocco alla Norvegia, nel Mediterraneo, da Gibilterra a Creta, e nel Mar Nero, su fondali rocciosi tra i 50 e i 150 metri di profondità, dove si nutre di invertebrati marini e resti di animali morti caduti sul fondo. Le chele dell'astice sono enormi e diverse l'una dall'altra: la destra è tagliente come una tenaglia, la sinistra è forte come una morsa; insieme riescono a schiacciare e tranciare conchiglie e carapaci, oloturie e altri organismi bentonici. Particolare non secondario, gli astici più grandi raggiungono mezzo metro di lunghezza e diversi chili di peso, e sviluppano una forza notevole. Gli astici sono animali sedentari e territoriali, battaglieri e aggressivi, e non esitano ad attaccare se minacciati. Le loro chele possono provocare ferite profonde alle mani e alle dita di chi li cattura o li manipola in maniera maldestra. Ecco perché nei tetri acquari delle pescherie e dei ristoranti, dove l'astice europeo (o più spesso il congenere *americanus*) è tenuto vivo in attesa di essere venduto o gettato nell'acqua bollente – per sua sfortuna la carne dell'astice è tra le più apprezzate, e costose, tra quelle di origine marina – gli animali hanno le chele legate da robusti elastici. Qualche riga va invece spesa per sfatare un mito, e cioè che le aragoste, che dividono con l'astice la triste sorte di finire prima o poi su un piatto, possano nuocere con le chele. Ciò è falso, per il semplice fatto che le aragoste, seppur enormi (*Palinurus elephas* del Mediterraneo raggiunge la lunghezza dei più grandi astici e il peso di 8 kg), non possiedono chele. Altro decapode grande e battagliero è il granchio *Cancer pagurus*, noto anche come «granciporro», diffuso ma non comune nel Mediterraneo e nell'Atlantico orientale. Raggiunge i 20-30 cm di lunghezza, e ha carapace liscio e rosato, più largo che lungo. Le sue chele sono potenti e taglienti, simili per dimensione e funzione. Essendo una specie di interesse commerciale, viene spesso a contatto con l'uomo, cosa che altrimenti si verificherebbe di rado, essendo specie prevalentemente notturna. Da qui il potenziale pericolo per chi lo manipola incautamente. I Decapodi non sono solo armati di chele, ma anche di spine acuminate e taglienti, che possono provocare dolorose ferite e – raramente – trasmettere un'infezione causata dal batterio *Erysipelothrix indiosa* e nota come «dita di porco». Questa infezione, diffusa soprattutto tra chi manipola per lavoro Crostacei, pesce o carne, provoca dermatiti eritematose che a volte evolvono in ulcere purulente, febbre, dolori alle articolazioni, ingrossamento dei linfonodi, perdita di peso e astenia, sintomi che durano anche una decina di giorni.

I Briozoi

Nei mari italiani vivono qualcosa come 300 specie di Briozoi, suddivise in ben 70 famiglie. Non sono certo i più familiari tra gli organismi marini, eppure sono numerosi e diffusi. Sono animali sedentari, che formano colonie costituite da minuscoli individui (lunghi alcuni decimi di millimetro), gli zooidi, diversificati e specializzati nelle varie funzioni, un po' come accade negli idroidi coloniali. I Briozoi possiedono un organo detto «lofoforo», una sorta di corona di tentacoli ciliati che circonda la bocca e che muovendosi crea una corrente d'acqua che risucchia gli organismi planctonici di cui si nutrono. Nonostante per aspetto ed ecologia ricordino molto i polipi coloniali, i Briozoi sono invece affini ad altri gruppi, anch'essi con il loro bravo lofoforo e altrettanto misconosciuti: i Brachiopodi e i Foronoidei. Non tutte le colonie di Briozoi hanno l'aspetto di una colonia di polipi, alcuni sembrano piuttosto spugne, altri alghe. Dogger è invece il nome di un enorme banco sabbioso che si estende nel mare del Nord, tra l'Inghilterra e la Danimarca. Su quei fondali pescosi e poco profondi si concentra una importante attività peschereccia, e molti pescatori di quell'area soffrono in maniera cronica di una dermatite allergica da contatto. Il responsabile è l'*Alcyonidium gelatinosum*, un briozoo la cui colonia, simile a una spugna arborescente, gelatinosa e liscia, gialla o verdastra, raggiunge la ragguardevole dimensione di circa 50 cm. L'*Alcyonidium* è irritante al contatto, provoca prurito e dermatiti eczematose e produce sensibilizzazione. Dopo aver toccato una prima volta il briozoo, l'uomo sviluppa reazioni allergiche ogni volta che ne viene di nuovo a contatto anche con minuscole tracce dell'animale. Questa sindrome è nota come «prurito del banco di Dogger», e colpisce ovviamente, più che ogni altra categoria, i pescatori, che spesso vengono a contatto con il briozoo sui pescherecci che pescano a strascico. È dimostrato che l'allergia si sviluppa più rapidamente in soggetti già allergici a molluschi e crostacei e ovviamente peggiora nel caso di contatti prolungati nel tempo. Nei casi più gravi il prurito evolve in edema, insufficienza respiratoria, dolori alle articolazioni. L'*Alcyonidium* è un genere presente nei mari italiani con tre specie, ma ci sono difficoltà di tipo sistematico (già Linneo fece confusione, descrivendo e attribuendo lo stesso nome scientifico di *Alcyonium gelatinosum* a due specie diverse): per molti autori la presenza del *gelatinosum* nel Mediterraneo è dubbia, per altri la specie è presente seppur rara. In ogni caso, se andate a lavorare sui pescherecci del banco di Dogger, mi raccomando, indossate sempre i guanti.

Gli Echinodermi

Gli Echinodermi – cetrioli di mare, gigli di mare, ricci di mare, stelle marine e stelle serpentine, tutti marini – rappresentano nel cammino evolutivo del regno animale un punto di svolta. In tutti gli altri gruppi di invertebrati, durante lo sviluppo iniziale dell'embrione, si forma un solco (il blastoporo), che andrà a formare la bocca; sono detti per questo protostomi, dal greco «con la bocca che si forma per prima». Dagli Echinodermi in poi, invece, il blastoporo non darà più origine alla bocca, che si aprirà solo in seguito: sono i cosiddetti deuterostomi, ovvero, «con la bocca che si forma per ultima». Ai deuterostomi appartengono relativamente pochi gruppi: oltre agli Echinodermi, gli Emicordati, i Cordati, cioè le ascidie, gli anfiossi e noi vertebrati, e i misteriosi Xenoturbellidi, di cui sono note pochissime specie, buone candidate al titolo di antenati di tutti i deuterostomi e solo recentemente assurti al rango di phylum a se stante.

Questo essere deuterostomi, come pochi e oscuri vermi marini, anzi proprio da essi con ogni probabilità derivare, e vantare questa appartenenza insieme a stelle marine e ricci di mare, mi ha sempre colpito. Apparteniamo forse a uno sparuto gruppetto di forme, per lo più vermiformi e prive anche di una testa, minoritario rispetto all'impressionante variabilità e abbondanza degli altri; parlando di numeri, e limitandoci alla fauna italiana, i protostomi ci battono per una trentina di phyla contro tre, e 36 000 specie contro 1300.

Se tra Emicordati, Xenoturbellidi e Cordati inferiori c'è sicuramente una affinità nell'organizzazione strutturale e nella forma vermiforme (oltre che nella simmetria bilaterale che anche noi vertebrati conserviamo e che ricalca quella di molti altri gruppi), gli Echinodermi sembrano esseri venuti da un altro mondo: non hanno un capo né una coda, né organi di senso veri e propri, e neppure un sistema nervoso centrale; la simmetria non è bilaterale ma raggiata. Intorno all'asse si dispongono gli organi, organizzati tipicamente in cinque «moduli»: le cinque braccia di stelle marine e stelle serpentine, i cinque «spicchi» dello scheletro dei ricci, i cinque canali radiali del sistema acquifero dei gigli di mare e dei cetrioli di mare e così via. Lo scheletro è interno, ed è formato da piastre calcaree (o semplici spicole nel caso dei cetrioli di mare), e ricorda superficialmente quello degli Artropodi, perché racchiude gli organi, ma è a sua volta coperto dal derma, ed è quindi interno e non esterno; nelle forme mobili, la locomozione avviene grazie a un complesso sistema idraulico, il sistema acquifero, che si origina da una parte del celoma, la cavità interna che contiene le viscere di gran parte delle forme animali, e termina con miriadi di appendici esterne, i pedicelli ambulacrali, dotati all'apice di minuscole ventose.

Diffusi in tutti i mari del mondo con 6000-7000 specie (un centinaio nei mari italiani), gli Echinodermi sono suddivisi in cinque classi: gli Asteroidei (stelle marine), i Crinoidei (gigli di mare), gli Echinoidei (ricci di mare), gli Ofiuroidei (stelle serpentine) e gli oloturoidei (cetrioli di mare). Come ogni gruppo marino che si rispetti, anche gli Echinodermi hanno le loro forme larvali planctoniche, grazie alle quali superano i limiti imposti dalla scarsissima possibilità di movimento; le larve prendono i nomi di pluteus, bipinnaria o auricolaria, a seconda della morfologia e dei gruppi. Poche le specie di Echinodermi pericolose: in Italia i cetrioli di mare del genere *Holoturia*, le stelle marine *Marthasteria glacialis* ed *Echinaster sepositum* e alcuni ricci di mare. Iniziamo dai cetrioli di mare.

I cetrioli di mare

Nonostante l'aspetto cilindrico e vermiforme, i cetrioli di mare (anche detti «oloturie») hanno la stessa simmetria raggiata di ricci di mare e stelle marine, solo più difficile da individuare. Immaginate un riccio oblungo e adagiato sul fondo: la bocca e l'ano non si aprono più rispettivamente in basso e in alto, ma alle due estremità dell'animale, e la simmetria quindi non va letta verticalmente, ma orizzontalmente: in un riccio di mare o in una stella marina l'asse di simmetria bocca-ano è perpendicolare rispetto al substrato, in un cetriolo di mare è parallelo; intorno a quell'asse si dispongono in ogni caso gli organi, in cinque «moduli» longitudinali. Tipici degli oloturoidei sono i tubi di Cuvier, lunghi filamenti biancastri e vischiosi che vengono espulsi dall'ano a scopo difensivo; i tubi di Cuvier sono tossici, e possono causare infiammazioni cutanee se entrano in contatto con la pelle. Sembra che in passato, nelle isole del Pacifico gli uomini spremessero in acqua le oloturie per catturare più facilmente i pesci storditi dal veleno.

L'*Holothuria tubulosa* è un cetriolo di mare comune nel Mediterraneo tra 0 e 100 metri di profondità, su fondali sabbiosi o fangosi, e su quelli duri tra la vegetazione. È lungo una ventina di centimetri e ha colorazione bruno violetta, più chiara inferiormente; il derma è duro al tatto, e ricco di tubercoli e spine. Questa specie è priva dei tubi di Cuvier, ma secerne dalle cellule del derma una tossina nota come «oloturina», irritante, che causa dermatiti o congiuntiviti se arriva a contatto con gli occhi. La pericolosità delle *Holothuria* (oltre alla *tubulosa* in Italia sono presenti altre sei specie) è comunque relativa, e soprattutto potenziale: basta evitare di maneggiarla a mani nude e in ogni caso evitare di esporre al contatto gli occhi. I cetrioli di mare sono animali pressoché immobili, e le loro reazioni di difesa scattano solo se vengono toccati o disturbati. Ben peggiori sono le conseguenze dell'ingestione di cetrioli di mare crudi: questi animali contengono infatti una neurotossina in grado di bloccare la trasmissione nervosa a livello neuromuscolare. In Asia, dove con i cetrioli di mare si prepara una pietanza molto ricercata, il trepang, si provvede prima a scottarli in acqua bollente: la neurotossina è termolabile, e si disattiva con il calore, ma nonostante ciò i casi di avvelenamento non sono infrequenti. Dal punto di vista chimico, le tossine dei cetrioli di mare (oloturine) sono dei glucosidi, e più precisamente agliconi, cioè glicosidi idrolizzati; hanno una struttura simile a molti veleni presenti altrove in natura, nelle piante (nelle quali prendono il nome di saponine) come in alcuni anfibi. Le oloturine sono comunque altamente tossiche: uccidono i pesci a una concentrazione in acqua di 1 : 100 000, e se ingerite possono causare la paralisi e la morte.

Le stelle marine

Tra tutti gli Echinodermi, certamente i più noti e popolari sono le stelle marine, per la forma peculiare, le colorazioni spesso brillanti, le modalità con cui «camminano» lentamente sul fondo – rimanendo allo stesso tempo rigide – grazie ai pedicelli ambulacrali. Le stelle marine sono tra gli animali più amati anche dai bambini, che le cercano sulle spiagge o tra gli scogli, ma dietro il loro aspetto rassicurante si cela una natura moto diversa: sono quasi tutte predatrici di altri organismi marini bentonici: aggrediscono, paralizzano e divorano altri Echinodermi, Molluschi e Cnidari, pesci e altri animali marini, e molte sono più o meno tossiche. Negli anni sessanta e settanta del XX secolo una improvvisa esplosione demografica delle grandi stelle-corona di spine (*Acanthaster*), una specie dell'Indo-Pacifico, provocò la perdita di enormi aree di barriera corallina: un'intera comunità di invertebrati marini fu eliminata, e la sua composizione originaria risulta ancora oggi alterata, forse per sempre. Studi successivi mostrarono che queste esplosioni demografiche avvengono spontaneamente con cicli lunghissimi, anche di molti secoli, ma che sono favorite dalle piogge particolarmente abbondanti: le piogge trasportano in mare i nutrienti, che favoriscono la crescita delle larve delle *Acanthaster* più di quanto non facciano con altre forme planctoniche. Tre anni dopo le piogge, al termine del ciclo vitale, gli adulti di *Acanthaster* compaiono in massa. Inutile dire che l'agricoltura intensiva (in particolare, da quelle parti, quella della canna da zucchero) favorisce il fenomeno perché il terreno, e di conseguenza il mare, viene pesantemente concimato e arricchito di nutrienti.

Tra le specie italiane, la stella spinosa (*Marthasteria glacialis*) è certamente la più pericolosa. La stella spinosa (questo nome viene dato anche ad altre specie, dal momento che molte sono rivestite di spine) è un animale grande e robusto; con i suoi 70 cm di apertura delle braccia, è la più grande stella del Mediterraneo; il corpo, bruno, rossiccio oppure olivaceo, è percorso da file di spine, tre per braccio. La si trova sui fondi rocciosi come su quelli fangosi e sul detrito, e tollera le acque inquinate dei porti. È un predatore soprattutto di Bivalvi, di cui apre le valve grazie all'azione dei pedicelli ambulacrali, che esercitano una forza impressionante, ma mangia anche altri animali e consuma organismi morti caduti sul fondo. Una volta catturata una preda (o raggiunto l'interno delle valve di un mollusco), la stella spinosa estroflette lo stomaco e la divora. Dove è presente, fa strage negli allevamenti di cozze e ostriche. Il derma della stella spinosa secerne un tossina che, a contatto con la pelle e in presenza di abrasioni causate dalle spine, provoca ferite dolorose, edema, rossore, gonfiore e perdita di sensibilità, che a volte evolve in paralisi. Il prolungato contatto causa inoltre dermatiti allergiche, e i frammenti delle spine possono rimanere conficcati nella pelle, dando luogo a granulomi che a volte necessitano di asportazione chirurgica. Altra specie italiana tossica è la stella marina rossa (*Echinaster sepositus*), più piccola ed esile della *Marthasteria*, dalla bella colorazione rossa e dalla superficie spinulosa e vischiosa, presente nel Mediterraneo fino a 250 m di profondità. Anche l'*Echinaster* possiede potenti tossine del tipo delle saponine, come i cetrioli di mare, che causano irritazioni a contatto con la pelle. Vale per le stelle marine quanto detto per il cetriolo di mare: tutti gli Echinodermi sono animali pressoché immobili o lentissimi, ed evitare fastidiose e non secondarie conseguenze è quindi semplicissimo: è sufficiente non toccarli.

I ricci di mare

Altro gruppo ben noto è quello dei ricci di mare. Sono, tra gli Echinodermi, quelli con la «corazza» più dura e resistente, dal momento che le piastre calcaree sono fuse tra loro a formare una vera e propria scatola che avvolge gli organi interni, aperta in corrispondenza della bocca e dell'ano. Gli scheletri dei ricci di mare si trovano in abbondanza sulle rive sabbiose, e affascinano per la bellezza dei colori – rosa, verdi o viola – e per la delicata ed elegante trama di cui sono costituiti. Se li si guarda con attenzione, si vedono bene le miriadi di forellini attraverso i quali nell'animale vivente passano i pedicelli ambulacrali; diversamente dalle stelle marine, i pedicelli non sono localizzati nella parte orale del corpo (quella rivolta verso il basso) ma su tutta la superficie, allineati in file regolari in numero di multipli di cinque. In alcuni ricci, gli irregolari, la simmetria intorno all'asse diventa meno evidente, perché i cinque spicchi sono di dimensioni diverse, l'asse bocca-ano è decentrato, e il tutto acquista una forma a cuore, molto evidente per esempio negli *Spatangus* e negli *Echinocardium*. La corazza rende il corpo dei ricci assolutamente rigido e immobile, mentre per esempio le stelle marine sono capaci di movimenti delle braccia, seppur lenti, e alcune possono addirittura camminare. Nonostante questo, ricci e stelle si muovono in un modo simile e caratteristico, quasi «scorrendo» sul fondo, ed è forse più dal movimento, che da somiglianze morfologiche superficiali, che si intuisce la parentela tra i due gruppi.

La bocca dei ricci di mare è particolarissima, tanto nel nome – lanterna di Aristotele – quanto nella struttura. È ospitata nell'apertura più grande dello scheletro, quella posta inferiormente, ed è composta da placche calcaree piramidali, ovviamente in numero di cinque, ognuna dotata di un dente duro e appuntito. Le placche sono mobili, e potenti muscoli fissati allo scheletro tramite staffe anch'esse calcaree (le auricole) ne controllano i movimenti. Il risultato è uno strumento perfetto per raschiare e triturare il cibo solido (alghe, detriti, piccoli organismi animali bentonici o sessili) di cui i ricci si nutrono; il tutto ha una forma che ricorda quella di una lanterna. Fu proprio Aristotele il primo a descriverla; conosciuto più come filosofo che come naturalista, spesso si dimentica che Aristotele è da considerare il padre della sistematica zoologica, o se si vuole il nonno. Identificò e descrisse decine di specie di Crostacei, Anellidi Policheti, Molluschi, Echinodermi e pesci marini, e fu anche il primo a capire che delfini e balene non erano pesci per il solo fatto di vivere in mare, ma mammiferi, proprio come l'uomo. Non poco, per un uomo vissuto nel IV secolo a.C., venti secoli prima di Linneo.

Arriviamo alla pericolosità dei ricci di mare. Anche se gli irregolari sono provvisti di spine morbide e coricate, simili a setole, i ricci sono tipicamente dotati di grandi spine mobili, spesso acuminate e a volte molto lunghe e fragili. Inoltre, nel derma, sui pedicelli ambulacrali e all'apice degli aculei sono presenti tossine di tipo neurotossico, anche se di natura diversa da quelle di stelle marine e cetrioli di mare. In caso di contatto con un riccio, è piuttosto facile che gli aculei si rompano e rimangono conficcati nella pelle, provocando ferite dolorose, arrossamento e gonfiore per l'azione combinata delle spine e delle tossine.

TAVOLA IV

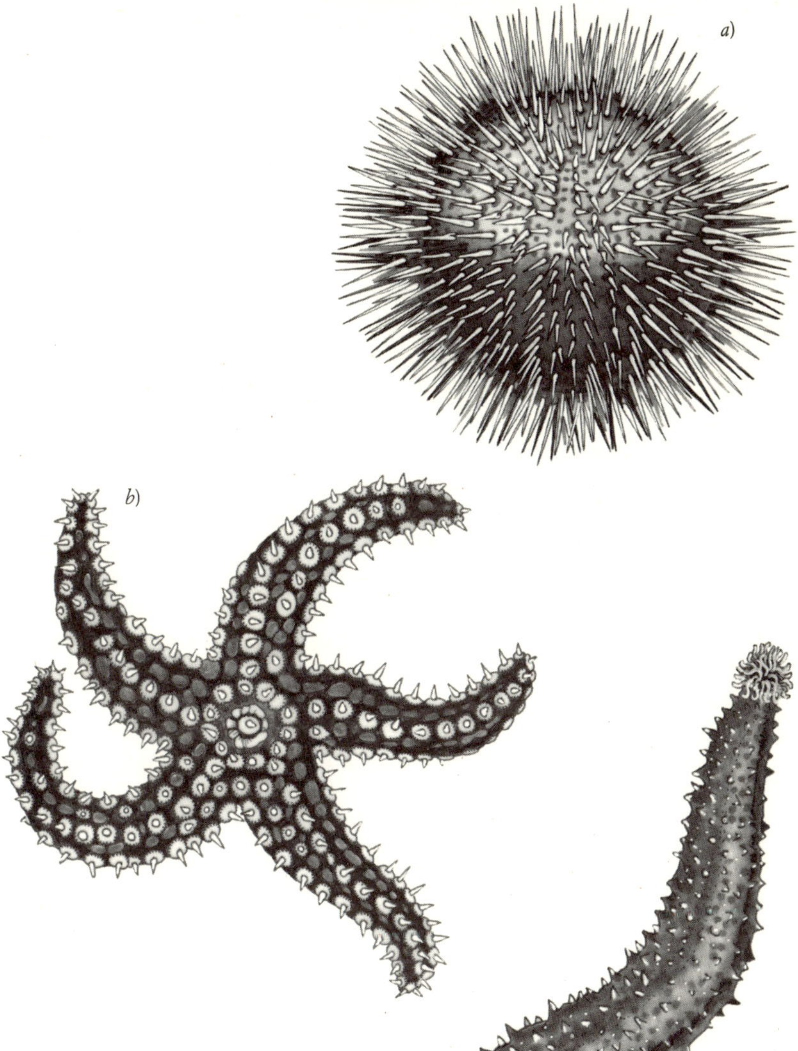

IV. *a) Sphaerechinus granularis*; *b) Marthasteria glacialis*; *c) Holothuria tubulosa*.
Ridisegnati da Bigazzi e Fellegara, 2000.

Nei nostri mari vivono ventisei specie di ricci, ma quelle che più facilmente vengono in contatto con l'uomo sono poche. Tra queste *Paracentrotus lividus*, certamente il più diffuso e conosciuto, *Sphaerechinus granularis* e *Centrostephanus longispinus*. *Paracentrotus* è un riccio di circa 7 cm di diametro, con aculei di circa 3 cm, robusti, violacei, verdi o rossastri. Viene comunemente raccolto per essere consumato, e si trova anche nei mercati. Spesso è abbondantissimo tra gli scogli, anche a pochi centimetri di profondità, vicino alle coste. Per diffusione e abbondanza, è la specie che crea maggiori problemi, in quanto viene spesso inavvertitamente calpestato e i frammenti di aculeo penetrano profondamente nella pelle, tanto che a volte non è agevole estrarli ed è necessario ricorrere a un intervento medico di pronto soccorso, anche per evitare facili infezioni. Gli aculei non contengono tossine, che sono presenti invece nelle gonadi durante il periodo riproduttivo (in realtà, tutto l'anno). Per questo motivo a volte il consumo di questi ricci (utilizzati soprattutto come condimento per la pasta) provoca intossicazioni alimentari, con i sintomi classici: nausea, vomito e diarrea, che normalmente scompaiono in breve tempo. La presenza di tossine nelle gonadi non è certamente né a scopo difensivo né offensivo, e in realtà non ne è chiaro il motivo.

Lo *Sphaerechinus* è un riccio che raggiunge i 13 cm di diametro, ed è quindi più grande del *Paracentrotus*; i suoi aculei sono invece più brevi e tozzi, violacei a punta chiara o del tutto biancastri; riesce a perforare la roccia scavandosi delle nicchie in cui si rifugia ancorandosi con le spine e i pedicelli ambulacrali, in modo tale che risulta difficilissimo estrarlo. Il *Centrostephanus longispinus*, infine, di dimensioni simili al *Paracentrotus*, ha aculei bianchi e violetti, sottili e lunghi almeno quanto il diametro massimo dello scheletro o molto più lunghi; la sua pericolosità è pari a quella del *Paracentrotus*, anche se viene consumato più raramente e più difficilmente si trova sui mercati. Gli aculei si spezzano facilmente, sono cavi e sembra contengano tossine; la specie è quindi potenzialmente più pericolosa delle altre, ma vive a profondità maggiori, oltre i 40 metri, per cui i contatti con l'uomo sono meno frequenti.

Gli squali

«Un enorme squalo si è avventato contro una imbarcazione a remi squarciandola a poppa e rimanendovi impigliato con la testa». «Al largo di Palermo un pescecane preso al laccio uccide un vecchio pescatore». Sono i titoli di due copertine della «Domenica del Corriere», rispettivamente dell'11 maggio del 1930 e del 26 novembre del 1933, solo ottanta anni fa.

La parola squalo (o anche pescecane) evoca immediatamente una sensazione di vago disagio, specialmente se ci si trova al mare e ci si appresta a un bagno rigenerante, magari al largo, dove il colore dell'acqua è blu intenso e i fondali profondi, scuri e invisibili. Qualcosa dentro di noi sa che da qualche parte, in quel blu dal volume sterminato, vivono creature da incubo, glorificate e rese celebri da innumerevoli libri, da centinaia di documentari e dal cinema. Il film *Lo squalo* di Steven Spielberg, uscito in Italia nel dicembre del 1975 e tratto dal best seller di Peter Benchley dell'anno precedente, ebbe un successo straordinario e terrorizzò milioni di persone in tutto il mondo, aprendo tra l'altro la strada – oltre che alla carriera di Spielberg – a una serie interminabile di sequel e di imitazioni e a un intero genere cinematografico, quello dell'horror naturalistico. Solo per citare altre tre pellicole del genere, tutte americane, negli anni successivi uscirono *The Swarm* (1978) di Irwin Allen, *Piranha* (1979) di Joe Dante e poi *Anaconda* (1997) di Luis Llosa, gli ultimi due con la propria scia di sequel e variazioni sul tema. Colpiva, nel film di Spielberg, il realismo con cui il protagonista animale, un enorme squalo bianco di 8 metri,

TAVOLA V

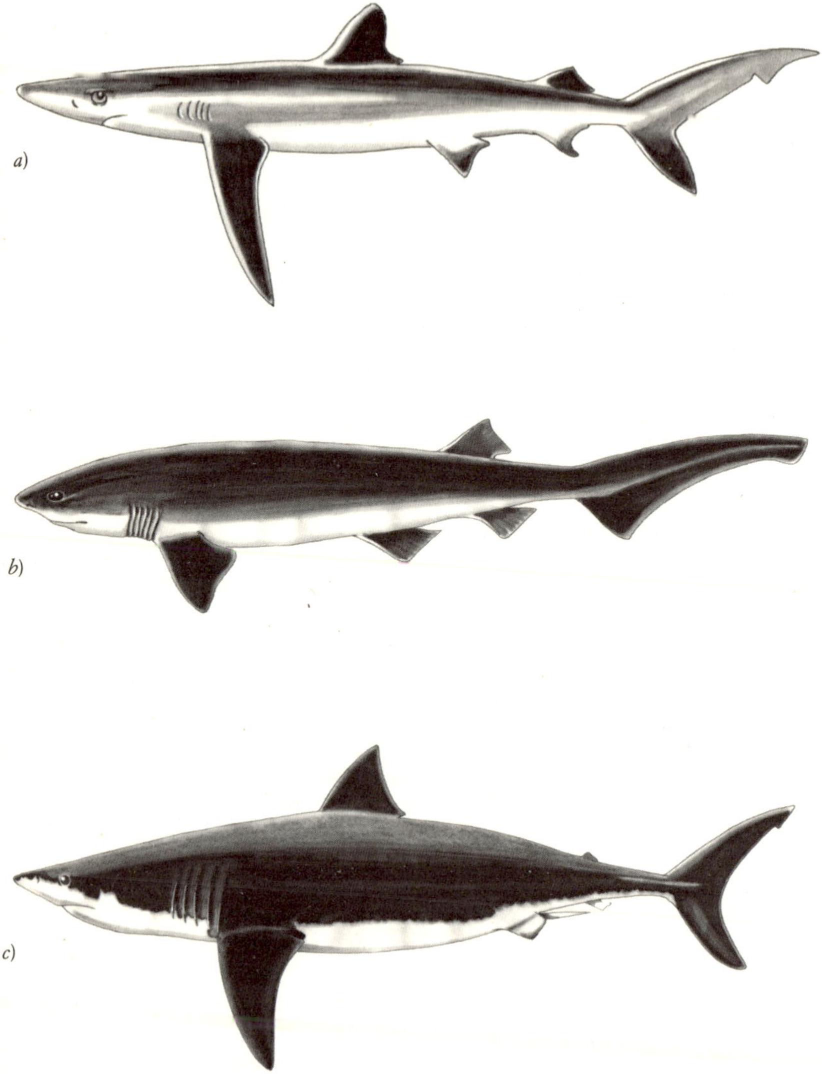

V. *a) Prionace glauca*; *b) Hexanchus griseus*; *c) Carcharodon carcharias*.
Ridisegnati da Bigazzi e Fellegara, 2000.

ovviamente un robot, era stato realizzato: non più improbabili mostri in gommapiuma o grossolani trucchi cinematografici, ma una fedele ricostruzione di una specie animale assolutamente autentica e reale. Il libro di Benchley si ispirava a fatti realmente accaduti in New Jersey nel luglio del 1916, anno in cui in dieci giorni quattro persone furono uccise e una quinta ferita (ebbe una gamba amputata) dagli squali. Perché in quei giorni di quell'anno, e solo su quelle coste, si registrarono così tanti attacchi, in numero e frequenza assolutamente fuori scala rispetto al resto del mondo? Prima di quell'episodio, gli attacchi erano stati (e sarebbero tornati a essere) rarissimi sulle coste americane, e la maggior parte delle persone non riteneva che gli squali fossero pericolosi per l'uomo. Gli stessi ittiologi erano convinti che a frequentare le acque vicino alle coste fossero squali innocui, mentre le specie pelagiche, grandi e aggressive che occasionalmente si avvicinavano a riva, lo facevano solo con individui giovani, anch'essi innocui per l'uomo. C'era inoltre la convinzione che gli squali attaccassero solo se provocati. Cosa era accaduto allora? Quell'estate ci fu la concomitanza di due fattori scatenanti: una temperatura particolarmente elevata e una epidemia di poliomielite, che portò molti americani del Nordest a spostarsi verso zone più sicure, come il New Jersey, appunto, dove il caldo spinse moltissime persone a fare il bagno. In pratica, una quantità assolutamente anormale di uomini si ritrovò a bagnarsi in quelle acque, e qualche squalo presente approfittò dell'occasione. Quell'episodio però cambiò, in America e poi nel resto del mondo, la percezione del pericolo degli squali, che entrarono improvvisamente nella cultura popolare. Della biologia di questi animali, all'epoca, si sapeva ben poco. Il risultato fu che l'immaginario collettivo li dipinse come mostri malvagi, ottusi, sanguinari e perennemente a caccia di prede, preferibilmente umane, da sbranare. Ma la realtà è ben diversa.

Gli squali sono Pesci Cartilaginei pelagici a corpo affusolato, anche se non mancano forme appiattite e bentoniche, legate cioè al fondo, come gli squali angelo. Tutti gli squali, e i pesci con scheletro cartilagineo in generale, hanno un problema, quello dell'equilibrio salino. Derivano infatti da specie di acqua dolce successivamente passate in ambiente marino; di conseguenza, i loro liquidi interni sono meno salati del mezzo in cui vivono, e tendono quindi a disidratarsi (come succede al merluzzo sotto sale). Per ottenere l'equilibrio osmotico gli squali trattengono l'urea in concentrazioni elevatissime, fino a 2500 volte più alta che negli altri vertebrati. Lo stesso problema hanno però le loro uova, che devono svilupparsi in acqua marina: gli squali lo hanno risolto con l'ovoviviparità, partorendo cioè direttamente i piccoli, già corredati della loro scorta di urea concentrata (alcune specie hanno sviluppato una vera e propria placentazione). Tra i tanti gruppi, uno in particolare, quello degli Squalidi, ha perfezionato la tecnica: gli embrioni, una volta usciti dall'uovo, vengono circondati da una membrana che racchiude un liquido alla concentrazione ottimale di urea, la più adatta per la crescita, una condizione definita «abito ureico». Una volta completato lo sviluppo (per alcune specie occorrono anche due anni), i piccoli escono dall'involucro e dal corpo materno e iniziano la propria vita libera.

Esistono diverse centinaia di specie di squali, diffuse in tutti i mari del mondo, da piccole a enormi, per lo più predatrici ma alcune planctofaghe; poche specie vivono anche nelle acque dolci o sono in grado di risalire per centinaia di chilometri il corso dei fiumi (uno degli attacchi del 1916 nel New Jersey avvenne proprio in un fiume). Le acque italiane ospitano una quarantina di specie di squali, e non poche di queste sono considerate pericolose, perché sono state responsabili di attacchi all'uomo in diversi mari del mondo; per tre di queste – il notidiano grigio, la verdesca e lo squalo bianco – sono documentati casi di attacco a persone anche nel Mediterraneo. Il notidiano grigio (*Hexanchus griseus*), è uno squalo lungo fino a 5 metri. Ha sei fessure branchiali, coda fortemente asimmetrica e una sola pinna dorsale molto arretrata. Non è un animale particolarmente aggressivo, e non compare neanche tra i primi trenta squali più pericolosi del mondo, ma in letteratura è riportato il caso di un attacco all'uomo presso l'Isola di Caprera. La verdesca (*Prionace glauca*) sembrerebbe invece responsabile di diverse aggressioni nei confronti dell'uomo anche nei nostri mari, e nel mondo è decimo in classifica, con tredici attacchi (tre sub) e quattro uccisioni. È uno squalo elegante e slanciato, dal colore azzurro, lungo fino a 4 metri; le pinne pettorali sono lunghissime. È anche comunemente pescato per le sue carni. Lo squalo bianco (*Carcharodon carcharias*) è lo squalo per eccellenza, il pescecane del film di Spielberg. Arriva ad almeno 6 metri di lunghezza (dati su squali di 8 o 10 metri sono probabilmente esagerati), e ha una inconfondibile colorazione grigio scura sul dorso e bianca sul ventre, molto contrastata. È lo squalo che in assoluto nel mondo ha attaccato (e ucciso) più persone: 232 attacchi documentati, con 63 vittime; un terzo erano sub. In Italia lo squalo bianco è relativamente raro, ma è comunque l'indiziato numero uno in almeno otto attacchi a uomini o imbarcazioni, dal 1900 al 1989, quasi tutti nel mar Tirreno: Favignana, Augusta, Messina, Circeo, Anzio, Baratti. In quest'ultimo luogo, il 2 febbraio del 1989, uccise un sub.

Ecco invece alcune delle altre specie presenti nel Mediterraneo responsabili di attacchi in diversi mari del mondo ma non in quelli italiani: il notidiano cinereo (*Heptranchias perlo),* simile al grigio ma con sette fessure branchiali e dimensioni assai minori, fino a 2 metri. Poco aggressivo nei confronti dell'uomo, sembra sia estremamente combattivo se pescato all'amo, e si dibatte furiosamente cercando di mordere una volta issato su un'imbarcazione. Lo squalo toro (*Carcharias taurus* o *Eugomphodus taurus*), lungo fino a 3 metri, con due pinne dorsali e cinque fessure branchiali. È responsabile di trenta attacchi documentati, con due uccisioni; cinque delle vittime erano sub. Nei mari italiani è relativamente comune sui fondali sabbiosi. Il cagnaccio o squalo feroce (*Odontaspis ferox*), grosso e corpulento squalo di 4 metri per 3 quintali di peso. Lo squalo tonno (*Isurus oxyrinchus*) lungo fino a 4 metri, simile al bianco ma più slanciato. Ha attaccato almeno nove persone uccidendone due (tre erano sub); in Italia è abbastanza comune. Lo smeriglio (*Lamna nasus*), meno aggressivo di altri Lamnidi: un solo caso accertato e non mortale di attacco a un sub. Gli squali grigi (generi *Carcharinus*), squali di medie dimensioni, tristemente noti per le stragi che hanno compiuto nei confronti dei naufraghi in tutti i mari del mondo; gli anglofoni li chiamano non a caso *requiem sharks*. Le specie mediterranee non sembra abbiano mai attaccato l'uomo, ma nel mondo i *Carcharinus* hanno ucciso complessivamente 36 persone su 236 attacchi, 39 dei quali nei confronti di sub. Lo squalo galeo (*Galeorhinus galeo*), assai più tranquillo degli squali grigi: un solo attacco – però letale – conosciuto nel mondo. Lo squalo volpe (*Alopias vulpinus*), dalla inconfondibile e lunghissima coda (da cui il nome della specie) con il lobo superiore lungo da solo la metà della lunghezza totale dell'animale, che raggiunge i 6 metri. Sono riportati casi di decapitazioni causate da un violento colpo di coda. Lo squalo volpe usa la coda per spaventare e radunare il pesce azzurro, il suo cibo preferito. Un animale di 6 metri può sviluppare una potenza tale da uccidere un uomo, se questi ha la sventura di trovarsi a tiro. Lo squalo tigre (*Galeocerdo cuvier*), il più pericoloso tra gli squali dei mari caldi; aggressivo e capace di cacciare fino a ridosso delle coste, è uno squalo enorme: 7 metri di lunghezza per 3 tonnellate di peso. Nel Mediterraneo è rarissimo, le poche segnalazioni riguardano probabilmente individui penetrati attraverso Suez, che non si spingono in acque più settentrionali. Il suo curriculum racconta di 86 attacchi e 28 persone uccise in giro per i mari tropicali del mondo. Infine, gli squali martello (genere *Sphyrna*). Il nome deriva dalla forma della testa, espansa lateralmente con i due lobi appiattiti, alla sommità dei quali ci sono gli occhi e le narici. Le Ampolle del Lorenzini, gli organi di senso tipici dei pesci cartilaginei, negli squali martello sono particolarmente sviluppate, e la testa larga, con occhi e narici distanti, riesce ad avere una visione «stereo» delle prede e una percezione più precisa del punto esatto di origine degli odori e dei campi elettromagnetici generati dai pesci. In questo modo gli squali martello riescono a scovare anche le prede nascoste sotto la sabbia, utilizzando la testa come un metal detector. Per quanto riguarda la loro pericolosità, gli squali martello sono al settimo posto della classifica mondiale, con 17 attacchi (un sub) e una sola uccisione. La bocca degli squali martello è comunque relativamente piccola e il morso piuttosto debole.

Ho insistito sul numero dei subacquei vittime degli squali non per precisione maniacale, ma perché è importante per cercare di capire il motivo per cui nel Mediterraneo, nonostante la presenza di molte specie pericolose, gli attacchi sono scarsi. Perché i *Carcharinus* hanno attaccato l'uomo 236 volte, ma mai nel *mare nostrum*? La risposta, forse, è nei pinnipedi, le foche e le otarie, prede abituali di molti squali di grandi dimensioni. Nel Mediterraneo, a parte la ormai quasi scomparsa foca monaca, non ci sono pinnipedi. Un sub è a tutti gli effetti un pinnipede, nel senso letterale del termine: ha arti posteriori terminanti con una pinna. Un elemento di somiglianza notevole. E non è il solo. Un sub, come un qualsiasi altro mammifero marino, respira aria atmosferica e la consuma poco a poco, eliminando dal naso quella ricca di CO_2. Un sub che nuota a venti o trenta metri di profondità con le sue pinne, la muta aderente e scura, la sua scia di bollicine d'aria, non deve essere, agli occhi di uno squalo, così diverso da un'otaria. Vale la pena dare un morso. È plausibile che una parte degli attacchi agli uomini siano dovuti a errori di valutazione: lo squalo vede un sub, lo scambia per un altro mammifero con pinne e lo morde, ma raramente lo mangia. Evidentemente, il sapore della carne umana, o forse del neoprene della muta, non sono di suo gradimento. Tutto questo, associato alla dieta praticamente onnivora degli squali, alla loro aggressività e curiosità, alla potenza del morso, spiega gli attacchi e le uccisioni. Nel Mediterraneo, mare privo di pinnipedi, gli squali potrebbero non avere quella che si dice immagine di ricerca: non avendo foche e otarie tra le prede abituali, attaccano con meno facilità anche i sub.

Per quanto riguarda i numeri, voglio sottolineare il fatto che si tratta di cifre bassissime, anche se non è facile muoversi nella giungla dei più diversi siti e dei molti libri dedicati all'argomento. Tra i tanti, cito quelli dell'ISAF (International Shark Attack File) del Florida Museum of Natural History relativi al periodo 1900-1999: 1541 attacchi in cento anni, con 385 uccisioni; una media di 15,4 attacchi e 3,8 vittime/anno nel mondo. Altre fonti parlano invece di 28 attacchi contro l'uomo accertati ogni anno, in tutti i mari, circa un terzo dei quali mortali. La quasi totalità degli attacchi si verifica tra il 47° Nord e il 46° Sud di latitudine; l'Australia è il Paese che guida la classifica, seguita da Caraibi, Papua Nuova Guinea, California, Florida, India, Nuova Zelanda. E nel Mediterraneo? Secondo uno studio retrospettivo, condotto su un periodo che va dal 1863 al 1961, gli attacchi mortali documentati sono stati 18. Di questi cinque o sei nei mari italiani; nell'arco di un secolo, un numero assolutamente irrisorio rispetto a tante altre statistiche ben più impressionanti che parlano di migliaia di morti (in un anno!) sulle strade, in casa, sul luogo di lavoro. D'altra parte, è logico che sia così. L'uomo, in Italia come altrove, non è un animale marino, e la sua densità in mare aperto, dove vive la maggior parte delle specie di squalo, è praticamente nulla. Gli attacchi, non a caso, avvengono vicino alle coste e in presenza di una alta densità di bagnanti, sub o surfisti. Fanno eccezione le zone in cui è nota una presenza particolarmente elevata di squali pericolosi e delle loro prede abituali (calamari, pesci, tartarughe marine, pinguini, foche, otarie, piccoli cetacei). In queste condizioni – peraltro assenti nei nostri mari – le concomitanti attività umane (il turismo balneare o la pesca) incoraggiano gli attacchi all'uomo. Di contro, molte specie di squali rischiano l'estinzione a causa dell'uomo, e ancor di più sono quelle pescate per essere mangiate. In conclusione, i numeri contraddicono decisamente l'apparato mediatico montato dalla narrativa, dal cinema e dalla documentaristica dello spettacolo che purtroppo ci sommerge. Le persone uccise dagli squali in tutto il mondo ogni anno si contano sulle dita di una mano, due al massimo. Secondo le statistiche, negli stessi mari infestati dagli squali muoiono più persone – per dirne una – a causa delle noci di cocco che cadono dalle palme.

Gli squali non sono certo tutti terribili ed enormi predatori mangiatori di uomini. Alcune specie, diffuse anche nei nostri mari, sono di piccole dimensioni, non pericolose per il morso e non aggressive, ma dotate di spine connesse a ghiandole velenifere poste anteriormente alla base delle pinne dorsali. Mi riferisco in particolare al comune spinarolo (*Squalus acanthias*, famiglia Squalidi) e ad altre specie affini, tutte con due pinne dorsali e di conseguenza due spine. Lo spinarolo è un piccolo squalo non più lungo di un metro e mezzo, grigio e chiazzato di bianco, gregario e legato ai fondali, fino a 1000 metri di profondità, comunissimo in tutto il Mediterraneo. Predatore di piccoli animali, è inoffensivo per l'uomo, che invece lo pesca attivamente per le carni (insieme al palombo, *Mustelus mustelus*, e al gattuccio, *Scyliorhinus canicula*, è lo squalo più comune sui banchi delle pescherie). La manipolazione degli esemplari, sia vivi che pescati, può essere pericolosa per la presenza degli aculei.

Le chimere, le pastinache e le torpedini

Gli Squalidi non sono gli unici Pesci Cartilaginei a essere dotati di aculei velenosi in corrispondenza delle pinne dorsali. La stessa arma è posseduta anche dalla bizzarra chimera (*Chimaera mon-*

strosa), unica specie italiana del gruppo dei Chimeriformi (noti anche come olocefali), rappresentato nel resto del mondo da una cinquantina di specie. Come il mitico animale, descritto nell'Iliade come «mostro di origine divina, leone la testa, il petto capra, e drago la coda», e magnificamente riprodotto nella chimera di Arezzo, statua etrusca in bronzo del V-IV secolo a.C., la chimera, o pesce coniglio o pesce topo, è una stranissima creatura lunga non più di un metro e mezzo, che pare assemblata a caso: ha testa grande e piramidale, bocca piccola e ventrale dotata di denti che sporgono a formare una sorta di becco tagliente; gli occhi sono grandi, l'apertura branchiale unica per ciascun lato; il corpo è allungato e compresso, terminante con un lungo filamento, le pinne pettorali grandi e utilizzate anche per appoggiarsi sul fondo; pinne e coda non sono coperte di pelle, come negli altri pesci con scheletro cartilagineo, ma mobili, membranose e sostenute da raggi, come nei Pesci Ossei. Anche gli organi interni dei Chimeriformi sono piuttosto originali, e dimostrano l'antichità di questo gruppo: al posto della colonna vertebrale, infatti, la chimera porta una struttura a corda, simile alla corda dorsale (notocorda) dei Cordati primitivi, oltre che degli embrioni di tutti i vertebrati, dai pesci ai mammiferi, nei quali però, nel corso dello sviluppo, viene sostituita dalle vertebre. La chimera vive a grandi profondità, tra 200 e 1000 metri, e si nutre probabilmente di invertebrati e piccoli pesci. Alla base della prima delle due pinne dorsali c'è un aculeo, più sviluppato nei maschi, connesso a una ghiandola del veleno. Questo animale viene occasionalmente pescato in Atlantico e nel Mediterraneo, e a questo si deve la totalità dei contatti chimera-uomo. L'aculeo velenoso può produrre ferite dolorose, se l'animale pescato è manipolato con disattenzione; inoltre, al pari dei suoi lontani cugini squali, la chimera è anche mordace, e sembra che anche l'apparato copulatore del maschio, mobile e tagliente, sia a sua volta pericoloso. Insomma, un animale che i pescatori devono saper trattare; data la profondità a cui vive però, i contatti diretti con l'uomo sono rarissimi. Ben più comuni sono invece gli incontri con le pastinache e le torpedini.

Altro grande gruppo di pesci con scheletro cartilagineo è quello degli Ipotremi, che comprende le forme a corpo fortemente depresso, cioè appiattito dorso-ventralmente, e non fusiforme come nella maggior parte degli squali. In questi pesci la coda è sottile e poco sviluppata, a volte filiforme, mentre le pinne pettorali sono espanse, in modo che la parte anteriore del corpo risulta conformata a disco, che può essere ovale, tondeggiante o squadrato. La bocca e le aperture branchiali si aprono al di sotto del corpo (da qui ipotremi: in greco «dall'apertura posta in basso»). A questo gruppo appartengono specie ben note, trenta nei soli mari italiani: razze, torpedini, pastinache, pesci chitarra, aquile di mare, mante, molte di interesse commerciale, alcune pericolose per l'uomo. Nonostante siano di discrete o grandi dimensioni, non attaccano l'uomo né quest'ultimo rientra nella loro dieta, che è carnivora nelle forme bentoniche, planctofaga in quelle pelagiche. Sono però dotate di armi più subdole: le pastinache, i trigoni e le aquile di mare hanno sulla coda spine collegate a ghiandole velenifere, le torpedini sono in grado di emettere scosse elettriche discretamente potenti.

La pastinaca o trigone (*Dasyatis pastinaca*, famiglia Dasiatidi) raggiunge il metro e mezzo di lunghezza e i 20 kg di peso. Vive sui bassi fondali del Mediterraneo e dell'Atlantico orientale, e si nutre di molluschi e crostacei, che tritura senza difficoltà grazie a denti molariformi robustissimi. Il disco è più largo che lungo, squadrato, il muso triangolare, la colorazione bruna o rossiccia; la coda è filiforme e lunga almeno quanto il disco. Dorsalmente alla coda, alla metà circa, c'è un grosso aculeo seghettato e uno o due aculei più piccoli di sostituzione. L'aculeo è collegato a ghiandole velenifere, ed è una potente arma utilizzata come un pugnale: se minacciata la pastinaca si difende muovendo la coda con forza ed estrema precisione; l'aculeo allora penetra in profondità, causando una ferita lacerante e dolorosissima. A volte si spezza, rimanendo in parte conficcato nella carne. L'azione non è solo meccanica, perché le ghiandole emettono nella ferita un veleno che causa reazioni gravi, locali e sistemiche: dolore locale intenso della durata di 6-48 ore, scoloramento e necrosi della parte colpita, debolezza, nausea, angoscia, vasodilatazione diffusa che può portare al collasso; in concentrazioni elevate si giunge alla caduta della pressione arteriosa, al blocco atrioventricolare e alla morte. La composizione del veleno è poco nota, ma probabilmente si tratta di una cardiotossina di natura proteica. Nel mondo, soprattutto nei mari tropicali, si registrano numerosi casi di morte da puntura di pastinaca (come nel caso di Steve Irwin), nessuno per il Mediterraneo. La pericolosità di questi animali è quindi, almeno da noi, solo potenziale. Va detto comunque che anche i numerosi casi registrati in giro per il mondo sono quasi sempre dovuti all'imperizia umana. Le pastinache sono animali privi di aggressività, anzi, piuttosto docili. In Australia, le grandi specie di barriera vengono spesso accarezzate e nutrite, a volte addirittura «cavalcate» per una foto ricordo. È in questi casi che ci può essere una reazione inaspettata: l'animale, infastidito, può colpire improvvisamente e spesso con gravi conseguenze. Può però anche banalmente capitare di calpestare a piedi nudi una pastinaca nascosta sotto la sabbia vicino alla riva; anche qui, come nel caso degli squali, gli incidenti sono più frequenti dove l'invasione umana dei bassi fondali è massiccia, e l'alta densità di persone rende statisticamente più probabile l'incontro.

Altre specie velenose presenti nel Mediterraneo sono il trigone spinoso (*Dasyatis centroura*) e il trigone viola (*D. violacea*); più rara è l'altavela (*Gymnura altavela*). Simili ai Dasiatidi per quanto riguarda il potenziale offensivo sono i grandi Miliobatidi, noti anche come aquile di mare: *Myliobatis aquila* e *Pteromylaeus bovinus*. Anche la manta o diavolo di mare (*Mobula mobular*, famiglia Mobulidi) possiede un aculeo venoso sulla coda; più piccola della manta gigante (*Manta birostris*) dei mari tropicali, la manta nostrana raggiunge comunque i 5 metri di lunghezza e i 4,5 di larghezza. A differenza delle pastinache e delle aquile di mare è un animale pelagico, non un predatore di crostacei e molluschi, quindi, ma un filtratore planctofago, un gigante pacifico che solo l'imprudenza umana può rendere effettivamente pericoloso.

Alla famiglia dei Torpedinidi appartengono le torpedini, tre delle quali presenti nei mari italiani: la torpedine comune o torpedine ocellata (*Torpedo torpedo*), la torpedine marmoreggiata (*T. marmorata*) e la torpedine nera (*T. nobiliana*); sono certamente i più originali tra i pesci pericolosi. Il disco delle torpedini è largo e circolare, la coda non filiforme ma più ampia e dotata di pinna caudale e due pinne dorsali. Il disco ospita lateralmente, al suo interno, organi in grado di generare scosse elettriche. Gli organi sono sotto il controllo del sistema nervoso centrale (si attivano cioè a comando) e funzionano come una pila di Volta: sono costituiti da fasci muscolari trasformati in lamine sovrapposte (piastre) alternate a strati di tessuto connettivo. Su una faccia di ogni singola piastra alcune

TAVOLA VI

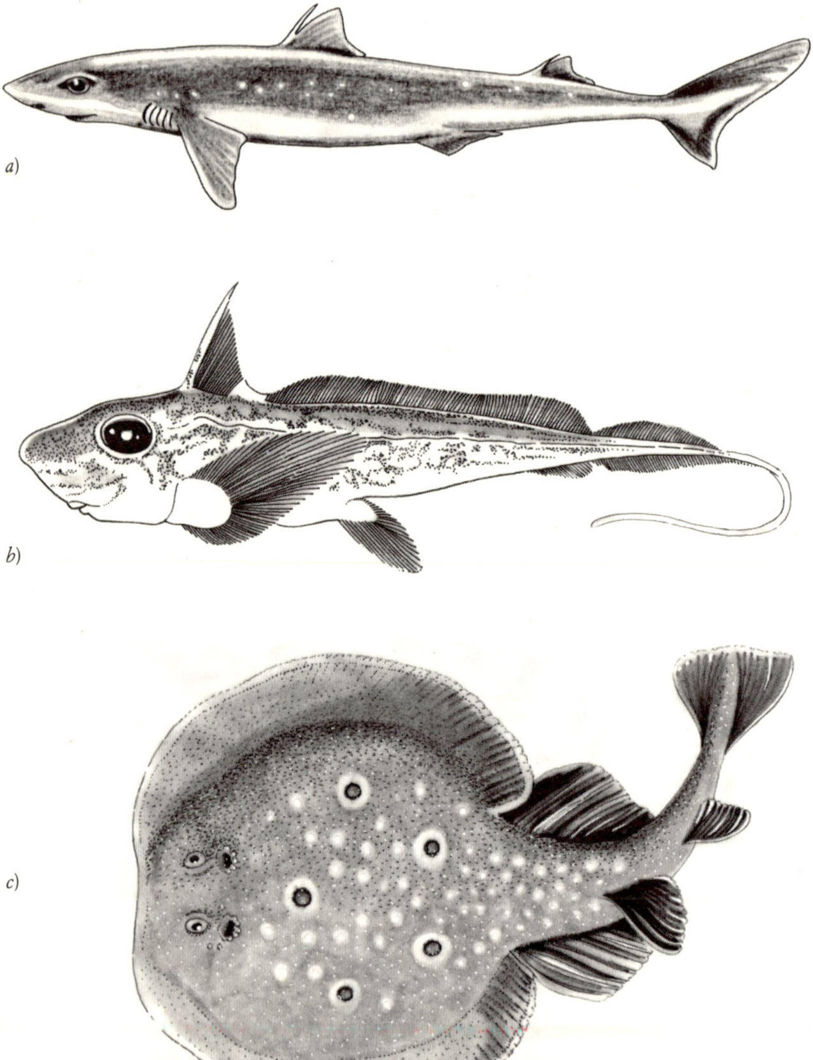

VI. *a*) *Squalus acanthias*; *b*) *Chimaera monstrosa*; *c*) *Torpedo ocellata*.
Ridisegnati da Bigazzi e Fellegara, 2000.

terminazioni nervose, eccitandosi, determinano un potenziale elettrico negativo, causando la contemporanea formazione di un uguale potenziale positivo sulla faccia opposta. Il potenziale si moltiplica grazie alla sovrapposizione delle piastre, e il risultato è un campo elettrico e una scossa anche notevole, utilizzata per tramortire le prede o difendersi dagli attacchi dei predatori (compresi i pescatori subacquei). La potenza della scossa dipende molto dalle dimensioni dell'animale: la torpedine ocellata e la marmoreggiata non superano il metro di lunghezza, la nera raggiunge invece i due metri e arriva a produrre scariche anche di 220 volt. Le torpedini sono le uniche specie elettriche del Mediterraneo, ma la loro non è un'invenzione originale: lo stesso fanno anche altre 60 specie di torpedini e affini sparse per il mondo e ben 350 di pesci con scheletro osseo, questi ultimi tutti d'acqua dolce; molte di queste specie utilizzano gli organi elettrici non solo come armi di offesa e difesa, ma anche per la comunicazione tra individui e come organi di senso.

Le tracine

Con il nome di tracine (o pesci ragno o trachini) vengono comunemente chiamate quattro specie di pesci ossei appartenenti alla famiglia dei Trachinidi: *Trachinus draco*, *Trachinus araneus*, *Trachinus radiatus* ed *Echiichthys* (*Trachinus*) *vipera*, tutte presenti e comuni nei nostri mari. Sono pesci di piccole o medie dimensioni (da 15 a 50 cm), bentonici, con corpo allungato e compresso, bocca e occhi grandi e rivolti verso l'alto. La pinna anale e la seconda dorsale sono lunghe e arrivano quasi all'attaccatura della coda; la prima pinna dorsale, invece, è breve, alta e avanzata, ed è sorretta da 5, 6 o 7 robusti raggi spiniformi; altre spine si trovano sugli opercoli branchiali. Le tracine vivono in fondali bassi, mangiando piccoli animali che catturano all'agguato, semiaffondate e nascoste nella sabbia o nel fango. Le spine contengono un tessuto che secerne un veleno di natura proteica contenente anche polisaccaridi e altre componenti. Il veleno ha un'azione emolitica e neurotossica, e provoca un dolore persistente, che raggiunge la massima intensità dopo 20-30 minuti dalla puntura, e che può durare anche 24 ore o più, fino a un massimo di alcuni giorni. Al dolore si accompagnano a volte delirio e sincopi, creando situazioni di estremo pericolo di annegamento per sub e nuotatori. La zona colpita appare dapprima sbiancata per ischemia da vasocostrizione, poi edematosa ed ecchimotica. Alla sintomatologia locale se ne può accompagnare una sistemica: crisi ipotensive, insufficienza respiratoria, eritemi e orticaria diffuse. I casi mortali sono rarissimi, e si sono verificati per lo più in passato per setticemia, e non per effetto diretto del veleno.

Tra le varie specie italiane di tracine, *Trachinus draco* sembra essere la più pericolosa: è quella infatti che si spinge in acque meno profonde, frequentate dai bagnanti, e anche quella che sembra avere le tossine più potenti. Affine ai Trachinidi è la famiglia degli Uranoscopidi, rappresentata nel mondo da oltre 50 specie e nei mari italiani dal solo pesce lucerna o pesce prete (*Uranoscopus scaber*). Si tratta di un pesce di circa 35 cm, relativamente simile a una tracina per aspetto ed ecologia. Preferisce però i fondali più profondi, e il corpo è depresso, piuttosto che compresso. Non ha spine sulla pinna dorsale, ma solo sugli opercoli, dietro e di lato alla testa. Il veleno non è potente come quello delle tracine, ma le sue punture possono essere comunque dolorose. Al contrario delle tracine, che colpiscono soprattutto gli arti inferiori dei bagnanti in acqua molto basse, il pesce lucerna ferisce a volte alle mani i pescatori che lo estraggono dalle reti (sia i Trachinidi che gli Uranoscopidi sono attivamente pescati per le carni, considerate ottime); sono stati descritti in passato casi mortali, per quanto rari, anche per il Mediterraneo.

Gli scorfani

Da bambino mi capitava di partecipare a giornate di pesca nell'Adriatico, ospite di amici. Si usciva dal porto alle tre o alle quattro del mattino e si rientrava in serata. Per me erano giornate meravigliose, occasioni per andare in mare aperto, vedere pesci e altri animali marini – una volta avvistammo i delfini, un'altra pescammo un piccolo squalo – sentire l'odore della salsedine e del legno, del pesce e del gasolio, sentire il gelo della notte trasformarsi minuto dopo minuto, una volta sorto il sole, in tepore e poi in calura rovente. Per chi faceva invece quella vita ogni giorno, con ogni tempo, doveva essere durissima. Io vivevo solo le sensazioni più belle, quelle di un bambino innamorato degli animali e del mare. In quelle ore la rete calava tre volte e tre volte veniva tirata a bordo, più o meno carica di pesce. Con velocità e precisione i tre pescatori gettavano via il pescato senza valore, subito ingoiato dai gabbiani, e sistemavano nelle cassette il pesce, ordinato per tipologia e dimensioni. In tutto questo io ero spettatore, ma un po' come fanno quegli animali che rubano il cibo agli altri, ogni tanto ghermivo una stella marina o un granchio che si allontanava furtivo e obliquo. Finché vidi un piccolo pesce, rosso come il corallo, dalla grande testa e dagli occhi sporgenti, che saltellando era arrivato vicino a me, a qualche metro dalla ressa di mani, piedi, cassette, voci in dialetto e ali di gabbiano che si agitava poco più in là. Mossi una mano per prenderlo e, come una cosa sola, sentii l'urlo di uno dei pescatori. Io non sapevo che quello strano pesce, per me bellissimo, era pericoloso; se l'avessi preso mi avrebbe punto e inoculato il suo

TAVOLA VII

a)

b)

c)

d)

VII. *a) Echiichtys vipera*; *b) Trachinus draco*; *c) Uranoscopus scaber* ; *d) Scorpaena scrofa*.
Ridisegnati da Bigazzi e Fellegara, 2000.

veleno a cinquanta miglia dalla costa, senza possibilità di soccorsi rapidi. All'urlo tutti si fermarono, io mi spaventai e mi allontanai mortificato, gli altri si avvicinarono, uno di loro prese – lui sì – l'animale, lo gettò in una cassetta e tornò la pace. Quel pesce era uno scorfano rosso.

Gli scorfani, appartenenti alla famiglia degli Scorpenidi, sono, insieme alle tracine, le altre mine antiuomo del mare. Sono pesci diffusi in tutti i mari del mondo con 30 generi e più di 350 specie; molte di queste pericolose o pericolosissime per l'uomo. Si tratta di pesci di medie dimensioni, con testa e bocca grandi, pinne pettorali molto sviluppate e sovente colorazioni mimetiche, oppure al contrario incredibilmente variopinte, come nei pesci leone del genere *Pterois*, tutti tropicali. Gli Scorpenidi hanno spine erettili poste in corrispondenza delle pinne dorsali, anali e pelviche, collegate a ghiandole che secernono un veleno di natura proteica, con un'azione cardiotossica o neurotossica, a seconda delle specie.

Tra le specie esotiche, i pesci pietra (genere *Synanceia*) dell'Indo-Pacifico hanno senz'altro tra tutti i pesci il record della pericolosità e del mimetismo, un cocktail terrificante per chi nuota, fa snorkeling o «passeggia» sulla barriera corallina. Il loro corpo assume colorazioni simili a quelle del substrato, e per perfezionare ulteriormente il camuffamento è ricoperto di verruche, appendici, chiazze che imitano spugne e altri organismi incrostanti. Il loro estremo mimetismo è difensivo e offensivo a un tempo: li nasconde ai predatori e soprattutto alle prede che incaute si avvicinano e che vengono inesorabilmente risucchiate con un movimento fulmineo della grande bocca obliqua. Se poi vengono minacciati da vicino o inavvertitamente calpestati o toccati, scattano le armi avvelenate, con conseguenze spesso gravi, a volte letali. Le cinque specie del genere sono non a caso considerate le più velenose tra tutti i pesci del mondo.

Per quello che riguarda gli Scorpenidi italiani, nei nostri mari non nuotano né i meravigliosi *Pterois* né gli inquietanti e mostruosi *Synanceia*, ma i più ruspanti scorfani del genere *Scorpaena*, eroi dei brodetti. Ne esistono in Italia cinque o sei specie, più altre affini ma di generi diversi, come l'*Helicolenus dactylopterus*. Forse la specie più nota è la *Scorpaena scrofa*, lo scorfano rosso del mio ricordo infantile; lungo fino a oltre 60 cm, ha testa grande e spinosa (le spine del capo e dell'opercolo non hanno veleno, ma possono comunque infliggere punture dolorose), corpo rosso, più o meno chiazzato di bruno o nero. Colori brillanti, ma perfettamente mimetici sui fondali dove questo animale vive rimanendo immobile in attesa di prede. Altra specie comune è lo scorfano nero (*Scorpaena porcus*), del tutto simile in quanto a morfologia, ecologia e pericolosità, ma di colore dominante molto scuro. Gli scorfani sono pesci ampiamente diffusi, pescati e commercializzati, e la loro carne è particolarmente saporita. Sebbene non letali, hanno aculei velenosi in grado di provocare serie ferite, specialmente per i sub e per i pescatori che li manipolano per estrarli dalle reti. Il veleno è cardiotossico, e causa dolore intenso, perché induce l'organismo a rilasciare acetilcolina, che provoca spasmi muscolari dolorosi, oltre a vertigini, delirio, ipotensione, bradicardia, ipotermia e disturbi respiratori.

La parola scorfano è da sempre sinonimo di bruttezza, forse per le strane proporzioni di questi animali, la testa grande e la bocca larghissima, la pelle chiazzata e irregolare, tanto che Pianigiani, nel suo *Vocabolario Etimologico*, così descrive l'animale (che però chiama scorpena): «Genere di pesci di mare [...] dalle forme schifose e orride, di cui la specie più comune è un pesce di color rossigno, col capo assai grosso, gli occhi rilevati e vicinissimi, e con le alette armate di sette spuntoni, che feriscono l'incauto che l'afferra». Non certo una descrizione generosa.

La murena

Il nome murena indica comunemente i pesci Anguilliformi della famiglia Murenidi, diffusi in gran parte dei mari caldi e temperati del mondo con circa 200 specie, solamente tre delle quali vivono nei nostri mari. Le murene hanno corpo compresso e serpentiforme, pelle nuda, opercoli ridotti a un foro, pinne pari assenti. La pelle nuda e viscida, l'elevatissimo numero di vertebre, il corpo serpentiforme e compresso permettono alle murene di infilarsi negli anfratti più sottili, nei quali si rifugiano e rimangono all'agguato delle prede: pesci, crostacei e molluschi. Non c'è dubbio, al solo vederle, che le murene siano predatori: la bocca è grande, le mascelle sono dotate di numerosi denti aguzzi e forti, gli occhi sono piccoli e avanzati sul muso, e conferiscono loro uno sguardo aggressivo e minaccioso. La velenosità del morso delle murene è controversa, ma è certo che questi pesci, come del resto gli altri Anguilliformi (anguille e gronghi) possiedano tossine nel sangue, come scoprì già nel 1888 un fisiologo italiano, Angelo Mosso, che insospettito dal sapore pungente del sangue di questi pesci (nelle analisi del tempo l'aspetto organolettico delle sostanze aveva una grande importanza, e persino il diabete veniva diagnosticato grazie al sapore dolce delle urine), ne iniettò una piccola quantità in alcuni animali da laboratorio. Tutti, invariabilmente – cavie, cani, conigli – andarono incontro a emolisi, paralisi, convulsioni e disturbi respiratori, e morirono in breve tempo. La velenosità delle tossine delle murene è quindi indubbia e anche di una certa potenza, ma è incerto il loro status di pesci attivamente o passivamente velenosi. Nel caso aves-

TAVOLA VIII

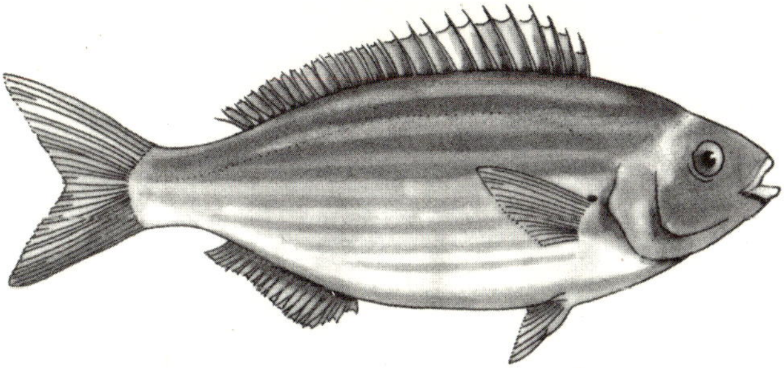

a)

b)

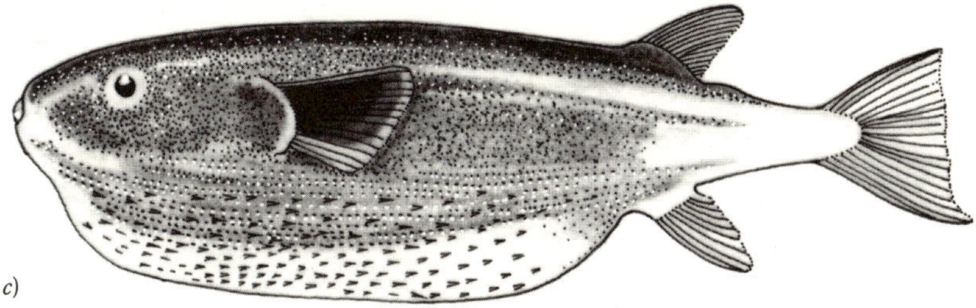

c)

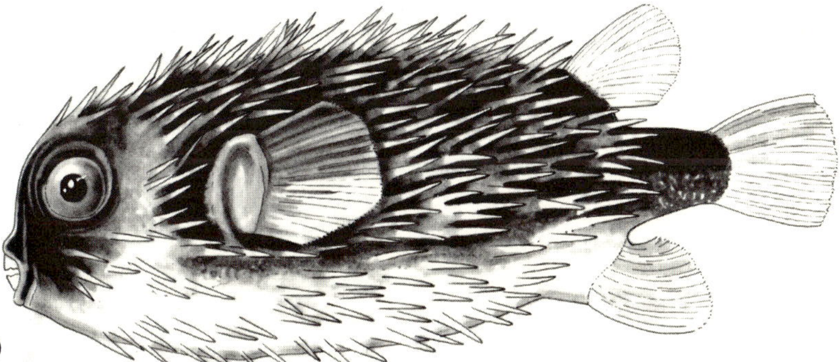

d)

VIII. *a*) *Boops salpa*; *b*) *Muraena helena*; *c*) *Lagocephalus lagocephalus*; *d*) *Diodon hystrix*.
a) *b*) *d*) Ridisegnati da Bigazzi e Fellegara, 2000.

sero tossine connesse in qualche modo al morso, infatti, la loro pericolosità sarebbe attiva e finalizzata, con ogni probabilità, alla predazione; nel caso opposto, invece, e cioè se le tossine fossero presenti solo nel sangue ed eventualmente nei tessuti, essa sarebbe passiva, e a quel punto sarebbe piuttosto difficile spiegarne la presenza. Le tossine delle murene, classificate tra le emoittiotossine (letteralmente: «tossine del sangue dei pesci»), sono termolabili, e con la cottura, quindi, si inattivano. Consumare murene cotte è quindi assolutamente privo di rischi, mentre un morso di una grossa murena viva è comunque una brutta esperienza, vista la quantità e qualità dei denti e della possibile presenza della tossina anche nella saliva del pesce, cosa che rende il morso particolarmente doloroso. Nel Mediterraneo la specie di murena più diffusa è la *Muraena helena*, animale che raggiunge le dimensioni di oltre un metro, diffusa anche vicinissimo alla costa, in anfratti rocciosi, con una splendida livrea bruna marezzata di bianco e giallo. Preda abituale dei sub, è anche attivamente cacciata e commercializzata. Altra specie comune è la *Gymnothorax unicolor*, che si distingue, come indica chiaramente il nome specifico, per la colorazione bruna uniforme. Diffusa solo nel Tirreno è invece la murena nana (*Anarchias euryurus*), che non supera i 25 cm di lunghezza. Altri Anguilliformi comuni e ben noti a tutti sono i gronghi e le anguille. Vale per questi pesci quanto detto per le murene: il loro sangue è tossico, ma le tossine si inattivano ad alte temperature, quindi il loro consumo è assolutamente privo di rischi. Bisogna solo, eventualmente, fare attenzione alla manipolazione, quando si hanno ferite aperte sulle mani o sulle braccia.

La tossicità passiva degli Angulliformi si ritrova come abbiamo già visto anche nei ricci di mare, oltre che in altri pesci, come i Tetraodontiformi; questi pesci, noti come pesci palla e pesci istrice, contengono tetrodotossina, uno dei veleni più potenti esistenti in natura, ma privo di azione offensiva. Il veleno è mortale per chi lo assume, ma non salva la vita a chi lo detiene, e quindi la sua presenza sembrerebbe non avere senso. Paradossalmente, uno squalo che inghiotte un pesce palla può rimanere ucciso, ma non dalle sue tossine: questi pesci sono in grado di ingoiare rapidamente acqua e gonfiarsi – appunto – come una palla, ostruendo l'esofago del predatore e lacerandone le pareti con le spine che lo rivestono. Per un uomo, mangiare un pesce palla crudo è rischiosissimo, mangiarlo cotto non ha nessuna conseguenza. Ne sanno qualcosa i giapponesi, che includono il pesce palla crudo nella propria dieta, e anzi lo considerano una vera prelibatezza, una specialità nota come *fugu*. Esistono scuole di alta cucina che insegnano ai cuochi come evitare l'avvelenamento attraverso complesse tecniche di eviscerazione e trattamenti delle carni. E gli avventori dei ristoranti dovrebbero così avere la certezza che mangiando *fugu* non ci restino secchi. Pare però che ogni tanto qualcuno sbagli, e dia da mangiare ai clienti qualche frammento di carne tossica. Sembra che ogni anno in Giappone muoiano a causa del *fugu* 75 persone, e che i clienti dei ristoranti autorizzati a preparare *fugu* facciano firmare ai clienti un consenso informato. Forse per comprendere bisogna essere giapponesi; noi grezzi europei ci siamo limitati a vietare il consumo di pesce palla – in Italia è vietato già da una ventina d'anni – dopo che partite di quel pesce, mescolato a innocue code di rospo (come la parte commestibile della rana pescatrice viene chiamata nei mercati) avevano provocato numerose intossicazioni. La tetrodotossina è nota da oltre un secolo, da quando cioè il giapponese Yoshizumi Tahara la isolò e la descrisse. Un milligrammo di tetrodotossina è sufficiente a uccidere un uomo: ne blocca la conduzione nervosa, paralizzandolo e bloccandone la respirazione e il battito cardiaco. Tra i venti minuti e le otto ore dopo l'ingestione, il malcapitato muore tra atroci sofferenze. I Tetrodontiformi sono per lo più tropicali, ma alcune specie sono recentemente penetrate nel Mediterraneo, e fanno quindi ormai parte della nostra fauna. Ultimi arrivati sono il pesce istrice (*Diodon hystrix*) e il capolepre (*Lagocephalus lagocephalus*). Il pesce istrice, noto in realtà per il Mediterraneo ormai da mezzo secolo, è arrivato dal mar Rosso attraverso il canale di Suez, ed è quindi quello che si dice un migratore lessepsiano. Può arrivare a 90 cm di lunghezza e quasi 3 kg di peso; le spine che rivestono tutto il corpo sono lunghe e mobili: da qui il nome comune della specie. Ha abitudini prevalentemente notturne, e si nutre di ricci di mare, granchi, molluschi e altri organismi bentonici, che divora rompendone corazze e conchiglie con la bocca, forte e dotata di un robusto becco formato dalla fusione dei denti. Il capolepre è arrivato invece da Gibilterra, essendo originariamente diffuso in

Atlantico, dalla Manica alle coste dell'Africa tropicale. Più piccolo del pesce istrice, ha una colorazione grigio-blu, e spine presenti solo inferiormente; come il pesce istrice, sgranocchia invertebrati bentonici. Entrambe le specie vengono talvolta pescate in Mediterraneo, ma ne è fortemente sconsigliato il consumo, a meno che non si abbia a disposizione un abile cuoco giapponese specializzato in *fugu*.

La salpa

C'è, nei nostri mari, un bellissimo pesce appartenente alla famiglia degli Sparidi, la stessa di orate, saraghi, pagelli e dentici: è la salpa (*Sarpa salpa*), dall'inconfondibile livrea grigio-azzurra solcata sui fianchi da strie longitudinali gialle. Il corpo è ellittico e compresso, lungo al massimo 40 cm; la bocca è minuta e prominente. Le salpe nuotano in banchi numerosi a scarsa profondità, presso coste rocciose ricche di vegetazione e di praterie di posidonia. Sono animali erbivori, che brucano alghe sul fondo. Oltre che in Mediterraneo, le salpe sono diffuse anche nell'oceano Atlantico orientale, dal Nord dell'Europa alle coste dell'Africa, e nel mar Nero. Nel Mediterraneo, e anche altrove nel mondo, si sono diffuse da alcuni anni alghe esotiche, le *Caulerpa* (*taxifolia*, *racemosa* e altre), che hanno ormai tappezzato enormi porzioni di fondali marini, scalzando fisicamente intere comunità bentoniche. Al di là del nome piuttosto ridicolo con cui vengono a volte chiamate sui giornali, quando per esempio si ha notizia del loro arrivo in un tratto di costa dove erano sconosciute – alghe assassine – le *Caulerpa* possiedono in effetti una tossina, la caulerpenina (o caulerpicina) che viene utilizzata per impedire agli organismi marini erbivori di nutrirsene. Al pari di quanto accade sulla terraferma con le euforbie dal lattice velenoso (e con moltissime altre piante tossiche), gli erbivori le evitano. Basta andare, in estate, su un pascolo, e si vedrà che qua e là tra l'erba brucata ferocemente dal bestiame, spuntano gagliarde e insolenti le euforbie, gli asfodeli o certe orchidee, che le pecore o le vacche non mangiano, ma che anzi, evitandole, selezionano, favorendone la diffusione. Non tutti, però, evitano le piante velenose. Ci sono insetti che le mangiano, assumendone le tossine e diventando essi stessi tossici per i predatori; e anche le capre hanno tolleranze invidiabili: le ho viste mangiare la corteccia degli eucalipti, neanche fossero koala. Lo stesso accade in mare. Le salpe mangiano le *Caulerpa* senza rimanere intossicati dalla caulerpenina. Piuttosto, la tossina rimane nei tessuti del pesce, che la accumula passivamente, senza trarne benefici né vantaggi (la salpa non comunica la sua eventuale tossicità attraverso, per esempio, colorazioni di avvertimento; se viene predata, il suo predatore potrebbe morire, ma per lei la cosa sarebbe del tutto irrilevante). Le salpe non sono comunissime sui mercati ittici, non quanto altri Sparidi, almeno, né così popolari come pesci commestibili, ma comunque vengono regolarmente pescate e commercializzate, ed entrano quindi nell'alimentazione umana, insieme alle eventuali tossine che contengono. L'ingestione di salpe intossicate – la caulerpenina non è termolabile, e quindi non si disattiva con la cottura – provoca intorpidimento delle labbra e della lingua, sensazione di freddo, difficoltà respiratorie e motorie; più raramente allucinazioni e incubi notturni; tutti sintomi che comunque regrediscono spontaneamente in poche ore.

Il caso della salpa ricalca – in scala ridotta – un fenomeno assai più grave e diffuso, ma per il momento quasi del tutto assente dal Mediterraneo. Ne accenno brevemente. Esiste in natura, in particolar modo negli ecosistemi marini, un fenomeno noto come biomagnificazione; se ne è già accennato in precedenza. Se nell'ambiente c'è una tossina non metabolizzabile dagli organismi, questa entra attraverso l'alimentazione nella catena trofica, cioè passa dall'ambiente agli organismi viventi. Immaginiamo un dinoflagellato contenente tossine, come quelli responsabili delle maree rosse, e un pesce plantofago – un'aringa – che ne mangia in quantità. Se ogni individuo di dinoflagellato contiene una dose – diciamo così – di tossina, l'aringa ne conterrà, dopo il pasto, n dosi, dove n è il numero dei dinoflagellati che ha ingerito. Tutto ciò ammesso, ed è quello che comunemente accade, che l'aringa non metabolizzi la tossina, non la elimini e neanche ne subisca l'avvelenamento, cosa che la porterebbe alla morte, escludendola quindi dalla catena trofica. Se l'aringa mangia mille dinoflagellati, la quantità di tossina nel suo corpo sarà mille volte superiore a quella di ogni singola alga. Immaginiamo ora un banco di aringhe, ognuna con le tossine di mille dinoflagellati in corpo, e un predatore – un grosso sgombro – che ne mangia dieci in pochi minuti: con quel pasto assorbirà una quantità di tossine pari a 10 000 dosi iniziali. Se un predatore ancora più grande – un tonno – mangerà dieci di quegli sgombri, ecco che l'accumulo avrà raggiunto, in pochi passaggi, le 100 000 dosi. Ho inventato i numeri e i protagonisti, ma il fenomeno è reale e a volte drammatico, avviene in molti mari del mondo e prende il nome di ciguatera. *Cigua* è il nome con cui le popolazioni dei Caraibi chiamavano un animale marino (un mollusco gasteropode o forse un serpente marino, su questo c'è confusione) di cui si cibavano, e dal quale rimanevano a volte intossicati, ai tempi della conquista spagnola, nel XVI secolo. Gli spagnoli chiamarono ciguatera quel tipo di intossicazione, che poi si estese, per il fatto che i sintomi erano simili e ricorrenti, ad altre intossicazioni da pesci. Oggi con lo stesso termine si indicano le intossicazioni alimentari da organismi marini provocate da ittiotossine note come ciguatossine. La ciguatera colpisce in tutti i mari tropicali e temperato-caldi del mondo, Mediterraneo incluso (anche se qui, come detto, è per il momento un fenomeno raro e marginale). Decine o centinaia, a seconda degli autori, le specie di pesci coinvolte, appartenenti ad almeno 16 diverse famiglie, dalle murene agli squali, dalle ricciole alle cernie, dagli sgombri ai barracuda, solo per citare le specie a noi più note. Probabilmente sono numerose e diverse anche le tossine responsabili della malattia. I sintomi sono tipici: intorpidimento e formicolii alla bocca, al naso e alla gola, poi alle estremità, disturbi intestinali, brividi, astenia e prurito diffuso, febbre, bradicardia, ipotensione, disturbi del sonno, disturbi respiratori. Nei casi più gravi insorgono convulsioni e si arriva alla morte. Alla base di tutto, dinoflagellati come *Gambierdiscus toxicus* e altre alghe unicellulari e le loro potenti tossine, tra questi e l'uomo la serie di predatori piccoli e grandi che quelle tossine accumulano, passaggio dopo passaggio. Un fenomeno analogo per meccanismo ma diverso per origine riguarda invece la capacità da parte di molti pesci di accumulare non biotossine, ma inquinanti, in particolar modo metalli. Nei mari del Giappone, nelle carni di alcuni pesci predatori, si ritrova una concentrazione di mercurio anche 27 000 volte superiore a quella presente nel mare in cui vivono. In quello stesso Paese, dove il consumo di pesce è elevatissimo, l'avvelenamento da mercurio ha causato, già dagli anni cinquanta, un disastro sanitario, con numerosissime vittime e nascite di bambini con gravi malformazioni. Il fenomeno divenne noto alle cronache come sindrome di Minamata, dal nome della baia in cui la malattia fu per la prima volta scoperta e descritta.

Parte seconda

Animali terrestri: parassiti interni ed esterni

I Platelminti

Usciamo dalle acque marine, e arriviamo agli animali pericolosi della terraferma e delle acque dolci iniziando dai Platelminti, o vermi piatti. Elminti (vermi) è un termine in uso in medicina per indicare generici vermi parassiti, che non ha sostanza sistematica e comprende i Nematodi che già conosciamo, gli Acantocefali, i Platelminti e le sanguisughe. Animali che non hanno nulla in comune, se non il fatto, appunto, di essere in qualche modo parassiti di vertebrati e spesso anche dell'uomo. I Platelminti sono animali per lo più acquatici, diffusi in tutto il mondo con oltre 20 000 specie, 1300 solo in Italia. Dal punto vista morfologico, hanno corpo più o meno appiattito, non segmentato e privo di celoma; gli organi interni sono immersi in un tessuto di origine mesodermica e non esiste una vera e propria circolazione; le sostanze nutritive e i gas respiratori circolano in un liquido interstiziale che riempie gli spazi tra le cellule. Il tutto è rivestito come un sacco da strati di muscolatura, che permettono i movimenti del corpo; le forme a vita libera, inoltre, strisciano sul substrato grazie a un'epidermide ciliata sulla parte ventrale del corpo, con un movimento che ricorda da vicino quello delle chiocciole terrestri e delle limacce. Nelle forme parassite, l'epidermide ha funzione di assorbimento degli alimenti, mentre in quelle a vita libera esiste, nella parte ventrale o anteriore del corpo, una bocca che in alcune specie predatrici può essere estroflessa. L'intestino è cieco (i Platelminti sono privi di ano) e la digestione si completa a livello cellulare; cellule ciliate speciali, le «cellule a fiamma», creano poi un

TAVOLA IX

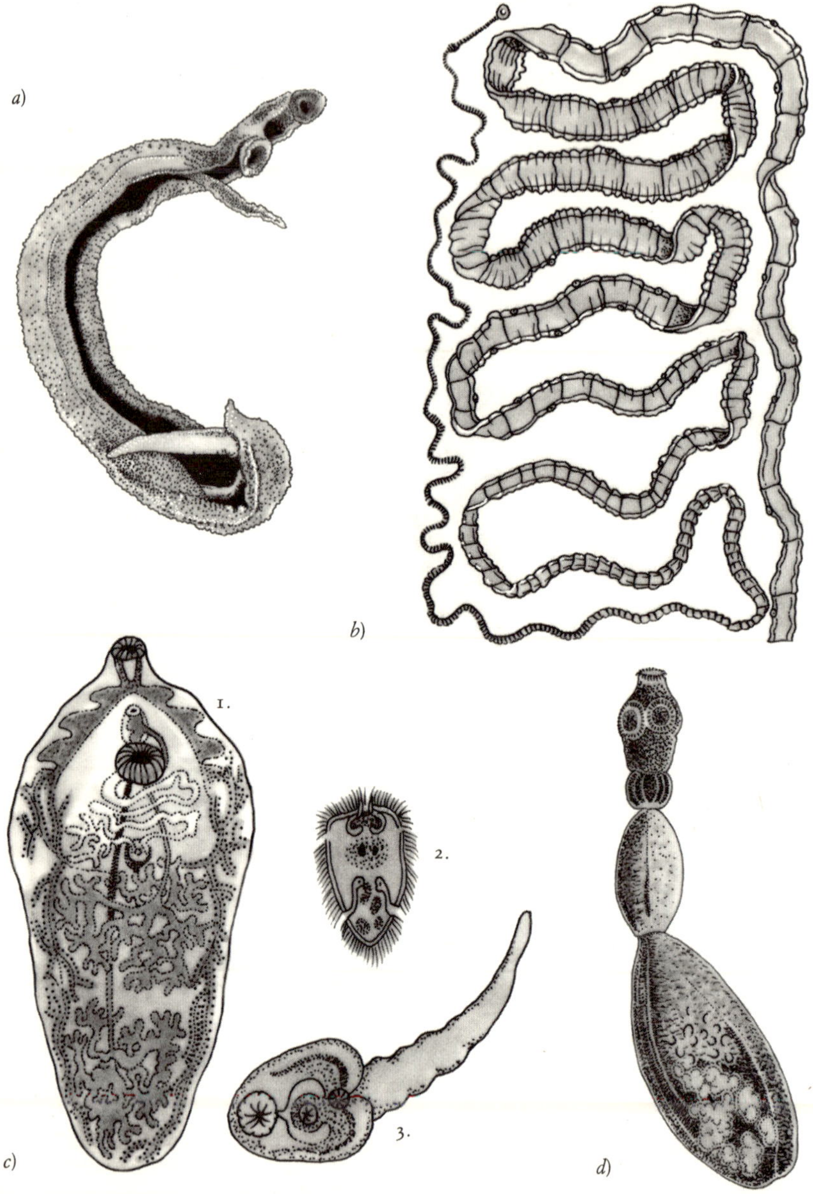

IX. *a*) *Schistosoma mansoni*: femmina con il maschio nel canale ginecoforo; *b*) *Taenia solium*; *c*) *Fasciola hepatica*: 1. adulto, 2. miracidio, 3. redia; *d*) *Echinococcus sp.*

flusso di liquidi che attira le sostanze di rifiuto presenti tra gli spazi intercellulari, e attraverso un sistema di tubuli le trasporta verso l'esterno e le elimina. I Turbellari, la classe di vermi piatti a vita libera, comprende, tra gli altri, i graziosi animaletti noti come planarie. Con i loro occhietti strabici e il capo triangolare, le planarie e gli altri Planaridi, comunissimi nelle acque dolci italiane, hanno un aspetto piuttosto bizzarro. Maurits Cornelis Escher, il grande disegnatore e incisore olandese, ne era affascinato, e le ritrasse in molte delle sue opere (*Flatworms*). Probabilmente nessun altro verme acelomato ha mai ricevuto tanta attenzione da parte del mondo dell'arte. Le planarie sono anche note per essere state l'oggetto di famosi esperimenti sulle basi chimiche della memoria: negli esperimenti, le planarie erano capaci di «ricordare» un evento (un piccolo shock elettrico), al quale reagivano contraendosi, e associarlo a un altro (un impulso luminoso); dopo qualche tempo, le planarie si contraevano anche solo in presenza dell'impulso luminoso, dimostrando di possedere un qualche tipo di memoria. La cosa divertente però doveva ancora venire: se le planarie addestrate venivano tagliate a metà (questi animali hanno capacità rigenerative portentose) la memoria rimaneva tanto nelle teste quanto nelle code (entrambe si contraevano alla luce), segno che quella memoria era in qualche modo mediata da molecole diffuse in tutto il corpo. Ci sono poi i Trematodi e i Cestodi, le altre due classi di vermi piatti, tutti parassiti e chissà se più smemorati dei Turbellari. I Trematodi a loro volta sono suddivisi in due gruppi, quello dei Monogenei, ectoparassiti dei pesci, e quello dei Digenei, endoparassiti dei vertebrati, dai pesci ai mammiferi, uomo incluso. I Digenei vivono nei dotti biliari, nel tubo digerente o nei vasi sanguigni dell'ospite definitivo, ma necessitano di un passaggio all'interno del corpo di ospiti intermedi: molluschi gasteropodi (chiocciole terrestri o acquatiche) e in qualche caso anche formiche. Nel mondo sono molte le specie di Digenei a infestare i tessuti e gli organi interni dell'uomo; alcune di queste – gli schistosomi, la *Fasciola hepatica*, il *Dicrocoelium dendriticum* – sono diffuse, oggi, anche in Italia.

Gli schistosomi

Delle venti specie di schistosomi, sedici infestano anche l'uomo. Le schistosomosi sono tra le prime cause di malattia nel mondo; la seconda, dopo la malaria, nelle regioni tropicali, con oltre 500 milioni di persone a rischio – quasi il doppio della popolazione degli Stati Uniti d'America – in 74 Paesi. Gli schistosomi sono vermi piatti di pochi millimetri di lunghezza (7-26 mm, a seconda delle specie); i maschi sono più corti delle femmine, e hanno corpo piatto e incurvato longitudinalmente, a formare una guaina, il canale ginecoforo, nel quale è ospitata la femmina durante l'accoppiamento. Questi vermi, come molti parassiti, hanno cicli vitali complessi; si descrive qui quello di *Schistosoma mansoni*, specie presente anche in Italia. Le larve (cercarie) vivono nelle acque dolci e sono in grado di nuotare attivamente. Se un uomo o un altro mammifero entrano in acqua senza protezione, le cercarie penetrano nella sua pelle a colpi di coda e di enzimi litici, in maniera assolutamente indolore. Nel corpo dell'ospite le cercarie subiscono una prima trasformazione: perdono la coda e si circondano di molecole rubate alle cellule del sangue, riuscendo a non far scattare il sistema d'allarme immunitario dell'ospite. Così mascherati gli schistosomuli entrano nel circolo sanguigno e raggiungono prima i polmoni, dove si accrescono, e poi il fegato, dove diventano adulti. Qui avviene l'accoppiamento: la femmina, lunga e sottile, si sistema nel canale ginecoforo e viene fecondata. Dopo circa 35 giorni la coppia, ancora unita, migra verso alcune vene della cavità addominale, e le femmine iniziano a rilasciare le uova nelle venule della mucosa intestinale, a ritmi anche di 400 al giorno. Molte di esse vengono intercettate dalle cellule del sistema immunitario, ma una parte, meno del 50%, passa nell'intestino e viene eliminata dall'organismo attraverso le feci. Il ciclo completo, dall'ingresso della cercaria all'eliminazione delle prime uova, dura 50 giorni, ma i vermi adulti vivono anche venti anni. Dalle uova che tornano in acqua, se la temperatura lo consente, nascono minuscole larve ciliate, i miracidi, non più lunghi di un sesto di millimetro. Il miracidio è un concentrato di movimento e organi di senso: si sposta in acqua alla incredibile velocità di 2 mm al secondo (in proporzione, è come se i 100 m stile libero fossero percorsi in 5 secondi), è sensibile alla gravità e alla luce, e irresistibilmente attratto dall'odore del muco dei Planorbidi, piccole chiocciole d'acqua dolce dalla conchiglia piatta, la sua meta: se non raggiunge una chiocciola in poche ore, il miracidio muore. Se invece ce la fa, proprio come fece la cercaria della generazione precedente, il miracidio penetra all'interno del mollusco (mezz'ora dopo il contatto è dentro) e subisce una metamorfosi: perde le ciglia e si trasforma in una sporociste, una specie di sacchetto ripieno di cellule germinative che inizia a produrre nuove cercarie. Queste escono attivamente dalla chiocciola e iniziano a nuotare, alla ricerca di un altro mammifero da parassitare. La chiocciola, dal canto suo, continua a emettere cercarie per tutta la vita, e spesso muore a causa di danni gravissimi all'epatopancreas (anche se questo non conviene, né alla chiocciola né al suo invadente inquilino).

Oltre alla complessità del ciclo, a stupire è l'aleatorietà del sistema. Meno della metà delle uova rilasciate dalle femmine riesce a raggiungere il lume dell'intestino dell'ospite e ha quindi una qualche speranza di fuoriuscire; di queste uova, una piccolissima parte si ritroverà in acqua, e schiuderà solo se la temperatura è compresa tra 25 e 30 °C; dei miracidi sgusciati dall'uovo, molti muoiono in poche ore: non è detto che riescano a trovare subito una chiocciola, e non è nemmeno scontato che in quello stagno, palude, risaia, fosso in cui si trovano a nuotare vivano dei Planorbidi. Come può funzionare un meccanismo così incerto? La risposta è nei grandi numeri: le femmine di *Schistosoma mansoni* producono anche 400 uova al giorno, tutti i giorni per anni; 14 000 in un anno, 280 000 in venti anni, con un rilascio costante e inesorabile; non solo: ogni singolo miracidio che riesce a infestare una chiocciola continua a generare cercarie a ciclo continuo. Una massa tale di soldati in guerra da compensare le immense perdite. È la cosiddetta *strategia R* tipica di tanti organismi, soprattutto invertebrati, ma anche qualche vertebrato: tanti figli, tanti pacchetti di geni liberati nel mondo e abbandonati a sé stessi e al proprio destino, ma numeri altissimi, capaci di mantenere comunque vitale la specie, e anzi di permetterne la diffusione. Se mezzo miliardo di persone in tutto il mondo è a rischio schistosomosi, evidentemente il sistema è ampiamente collaudato. Noi uomini, come anche buona parte dei mammiferi e degli uccelli, di alcuni rettili, anfibi e pesci, e persino di certi Artropodi, abbiamo scelto una strategia diversa: pochi figli, però accuditi, nutriti e protetti per lungo tempo; è la *strategia K*. L'energia risparmiata nella produzione dei figli (da uno a qualche centinaio nell'arco di una vita, nulla contro i 400 al giorno della femmina dello schistosoma) è investita invece nella loro cura. E anche questa seconda strategia – per la verità – sembra funzionare.

Torniamo agli schistosomi e alla schistosmosi. A livello clinico, le conseguenze della parassitosi sono varie. Se il responsabile è lo *Schistosoma japonicum*, la specie diffusa prevalentemente in estremo Oriente, possono insorgere reazioni allergiche anche gravi (febbre di Katajama), con febbre, rash cutaneo, asma e malessere generale, e la mortalità tra le persone colpite è alta. Le femmine di *S. japonicum* producono fino a 3500 uova al giorno, con conseguenti gravi reazioni del sistema immunitario; casi di questo tipo in Italia sono però limitatissimi. La schistosomosi intestinale da *S. mansoni* provoca fibrosi dell'intestino e del fegato, organo in cui la circolazione portale conduce alcune uova, e ispessimento della vena porta. La fibrosi epatica può evolvere in cirrosi e provocare ascite e varici esofagee, dolori addominali, ingrossamento della milza. La funzionalità epatica rimane attiva, ma la morte sopraggiunge spesso per rottura dei diverticoli esofagei o per complicanze polmonari. Una variante della malattia intestinale è quella urinaria, causata da *S. haematobium*. I vermi si annidano nell'apparato urinario, invece che al di sotto della mucosa intestinale, e le uova vengono allora emesse attraverso l'urina, e non con le feci. Nella schistosomosi urinaria si ha inizialmente ematuria (sangue nelle urine), poi fibrosi della vescica, nefriti e sovrainfestazioni urinarie batteriche. Nelle donne può provocare lesioni e infezioni dell'apparato genitale, e favorire il contagio di malattie a trasmissione sessuale. In generale, come non conviene che le sporocisti uccidano la chiocciola, così i vermi adulti non hanno alcun interesse a uccidere il proprio ospite, dal quale dipende la loro stessa esistenza, come individui e come specie. In effetti le schistosomosi tendono a cronicizzare, e le vittime convivono con il parassita, con conseguenze lievi e o comunque non letali; solo nel caso di infestazioni particolarmente massicce si instaurano le gravi conseguenze appena descritte, che sovente conducono alla morte. In Italia le schistosomosi da *Schisto-*

soma mansoni e *S. haematobium* colpiscono soprattutto persone provenienti da Paesi tropicali, e raramente in forme gravi. È logico che l'aumento degli spostamenti umani da e per i Paesi tropicali, dove le schistosomosi sono endemiche, non possono che far aumentare i casi nel nostro Paese. Non solo immigrati stranieri, quindi, ma anche lavoratori e turisti italiani che si espongono al parassita, lo contraggono e ignari lo riportano a casa, indesiderato souvenir. In Sardegna (e forse in Sicilia) è comunque presente il mollusco *Bulinus truncatus*, ospite intermedio dello *S. haematobium* nella vicina Africa, dove la schistosomosi urinaria è endemica. A quanto pare, però, nonostante la presenza dell'ospite intermedio (*Bulinus*) e di quello definitivo (*Homo*), la temperatura delle acque dolci sarde e siciliane è ancora troppo bassa per il parassita, la cui diffusione nel nostro Paese è quindi – per il momento – bloccata. Sono da anni allo studio un vaccino per le schistosomosi e una terapia farmacologica in grado di uccidere i parassiti. Per il momento però ci si affida alla prevenzione, alla conoscenza del problema, al miglioramento delle condizioni igienico-sanitarie, alla conversione delle idrocolture come quella del riso a colture secche, alla disinfestazione delle acque dai Molluschi.

La Fasciola hepatica

Altro trematode temibile è la *Fasciola hepatica*, che però attacca vacche, pecore e capre e infesta l'uomo solo occasionalmente, anche se il parassita può sopravvivere nel corpo umano anche per dieci anni. Più grande e appiattito degli schistosomi, la *Fasciola* (in latino: «piccolo nastro») raggiunge i 30 mm di lunghezza e ha la forma di una foglia. La parte anteriore del corpo porta due ventose, una dorsale e una ventrale; da qui anche il nome di distoma, doppia bocca, da cui distomatosi, la patologia provocata dalla presenza del parassita. Il corpo della *Fasciola* è inoltre rivestito da una protezione di spine chitinose. Al contrario degli schistosomi, che hanno sessi separati, la *Fasciola* è ermafrodita non sufficiente (ogni individuo ha sia gonadi maschili che femminili, ma non può autofecondarsi); il ciclo è invece simile, anche se un poco più complesso. L'adulto vive nei dotti biliari e nella cistifellea dell'ospite definitivo, e si nutre soprattutto di sangue. Produce dalle 5000 alle 50 000 uova al giorno, che insieme alla bile arrivano all'intestino e sono espulse con le feci. A 22-25 °C di temperatura le uova che finiscono in acqua iniziano lo sviluppo embrionale, che dura due settimane e che porta alla formazione del miracidio. Questo raggiunge un gasteropode, stavolta una *Lymnaea*, si insedia nel suo epatopancreas e si trasforma in sporocisti. Dalle sporocisti si originano larve (redie) che possono a loro volta trasformarsi direttamente in cercarie (fino a 600 cercarie per miracidio) oppure in redie di seconda generazione se le condizioni ambientali non sono idonee. In questo caso, le redie figlie muteranno in cercarie appena la temperatura sarà idonea, per esempio, alle nostre latitudini all'inizio della primavera. Le cercarie nuotano e raggiungono le erbe acquatiche e quelle che crescono nei prati allagati, si incistano in metacercarie e attendono fiduciose che un erbivoro (o un uomo) le mangi: l'attesa può durare anche un anno. Se va bene, le cisti si ritroveranno nell'intestino tenue dell'ospite, si apriranno e le metacercarie penetreranno nella mucosa intestinale, raggiungeranno la cavità del peritoneo e da qui il fegato e i dotti biliari, trasformandosi prima in adolescarie e poi in vermi adulti, e mangiando tessuti e sangue. Dopo 70-80 giorni dall'infestazione inizia la produzione delle uova e il ciclo ricomincia. La distomatosi epatica provoca danni al fegato e alle vie biliari. I tessuti attaccati dai parassiti si ingrossano e si infiammano, vanno incontro a fibrosi e iperplasie e a volte all'ostruzione dei dotti. Si possono avere disturbi addominali, febbre, anemia e perdite di sangue; se le uova finiscono nel parenchima epatico possono formarsi granulomi e talvolta si va incontro ad ascite e ipertensione portale. L'entità dei sintomi dipende, come è ovvio, dal carico di parassiti. La distomatosi in Italia è oggi diffusa soprattutto in Toscana, Sardegna, Lazio e Abruzzo, dove il pascolo brado o semibrado stagionale è ancora largamente praticato: dove vacche e pecore sono libere di nutrirsi di erbe selvatiche sui prati umidi, il parassita può continuare a proliferare e riprodursi a carico del bestiame, e occasionalmente a infestare l'uomo. Dove invece gli animali sono tenuti nelle stalle e nutriti con mangimi, la malattia è drasticamente diminuita. Ciononostante, recenti abitudini alimentari la stanno riportando in voga un po' ovunque, in Italia come in altri Paesi europei. Mi riferisco soprattutto all'agricoltura e alla zootecnia biologiche, che azzerano o riducono al minimo l'uso di antiparassitari, e al consumo diretto di erbe selvatiche come il crescione d'acqua (*Nasturtium officinale*), sempre più ricercato per il sapore piccante e le proprietà aromatiche, terapeutiche e – pare – afrodisiache. Il crescione perde qualsiasi proprietà e gusto con la cottura, per cui è consumato invariabilmente crudo. Può però contenere metacercarie di *Fasciola*, e va lavato molto bene, altrimenti si rischia di ingerire il parassita. Se da una parte sono certamente da apprezzare e incentivare uno stile di vita sostenibile e un'alimentazione basata su prodotti più sani e meno industriali, privi di trattamenti chimici, naturali e a filiera corta, dall'altra questi stessi comportamenti possono essere rischiosi, anche per la errata convinzione che tutto ciò che è naturale sia per forza di cose sano.

Il Dicrocoelium dendriticum

Il *Dicrocoelium dendriticum* è il verme piatto agente della dicroceliosi, una parassitosi simile per sintomatologia alla distomatosi; il ciclo biologico del verme è però differente, perché è meno legato all'acqua e perché coinvolge non uno, ma due ospiti intermedi: oltre alle chiocciole, le formiche; l'ospite definitivo è un mammifero. Le chiocciole di vari generi (*Helicella*, *Zebrina* e altri), terrestri e non acquatiche, ingeriscono con l'erba le uova presenti sul terreno e rilasciate, come sempre, dalle feci dell'ospite definitivo. Le cercarie, dopo aver lasciato il corpo della chiocciola, rimangono sul terreno e si disperdono grazie alla scia di muco rilasciata dal piede del mollusco. A questo punto attendono che una formica le ingerisca, si incistano e metamorfosano in metacercarie. Avviene allora qualcosa di straordinario. Molti endoparassiti hanno sviluppato tecniche talmente raffinate da risultare quasi incredibili. Il loro scopo è quello di raggiungere l'ospite definitivo (il serbatoio) in cui vivere anche per decenni e riprodursi sessualmente, attraverso uno o più ospiti intermedi (i vettori) nei quali dividersi all'infinito per propagarsi il più possibile, come truppe di terra – o da sbarco – di un microscopico, silenzioso e sterminato esercito. Le metacercarie riescono a localizzarsi nei gangli nervosi della formica, condizionandone il comportamento e costringendola a salire su uno stelo d'erba e rimanere immobile. In queste condizioni è facilissimo che un erbivoro mangi, con l'erba, anche le formiche infestate. È un po' quello che accade, con protagonisti diversi, nei topi infestati dal *Toxoplasma*, l'agente della toxoplasmosi che ha come ospite intermedio il topo e come serbatoio il gatto. Ebbene, il *Toxoplasma* agisce sul sistema nervoso centrale dei topi, abbassandone la soglia di allarme nei confronti dei gatti. In poche parole, i topi infestati diventano più confidenti, vengono più facilmente mangiati dai gatti e il *Toxoplasma* raggiunge il suo scopo. Se lo stratagemma del condizionamento funziona (e in un pascolo frequentato da qualche centinaio di pecore ha ottime probabilità di funzionare), le metacercarie del *Dicrocoelium* metamorfosano nuovamente nell'intestino dell'ospite definitivo, si sistemano nel fegato e nelle vie biliari, diventano vermi adulti e iniziano a riprodursi. A essere infestati non sono però solo pecore ed erbivori domestici in generale, ma anche carnivori, che assumono spesso l'erba, direttamente o insieme alle prede, ed esseri umani ghiotti di cicoria e di altre erbe selvatiche da mangiare in misticanze e insalate ricche e saporite, naturali e «pulite». La dicroceliosi è in espansione, sia perché predilige gli ambienti secchi, che ovunque prendono progressivamente il posto di quelli umidi, sia perché sembra che il verme stia sviluppando una certa resistenza ai farmaci; i trattamenti sugli animali domestici non riescono comunque a eliminare il problema, perché a essere utilizzati come serbatoi sono anche animali selvatici come cinghiali, daini e caprioli – per i quali non è possibile effettuare alcuna profilassi – oltre a cani, conigli, maiali, cavalli, addirittura cammelli. C'è poi la variabile degli ospiti intermedi, le formiche e le chiocciole: in pratica, è sufficiente la presenza di pascoli, erbivori domestici o selvatici infestati, formiche e chiocciole terrestri – una condizione comunissima in Italia – a garantire la conclusione del ciclo del *Dicrocoelium*. Non a caso in alcune aree il verme è estremamente diffuso: in Sardegna, per esempio, è presente nell'82% degli ovini; in alcuni casi di studio in Toscana, la prevalenza nelle pecore arriva al 100%, con flessioni del 30% durante il periodo giugno-agosto, probabilmente dovuta alla diminuzione della copertura erbacea propria dei mesi più secchi. Nonostante la dicroceliosi sia tuttora un problema tendenzialmente sottovalutato, forse per poca consapevolezza o scarse conoscenze, i danni che arreca agli allevamenti, soprattutto bovini, possono essere importanti: gli animali infestati mostrano dimagrimento e perdita di produzione del latte, diminuzione della fertilità, accrescimento ridotto, aumento degli aborti e della mortalità, sequestri da parte del Servizio veterinario delle carni non idonee al consumo; tutto ciò causa evidenti perdite economiche da parte degli allevatori. Ancor meno nota è la situazione di altre parassitosi da Trematodi, come le paramfistomosi causate dai vermi piatti della famiglia Paramfistomidi, presenti on Italia con i generi *Paramphistomum* e *Calicophoron*. Per quanto riguarda l'uomo, i danni apportati all'organismo da questi vermi sono simili a quelli descritti per la *Fasciola*, anche se generalmente meno gravi.

*L'*Opisthorchis felineus

La moda del consumo di pesce crudo non è limitata alle specie marine, con le conseguenze sanitarie che abbiamo visto, ma si sta estendendo anche a quelle dulcaquicole: pesce persico, coregone o lavarello, trota, salmone, tinca, è tutto un offrire carpacci e marinature; ovunque i romantici ristoranti dei mille laghi del nostro Paese arricchiscono il menù con prelibate e originali ricette a base di pesce crudo. Un sashimi nostrano variamente condito, oltre che di limone e aceto, aglio e prezzemolo, anche di un pizzico di sano nazionalismo culinario. Una risposta commerciale al dilagare della cucina giapponese, autentica o fasulla che sia. Il problema, come spesso accade, non sta nel consumo di pesce, ma nella scarsa – a volte – attenzione all'igiene e in generale all'ignoranza delle possibili conseguenze del consumo di pesce crudo per la salute. Tralasciando i problemi legati all'inquinamento delle acque e al conseguente carico batterico delle carni, bisognerebbe sapere che anche i pesci che nuotano nelle acque più limpide possono ospitare i loro bravi parassiti interni, come del resto qualsiasi altro animale di ogni altro ambiente terrestre e acquatico. Ma andiamo con ordine, iniziando dal trematode *Opisthorchis felineus*. L'*Opisthorchis* ha come ospiti intermedi la classica chiocciola (del genere *Bithynia*, stavolta) e un pesce; come ospite definitivo un mammifero piscivoro: quindi praticamente tutti i carnivori e l'uomo. Il nome *felineus* deriva dal fatto che è un comune parassita del gatto, notoriamente ghiotto di pesce crudo. Le modalità del ciclo sono simili a quelle che già conosciamo: dalle uova nascono miracidi ciliati che penetrano nella chiocciola e danno origine a cercarie; queste infestano un pesce che è mangiato da un mammifero, nel fegato del quale i vermi diventano adulti e producono uova che attraverso le feci tornano in acqua. Endemica nei Paesi asiatici – soprattutto Laos, Vietnam e Thailandia – nei quali colpisce la metà della popolazione, l'opistorchiasi è conosciuta anche in Europa: Russia, Bielorussia, Ucraina, Polonia, Spagna, Germania e Grecia. In Italia, nel periodo 2003-2009, ha colpito almeno 44 persone; tutte avevano mangiato carpaccio di tinca proveniente da diversi laghi dell'Italia centrale (proprio le tinche e altri Ciprinidi come carpe e barbi rappresentano l'ospite definitivo preferito dall'*Opisthorchis felineus*). Nell'uomo i sitomi dell'opistorchiasi si manifestano con febbre, capogiri, dolori addominali; i danni al fegato possono evolvere in ascessi, calcoli biliari, epatite, cirrosi epatica, o anche in carcinomi come il colangiocarcinoma, un tumore maligno. Nell'uomo il verme vive e si riproduce per molti anni; in alcuni casi lo stesso ospite può essere infestato anche da diverse centinaia di vermi. Se la parassitosi è ben diagnosticata, può essere risolutiva l'assunzione di farmaci antielminti, efficaci anche sul cane e sul gatto, ma non di rado è asintomatica; ciò vuol dire che l'ospite non subisce danni sensibili, però continua per anni a funzionare da serbatoio, contribuendo inconsapevolmente alla diffusione del parassita. L'opistorchiasi in Italia è nota da secoli, ma da oltre cento anni non se ne avevano più evidenze; le decine di casi nell'uomo dell'Italia centrale, e il rinvenimento del parassita in cani e gatti in Toscana e in Piemonte, dimostrano però che si sta diffondendo a macchia d'olio, insieme ai filetti di pesce persico marinati e al carpaccio di coregone.

I Trematodi non sono gli unici vermi piatti parassiti dei vertebrati (e dell'uomo). La classe dei Cestodi comprende infatti esclusivamente specie endoparassite, forse ancor più estremamente specializzate di quelle descritte finora. I Cestodi sono vermi costituiti da un capo (lo scolice), una parte tubulare (il collo) e una parte terminale (lo strobilo). Lo scolice ha la forma di una clava, e porta sulla sommità un «rostrello», ossia una struttura costituita da un anello di spine ricurve e rivolte all'indietro, e un numero variabile di ventose. Il tutto assume una forma che – a me almeno, e mi scuso per il paragone poco ortodosso – ricorda la testina di certi rasoi elettrici. Dietro la scolice c'è un collo, piuttosto breve, che continua con lo strobilo, la parte più sviluppata e specializzata. Lo strobilo non è altro che una catena di «pezzi» tutti uguali, le proglottidi, ognuno contenente poco più che gli organi sessuali dell'animale, sia i maschili che i femminili. I Cestodi sono infatti ermafroditi sufficienti, cioè in grado di autofecondarsi e produrre uova. D'altra parte, il nome popolare di verme solitario con cui è conosciuta la *Taenia solium*, fa capire immediatamente come questi animali, in fatto di riproduzione, debbano arrangiarsi da soli, in quanto quasi sempre da soli passano l'intera esistenza nel corpo dell'ospite. Quando però capita a due o più individui di condividere l'abitazione, allora questi vermi sono comunque capaci di fecondarsi l'uno con l'altro, assicurando così, di tanto in tanto, un minimo di rimescolamento genetico. I Cestodi non hanno apparato digerente, e assorbono i nutrienti direttamente dalle cellule dell'epitelio. Questi vermi sono tipicamente parassiti nell'intestino dei vertebrati, e necessitano di uno o più ospiti intermedi: altri vertebrati, nei quali si incistano all'interno dei tessuti, o Artropodi. Al contrario degli altri vermi piatti, certe specie raggiungono in età adulta dimensioni considerevoli: alcune arrivano a 40 metri (state tranquilli, sono quelli che parassitano le balene), altre, come gli *Echinococcus*, hanno larve sferiche che raggiungono le dimensioni di un pallone da palestra.

Le tenie

Le tenie (famiglia Teniidi), sono di gran lunga i Cestodi più noti. A seconda delle specie (in Italia il genere *Taenia* e l'*Echinococcus granulosus* di cui si parlerà nel paragrafo successivo), infestano l'uomo allo stadio larvale, a quello adulto o a entrambi gli stadi. La *Taenia solium* è oggi estremamente meno diffusa tra la popolazione umana di quanto non fosse in passato. Il verme solitario, come era comune chiamarlo un tempo, raggiunge allo stadio adulto la lunghezza di

2-3 m (raramente arriva a 8 m); lo scolice, di appena 1 mm o anche più piccolo, porta quattro ventose e un rostrello con 22-32 uncini disposti su due file concentriche; dopo il collo, lungo circa 5 mm, inizia la lunga collana nastriforme delle proglottidi, in numero di 700-1000: le prime, immature, sono più larghe che lunghe, le ultime, gravide di uova, sono invece più sottili, e lunghe fino a 12 mm. La larva, il cisticerco, è invece una vescicola biancastra delle dimensioni di un fagiolo. L'adulto vive nell'intestino dell'ospite definitivo (l'uomo), la larva nei muscoli o nel tessuto cerebrale dell'ospite intermedio (il maiale), ma anche di quello definitivo. Il ciclo vitale della *Taenia* inizia con le proglottidi gravide che escono dal corpo dell'ospite con le feci al ritmo di 5-6 al giorno; dal momento che ogni proglottide contiene anche 50 000 uova di 30-40 millesimi di millimetro, un uomo parassitato libera ogni giorno fino a 300 000 uova di *Taenia*. Le uova possono essere ingerite da un maiale o anche direttamente dall'uomo. In entrambi i casi si aprono nel duodeno liberando larve dette «larve esacante», che perforano le pareti intestinali e attraverso la circolazione sanguigna e quella linfatica arrivano al fegato, al cuore destro, ai polmoni, e da lì al cuore sinistro. Una volta presenti nella grande circolazione, raggiungono ogni organo del corpo, invadono i tessuti e mutano in cisticerchi dotati di un protoscolice. In due mesi i cisticerchi maturano, per andare poi incontro a uno stato di quiescenza, in attesa di penetrare, attraverso l'alimentazione, nell'intestino dell'ospite definitivo. Quando un uomo mangia carne cruda, o poco cotta, di un maiale infetto (la cottura uccide le larve), i cisticerchi si aprono nell'intestino tenue, aderiscono alla parete intestinale con il protoscolice e iniziano a trasformarsi in un verme adulto, ricominciando il ciclo. Nell'uomo l'infestazione da parte di un adulto di *Taenia solium* (teniosi) è spesso asintomatica, ma a volte causa disturbi dell'alimentazione come anoressia o bulimia, disturbi intestinali e nervosi. Ben più gravi sono i sintomi delle infestazioni larvali (cisticercosi), specialmente quando le larve sono localizzate nel sistema nervoso centrale (SNC): epilessia, emiparesi, alterazione del visus, problemi motori, insensibilità, intorpidimento, violenti mal di testa con nausea e vomito, disturbi neuropsichiatrici. I sintomi possono comparire a pochi mesi dall'infestazione, ma anche molto tempo dopo, fino a venticinque anni. In caso di localizzazione dei cisticerchi nell'occhio, i sintomi sono invece a comparsa più precoce, e la diagnosi è più semplice. Teniosi e cisticercosi sono praticamente sconosciute nei Paesi dove non viene mangiata carne di maiale, e sono al contrario piuttosto comuni in zone dove il consumo di carne di maiale è diffuso e le condizioni igienico-sanitarie sono carenti: alcune regioni dell'Africa subsahariana, India, Cina, parte della Nuova Guinea, America centrale e meridionale dove colpisce fino al 30% dei suini e fino al 7% della popolazione umana. In Italia, come nel resto dell'Europa – con l'eccezione forse di alcune zone dei paesi dell'Est – in America settentrionale, Australia e Nuova Zelanda, teniosi e cisticercosi sono quasi del tutto scomparse ormai da circa mezzo secolo. Nel nostro Paese i casi sono limitati alle sole cisticercosi di persone ultrasessantenni, che hanno contratto il parassita quando questo era ancora diffuso, oppure in immigrati, turisti, missionari, lavoratori in zone dove la parassitosi è endemica. Al 2004, le statistiche parlavano di circa 20 casi diagnosticati ogni anno.

La *T. saginata* è assai simile alla *Taenia solium* per morfologia e biologia. Se ne distingue per lo scolice privo di rostrello e di uncini e per la forma dell'utero nelle proglottidi gravide. La larva infesta diversi animali, tra cui i bovini, ma non il maiale né l'uomo, che ne è invece l'ospite definitivo obbligato. I cisticerchi di *T. saginata* si trasformano in larve dette metacestodi, le quali si insediano soprattutto nel tessuto grasso dei bovini; da qui passano all'uomo con l'alimentazione e si accrescono in vermi adulti. Al contrario di quanto avviene nella *T. solium*, in cui le proglottidi fuoriescono passivamente, le proglottidi della *saginata* sono capaci di movimento, e arrivano a forzare lo sfintere anale, causando disturbi di vario tipo e notevole disagio anche psicologico; d'altra parte, ciò rende questa teniosi più facilmente dignosticabile. La teniosi da *T. saginata* è presente soprattutto nelle regioni in cui è diffuso il consumo di carne bovina cruda: Etiopia e Kenia, Africa settentrionale, Est Europeo, Sud-Est Asiatico, Centro e Sud America e anche Italia, per esempio nel Lazio e in Piemonte. Un canale di diffusione della *T. saginata* è la carne proveniente dall'Argentina, dove la teniosi è piuttosto diffusa; i controlli, che pure esistono, sono resi problematici dalla difficoltà di reperire i cisticerchi, bianchi e lucidi, nel tessuto grasso in cui si annidano. Si stima che le infestazioni da *Taenia saginata* nei bovini siano da tre a dieci volte superiori a quelle riscontrate nei controlli effettuati ai macelli. Dalle infestazioni da tenie ci si difende, conoscendo il problema, in maniera abbastanza semplice: acquistando carni controllate e consumandole ben cotte; se proprio si vogliono mangiare crude in carpaccio o poco cotte, si dovrebbe avere almeno l'accortezza di congelarle prima a −10 °C per nove giorni, uccidendo così le larve incistate.

Ovunque ci sia pastorizia tradizionale e stretta convivenza uomo-cane-pecora, è anche diffusa la *Taenia multiceps*, che ha come ospite intermedio la pecora e come ospite definitivo il cane, e che occasionalmente infesta l'uomo quando le uova, presenti nelle feci dei cani, vengono in qualche modo ingerite. Le larve (cenuri) si incistano nel SNC della pecora (o dell'uomo), e il cane le assume col cibo. I cenuri hanno però bassa infettività nell'uomo, e le infestazioni diagnosticate sono scarse; per l'Italia, sono documentati alcuni casi solo in Sardegna.

Per concludere, una nota storica. Quando nel 1809 si individuarono per la prima volta i cisticerchi nel tessuto sottocutaneo, e si comprese che erano i responsabili della cisticercosi, si pensò appartenessero a una specie sconosciuta, vennero descritti e gli si attribuì un nome scientifico: *Cysticercus cellulosae*. Solo mezzo secolo dopo si capì invece che i cisticerchi altro non erano che le forme larvali della tenia. L'errore fu ripetuto quando, nel 1860, un grappolo di cisticerchi fu trovato nel cervello di un uomo durante un'autopsia; ancora una volta, i cisticerchi furono descritti come specie e «registrati» come *Cysticercus racemosus* (in latino «a grappolo»). Si comprese poi che erano larve di *Taenia solium*, incistate però dove non erano state mai trovate.

Altri Teniidi, parenti stretti delle *Taenia*, sono il *Diphylidium caninum*, del quale si parlerà nel capitolo dedicato alle pulci, e gli *Echinococcus*, diffusi con quattro specie in molte aree del mondo, Europa e Italia comprese.

*L'*Echinococcus granulosus

Gli *Echinococcus* sono Cestodi lunghi, allo stadio adulto, pochi millimetri, e costituiti da uno strobilo con un numero limitato di proglottidi, la penultima delle quali è fertile e l'ultima gravida di uova. La specie di gran lunga più diffusa in Italia è l'*E. granulosus*, responsabile della parassitosi nota come echinococcosi cistica o idatidosi. L'*E. granulosus* vive allo stadio adulto nell'intestino tenue dell'ospite definitivo, in questo caso i Canidi: in Italia cani, lupi e volpi (oltre agli sciacalli, gli ultimi arrivati). Le uova, contenute nella terza delle tre proglottidi, quella gravida, sono sferette di 25-30 millesimi di millimetro, e contengono il cosiddetto «embrione esacanto». Le proglottidi gravide vengono liberate dall'ospite con le feci al ritmo di una alla settimana e finiscono sul terreno, dove in condizioni ottimali di temperatura e umidità le uova (fino a un centinaio per proglottide) rimangono vitali anche per uno o due anni; quando vengono ingerite da un ospite intermedio – spesso la pecora, ma anche roditori e molti altri erbivori e onnivori domestici o selvatici – l'embrione esacanto sguscia e attraverso la parete dell'intestino penetra nei vasi sanguigni e in quelli linfatici e raggiunge il fegato, o a volte la parte destra del cuore o i polmoni. Meno frequentemente, può arrivare anche ad altri organi – milza, rene, occhio, cervello – o tessuti – muscoli e ossa. Qui evolve in una larva cistica, l'idatide, sferica e ripiena di un liquido limpido detto «liquido idatideo». La larva ha in generale dimensioni di 5-10 cm, ma se si sistema nella cavità addominale, dove non ha limitazioni imposte da tessuti rigidi, può raggiungere anche i 60 cm di diametro e contenere fino a 18 litri di liquido. Queste dimensioni vengono raggiunte soprattutto quando a essere infestato è l'uomo. La cisti ha una struttura complessa, e produce altre idatidi figlie all'interno o all'esterno della sfera. Queste ultime possono staccarsi e raggiungere attraverso i vasi linfatici altri organi, con un meccanismo che ricorda da vicino quello delle metastasi tumorali. La cisti si accresce all'interno dell'ospite intermedio producendo, oltre alle cisti figlie, anche numerosi protoscolici, e sopravvive anche per molti anni, finché la calcificazione della parete, un'infezione o un evento traumatico ne causano la degenerazione e la morte. L'ospite definitivo si infesta mangiando l'erbivoro parassitato e ingerendo le isatidi figlie. I protoscolici allora si fissano alla parete dell'intestino dell'ospite, si accrescono e in 35-50 giorni si trasformano in vermi adulti; iniziano quindi a produrre proglottidi e il ciclo ricomincia. L'uomo è ospite occasionale dell'*Echinococcus*, e si infesta quasi sempre ingerendo verdura cruda e non ben lavata, contaminata dalle uova, oppure assumendo direttamente il parassita da cani infestati. Le uova infatti possono occasionalmente contaminare il pelo degli animali, e da qui le mani e quindi la bocca, cosa che può accadere dopo aver accarezzato il cane, oppure in seguito a una sua affettuosa leccata dopo che l'animale si è pulito il pelo con la lingua. L'echinococcosi cistica è a livello mondiale una delle zoonosi più diffuse e importanti, particolarmente nelle aree dove la pastorizia è largamente praticata: Paesi del Mediterraneo, Balcani, Africa orientale, Asia centrale e Mongolia, Cina, Argentina e Cile. La pastorizia tradizionale, in cui la convivenza tra uomo, cane e pecora è stretta, e nella quale si usa nutrire i cani con i visceri delle pecore macellate, è una manna per il parassita, che facilmente passa dal cane all'uomo. In Italia l'echinococcosi colpisce in alcune regioni del meridione fino al 90% degli ovini (anche se per esempio in Sardegna si è notevolmente ridotta nella seconda metà del secolo scorso fino ad arrivare all'8% del 2003); i dati sul cane sono frammentari e incompleti, perché i veterinari non sono tenuti a comunicare i casi accertati alle Regioni, che poi li trasmettono a loro volta al Ministero della salute. Per quanto riguarda l'uomo, i numeri variano molto a seconda delle regioni: in Sardegna, nel periodo 1969-90 ci sono stati 165 casi/anno di asportazione chirurgica della cisti, con una mortalità dello 0,8% (circa 4 decessi ogni 3 anni). In Sicilia, triennio 1989-1991, sono stati diagnosticati oltre 500 casi (circa 168 casi/anno), per i due terzi dei quali è stata necessaria l'asportazione chirurgica; in Toscana, i pazienti affetti da echinococcosi dimessi dagli ospedali nel periodo 1995-2001 sono stati 511 (oltre 70 casi/anno). L'incidenza del parassita in allevatori e contadini è comunque 4-5 volte superiore a quella osservata nel resto della popolazione. Nell'uomo l'echinococcosi può essere silente, cronica e diffusa (quest'ultima può essere letale) e in genere i sintomi si avvertono tardi, quando le cisti sono già grandi, oppure casualmente, durante esami di altro tipo che ne evidenziano l'insospettata presenza. Ciò fa si che le echinococcosi umane siano certamente sottostimate. Nell'uomo le cisti si localizzano spesso nel fegato (65-70% dei casi) e nei polmoni (25%) e provocano diverse sintomatologie, a seconda della posizione e delle dimensioni: possono comprimere organi e vasi sanguigni oppure rompersi e causare shock anafilattico, embolie ed edema polmonare. Nel fegato le cisti comprimono i dotti biliari, causano atrofia del tessuto e infezioni dovute a stasi della bile. Posizionate sotto la capsula di Glisson, il rivestimento di tessuto connettivo che circonda il fegato, le cisti provocano invece aderenze intestinali e compressione nel peritoneo, causando dispepsia, ingrossamento del fegato e dolori addominali.

Il Diphyllobotrium latum

Altra famiglia di Cestodi parassiti dell'uomo è quella dei Difillobotridi, dalla sistematica complessa e controversa: proprio sul genere *Diphyllobotrium*, quello di interesse sanitario per l'uomo, ci sono divergenze sul numero e la nomenclatura delle specie. Secondo la checklist della fauna d'Italia nel nostro Paese dovrebbero essere presenti cinque specie (*Diphyllobotrium elegans*, *D. erinaceieuropaei*, *D. fuhrmanni*, *D. hians* e *D. latum*), mentre per quella della fauna europea, più recente, le specie italiane si riducono a due: *D. latum* e *D. medium* (quest'ultima, a quanto sembra, non infesta l'uomo). Al contrario, l'altra specie che invece sembra avere come ospite anche l'uomo (*D. dendriticum*) parrebbe non essere presente in Italia. La difficoltà sistematiche sono ben espresse nelle note che accompagnano la lista di specie dei Difillobotridi nella checklist, e che riporto integralmente:

Diphyllobothrium elegans: Specie poco conosciuta. Parona (1912), con riferimento ad Ariola (1896), la elenca, in forma dubitativa, come parassita in *Phoca vitulina*. Errore d'ospite o presenza occasionale nel Mediterraneo? *Diphyllobothrium erinaceieuropaei*: Segnalata da Parona (1912), allo stadio larvale, in *Erinaceus europaeus* come *Sparganum lanceolatum*, Molin (1859) (da non confondere con *Diphyllobothrium lanceolatum*, Krabbe, 1865), in Carnivori (Padova) come *Sparganum* (*Cisticercus*) *ellipticum*, Molin (1859), in *Anfibi Anuri* col nome di *Ligula ranarum*, Gastaldi (1854) e in Rettili Squamati col nome di *L. panceri*, Polonio (1860). Altri sinonimi usati da Parona (1912) per la forma adulta sono: *felis*, Creplin (1825); *maculatus*, Leuckart, 1848; *serratus* Diesing, 1850. *Diphyllobothrium fuhrmanni*: In Delphinidae. Specie descritta nei mari della Cina, forse presente anche in Mediterraneo. Zona imprecisata. *Diphyllobothrium hians*: Parona (1912) elenca entrambe le specie: *hians* nella Foca monaca e *polycalceolus*, dubitativamente in *Phoca vitulina*.

La sistematica è una faccenda complicata, sia per la oggettiva complessità della natura, che disorienta e confonde, sia per la necessità del nostro cervello di ordinare le cose all'interno di un sistema che è comunque nostro, necessità che a volte, se non spesso, entra in conflitto con la realtà. Da Aristotele in poi abbiamo sempre cercato di dare un nome alle cose viventi: ciò è giusto e necessario, è il presupposto fondamentale alla conoscenza e alla comprensione dei fenomeni, senza il quale l'uomo non sarebbe ciò che è diventato; ma è anche, a volte, un esercizio vagamente presuntuoso e distaccato dalla realtà, sostanzialmente antropocentrico. Che a un parassita si dia un nome piuttosto che un altro, lo si cambi di genere, lo si muova da una famiglia all'altra o gliene si crei una tutta sua, lo si elevi da sottospecie a specie o viceversa lo si retroceda, tutto questo è un lavoro stimolante e spesso utile, ma non va dimenticato che sottospecie, specie, genere, famiglia e ogni altra categoria sistematica sono nostre proiezioni mentali su una realtà naturale che spesso non è classificabile, è fluida e ambigua, in costante cambiamento. Il parassita continuerà nel frattempo a svolgere il suo mestiere iperspecializzato, ignaro di tanto affannarsi intorno al suo nome e alla sua posizione in quel bellissimo gioco di scatole cinesi che è la sistematica.

In Italia, insomma, a quanto sembra, l'unica specie a infestare l'uomo dovrebbe essere il *Diphyllobothrium latum*, responsabile della botriocefalosi. Il *latum* è un cestode di grandi dimensioni, che può facilmente arrivare a 10 metri di lunghezza ed essere costituito da 3000 proglottidi larghe anche un paio di cm. Queste sono dette «acraspedote», e differiscono da quelle delle tenie per il fatto di avere i margini anteriore e posteriore non sovrapposti; le proglottidi mature, inoltre, sono più larghe che lunghe. Il ciclo vitale dei *Diphyllobotrium* richiede due ospiti intermedi acquatici – un crostaceo copepode e un pesce – e un ospite definitivo: l'uomo. Il ciclo comincia con le uova che finiscono nell'acqua dolce dei laghi e degli stagni. In condizioni ottimali di ossigenazione e di temperatura (alto tenore d'ossigeno e temperature non troppo basse), nelle uova si sviluppa un embrione ciliato, il coracidio, che può essere ingerito da un copepode, in Europa da un *Cyclops* (così detto per la presenza di un unico, vistoso occhio tra le antenne); il coracidio attraversa allora l'intestino del piccolo ciclope e si sistema nella sua cavità celomatica, trasformandosi, dopo 15-20 giorni, in una larva procercoide. Fatalmente, il copepode infestato viene mangiato a sua volta da un piccolo pesce, e il procercoide ne approfitta per diffondersi nei suoi tessuti, accrescersi e trasformarsi in uno spargano (detto anche plerocercoide). Si sa che pesce grande mangia pesce piccolo, e così avviene, varie volte, finché a chiudere la catena è un grosso pesce predatore: un luccio, un persico reale, una trota. Proprio come avviene in mare con la ciguatera, chi è all'apice della piramide alimentare accumula nei tessuti un gran numero di spargani lunghi anche diversi centimetri e dotati di uno scolice formato ma retratto. Gli spargani vivono così incistati nei muscoli del pesce anche anni, in attesa che il proprio ospite venga mangiato dall'uomo. Quando ciò accade, gli spargani finiscono nell'intestino umano, estroflettono lo scolice, aderiscono alla mucosa intestinale e metamorfosano per l'ultima volta in vermi adulti, formando lo strobilo con le proglottidi. Dopo 3-6 settimane dall'infestazione iniziano a produrre proglottidi gravide di uova, che vengono liberate con le feci. E il ciclo ricomincia. Dopo 1-3 settimane dall'ingestione del pesce infestato, iniziano a manifestarsi disturbi di vario tipo: senso di fame eccessivo, anoressia, diarrea alternata a stipsi, vomito, dolori addominali, dimagrimento, astenia, anemia, disturbi nervosi. Se il verme aderisce a livello del digiuno, compete con l'ospite per l'assorbimento della vitamina B12 (ne sottrae fino all'80%), causando una grave anemia. La mucosa inoltre si irrita per le sostanze tossiche prodotte dal parassita, o per la degenerazione di alcune proglottidi. La botriocefalosi in Italia è diffusa soprattutto nell'area dei grandi laghi prealpini: Maggiore, Como e Iseo, dove infesta diverse specie di pesci, soprattutto Percidi e Salmonidi. Paradossalmente, il progressivo aumento dell'inquinamento di questi laghi danneggia il parassita, perché incide sulle popolazioni degli ospiti intermedi, i *Cyclops* e il pesce persico (*Perca fluviatilis*); d'altra parte, il turismo lacustre e la moda del consumo di pesce crudo ne aumentano invece la diffusione. Dagli anni novanta la botriocefalosi è in costante aumento nelle regioni alpine e prealpine: dal 1990 al 2001 sono stati diagnosticati 54 casi in Lombardia e in Svizzera, altri 70 dal 1993 al 2002 tanto sulle sponde svizzere quanto francesi del Lago di Ginevra (in quegli anni risultarono positivi al *Diphyllobothrium* il 7,8% dei persici del Lago Maggiore). Tutte le botriocefalosi diagnosticate erano state causate dal consumo di filetti di pesce persico crudi. Vale per la botriocefalosi quanto già detto per l'opistorchiasi: per essere sicuri di non prendere il parassita bisogna cuocere il pesce (gli spargani muoiono in dieci minuti a 50 °C) oppure congelarlo a

−18 °C per 24 ore (o a −10 °C per 72 ore) prima di consumarlo crudo; la salatura non è invece sicura. Dal momento che le uova del parassita arrivano in acqua attraverso le feci umane, è chiaro che anche l'aspetto preventivo legato alla depurazione delle acque diventa fondamentale: acque pulite e non contaminate non offrono infatti possibilità di diffusione al parassita; il pesce commercializzato, inoltre, dovrebbe sempre provenire da mercati soggetti a controlli sanitari.

I geoelminti

E ritroviamo, come era prevedibile, i Nematodi parassiti, stavolta però sulla terraferma: l'ascaride (*Ascaris lumbricoides*), il tricocefalo (*Trichuris trichiura*) e l'anchilostoma (*Ancylostoma duodenale*). Queste tre specie italiane, insieme a molte altre diffuse altrove nel mondo, sono genericamente dette geoelminti, letteralmente «vermi della terra». Non hanno però niente a che vedere con i lombrichi, che come sappiamo sono Anellidi e non sono mai parassiti, né il termine ha significato sistematico. I geoelminti si chiamano così perché le loro uova necessitano di un periodo di maturazione nel terreno, e sono tutti parassiti dell'intestino dell'uomo.

L'ascaride è un nematode di grandi dimensioni, potendo raggiungere i 35 cm di lunghezza e il diametro di 5-6 mm; i maschi sono poco più piccoli. Il ciclo vitale dell'ascaride inizia con le uova, che la femmina produce al ritmo di 200 000 al giorno, e che vengono espulse con le feci dell'ospite. Le uova diventano infestanti solo dopo un periodo di maturazione di una o due settimane in un terreno umido. All'interno dell'uovo si sviluppa una larva rabditoide, che muta due volte dando origine a una larva strongiloide. Lo sviluppo può arrestarsi se le condizioni ambientali sono avverse e riprendere quando tornano a essere favorevoli, e l'uovo può mantenersi vitale anche per anni. Quando le uova mature vengono ingerite da un uomo, per esempio con frutta o verdura sporca di terreno contaminato, le larve fuoriescono dall'uovo, penetrano nella mucosa intestinale e attraverso la circolazione sanguigna raggiungono prima la cavità peritoneale, poi il fegato, infine il cuore destro e i polmoni, dove si sistemano e si accrescono. Successivamente compiono un'ulteriore muta, risalgono le vie bronchiali e arrivano al livello dell'esofago, quindi vengono deglutite e tornano nell'intestino tenue, dove mutano di nuovo e diventano vermi adulti. Due mesi dopo iniziano a produrre uova, e il ciclo ricomincia. Nell'intestino i vermi si nutrono di chimo, il prodotto della digestione composto dai succhi gastrici e dagli alimenti parzialmente digeriti; la loro vita media è di circa un anno.

Il tricocefalo è piuttosto differente dall'ascaride: è fino a dieci volte più piccolo, e il corpo è ingrossato nella parte terminale. Le uova maturano nei terreni caldi e umidi, in 3-4 settimane se le condizioni sono ottimali, e rimangono vitali per un anno. Le uova ingerite schiudono rapidamente, e le larve rimangono nell'intestino, fissandosi prima alla parete del duodeno e poi più in basso, nel cieco, dove diventano vermi adulti e si nutrono dei fluidi della mucosa. Dopo 6-8 settimane iniziano a produrre uova al ritmo di 2000-10 000 al giorno; l'adulto vive anche per due o tre anni.

L'anchilostoma ha dimensioni ancora minori del tricocefalo; le femmine, più grandi dei maschi, non superano i 14 mm di lunghezza. La forma del corpo è tipicamente a uncino, con la parte cefalica rivolta all'indietro. Gli adulti si insediano nel duodeno e nell'ileo dell'uomo, nutrendosi di sangue: una infestazione media provoca una perdita di sangue di circa 20 ml al giorno. Le femmine producono fino a 25 000 uova al giorno, e a differenza degli altri geoelminti schiudono sul terreno. Le piccole larve rabditoidi si nutrono di sostanze organiche e crescono rapidamente, mutando due volte e trasformandosi in una larva strongiloide, che attende di arrivare nell'intestino umano per completare lo sviluppo. La via d'ingresso è percutanea, cioè la larva penetra attraverso la pelle, soprattutto dei piedi, ma può anche essere ingerita. Nel primo caso le larve entrano nel flusso sanguigno, raggiungono il cuore destro e i polmoni, e poi, come nell'ascaride, risalgono le vie respiratorie, vengono deglutite e arrivano l'intestino. Qui mutano due volte, diventano vermi adulti e iniziano a produrre uova. L'infestazione, se non è ripetuta nel tempo, dura anche dieci anni.

Le infestazioni da geoelminti erano un tempo comunissime in Italia, e fino agli anni cinquanta del XX secolo non c'era quasi bambino che non avesse i vermi, specie nelle aree rurali, al sud come al nord. Ancora negli anni settanta una discreta percentuale delle parassitosi pediatriche era dovuta a geoelminti. Oggi si registrano ogni anno circa cento casi di ascaridosi, soprattutto però tra le comunità di immigrati da zone di endemismo, mentre le tricocefalosi e le anchilostomosi sono ancor meno diffuse, anche se non del tutto scomparse. Oggi le parassitosi da geoelminti sono ritenute di scarsa importanza epidemiologica, in Italia e nella maggior dei Paesi industrializzati, dove la diffusione dei sistemi fognari, l'utilizzo di calzature durante i lavori nei campi e in generale l'enorme miglioramento delle condizioni igieniche, ha sottratto a questi parassiti gran parte delle potenzialità di diffusione e riproduzione. Tuttavia, negli ultimi anni, la globalizzazione, i viaggi, le migrazioni stanno favorendo una nuova diffusione di queste parassitosi da aree endemiche a quelle non endemiche: si parla quindi, in questo e in altri casi, di parassitosi di ritorno.

Lo strongiloide, le trichinelle, le filarie e le Toxocara

Altri Nematodi parassiti dell'uomo - nonché di altri animali - sono lo strongiloide (*Strongyloides stercoralis*), le trichinelle (*Trichinella spiralis* e *T. britovi*) e le *Toxocara*. Lo strongiloide è un parassita dell'intestino che presenta, rispetto ad altri Nematodi, un ciclo vitale piuttosto complicato e originale. Iniziamo, come sempre, dalle uova, che le femmine depongono, circa 50 al giorno, nella mucosa intestinale, soprattutto a livello del duodeno. Dalle uova sgusciano piccole larve rabditoidi, che si accrescono per essere poi espulse con le feci dell'ospite, quando hanno raggiunto una lunghezza massima di 300 micron, circa un terzo di millimetro. Le larve, una volta all'esterno, possono seguire due diverse strade, che le porteranno comunque, alla fine, a diventare larve infestanti: la scelta non è casuale, ma dipende dalla ploidia, cioè dal numero delle copie di cromosomi omologhi presenti nella cellula uovo. Le uova triploidi (con tre copie di ciascun cromosoma) originano larve che hanno sviluppo diretto, le uova aploidi (una sola copia) o diploidi (due copie) originano invece larve che avranno un ciclo sessuato e indiretto. Nel ciclo diretto, le larve maturano e mutano due volte nel terreno, si accrescono fino a raggiungere la lunghezza di circa mezzo millimetro e si trasformano in larve strongiloidi, che non possono più nutrirsi nel terreno, ma che possono invece infestare l'ospite, penetrando nel suo corpo attraverso la cute o le mucose. Nel ciclo indiretto, invece, le larve compiono quattro mute e si trasformano in maschi (aploidi) o femmine (diploidi), che conducono vita libera; in poche parole, almeno per una parte del loro ciclo biologico, questi vermi non si comportano da parassiti, ma vivono liberi nel terreno. Dopo l'accoppiamento, le femmine (lunghe 1,5 mm, il doppio dei maschi), depongono uova così piccole che ne entrano 10 000 in un millimetro cubo. Dalle uova sgusciano in poche ore larve rabditoidi, che si comportano esattamente come quelle a sviluppo diretto: metamorfosano in larve strongiloidi e diventano infestanti. In certe popolazioni, però, alcune continueranno comunque a diventare maschi e femmine nel terreno, in modo che per numerose generazioni ci siano contemporaneamente vermi parassiti e altri a vita libera. Le larve strongiloidi, una volta penetrate nell'ospite, arrivano attraverso il circolo sanguigno al cuore e poi ai polmoni, da lì all'esofago e all'intestino (ma riescono ad arrivarci comunque anche attraverso altri organi). Si sistemano quindi nella mucosa intestinale e mutano, trasformandosi in femmine partenogenetiche, cioè capaci di produrre uova senza che ci sia stata fecondazione da parte dei maschi. Dalle uova sgusciano di nuovo larve rabditoidi, che in parte escono con le feci, in parte penetrano direttamente nella mucosa, dando origine a nuove femmine partenogenetiche; è quella che si chiama «autoinfestazione»: l'ospite, cioè, si infesta più volte con i propri parassiti, senza che ne intervengano altri dall'esterno. È sufficiente che tre sole larve rabditoidi su 1000 reinfestino l'ospite, trasformandosi in strongiloidi nel suo intestino, per mantenere una popolazione costante di parassiti. Lo strongiloide infesta oggi, in Italia, alcune decine di persone/anno, soprattutto nelle regioni del centro-nord. L'esito delle infestazioni più gravi, pur se raramente, può essere fatale.

Anche il ciclo biologico delle trichinelle (genere *Trichinella*), piccoli Nematodi lunghi al massimo 3 mm, è diviso in due fasi, una intestinale e una parenterale. La fase intestinale inizia quando un animale (o un uomo) ingerisce carne infettata da larve di trichinella; le larve si liberano nello stomaco, passano nell'intestino tenue e qui si annidano nell'epitelio, mutando ben quattro volte in 36 ore e diventando vermi adulti. Dopo sole 48 ore dall'infestazione maschi e femmine si accoppiano, attraendosi con messaggi di tipo chimico (feromoni); dopo altri 3-4 giorni le femmine iniziano a partorire larve dette *newborn* (neonate), che attraverso il sistema linfatico entrano nel circolo sanguigno e si disseminano nell'organismo. Ogni femmina partorisce fino a 1500 larve, e dopo una dozzina di giorni il sistema immunitario dell'ospite le espelle insieme ai maschi, mettendo fine alla fase intestinale. Nel frattempo però è iniziata la fase parenterale: le larve che hanno raggiunto i muscoli scheletrici, le uniche in grado di completare lo sviluppo, sono infatti penetrate nelle cellule del muscolo e le hanno modificate – rendendole incapaci di contrazioni – in cellule nutrici, che proteggeranno e nutriranno le larve anche per decenni. Alcune trichinelle possono anche indurre la formazione di cisti di collagene di circa mezzo millimetro di diametro, entro le quali le larve si avvolgono a spirale. Le larve sopravvivono nelle cellule a lungo, anche dopo la morte dell'ospite, in attesa di venire di nuovo ingerite e ricominciare il ciclo. In natura le trichinelle infestano principalmente carnivori e animali spazzini, ma possono parassitare anche cinghiali e ratti. In Italia, il serbatoio principale del parassita è la volpe, che specialmente in ambienti poco antropizzati si ciba spesso delle carcasse di altre volpi; questa è la condizione selvatica, ma la trichinella ha imparato a sfruttare anche le opportunità offerte dalle attività umane, in particolare gli allevamenti di suini o cinghiali bradi e quelli in cui i suini vengono nutriti anche con avanzi di macellazione o rifiuti, e in cui abbiano accesso volpi o roditori portatori del parassita. Una volta giunta a destinazione, la trichinella passa facilmente ai suini, e attraverso il consumo di carne cruda, all'uomo. In Italia sembra che questa condizione non sia presente, ma le infestazioni si diffondono ugualmente attraverso carne importata da altri Paesi; lo stesso accade, in tutta Europa, anche con la carne equina. Le epidemie di trichinellosi colpiscono oggi in Italia soprattutto le comunità di immigrati da Paesi europei in cui il consumo di carne cruda di maiale proveniente da allevamenti non controllati è ancora comune, ma in passato non è stato così; dal dopoguerra i casi italiani documentati sono centinaia, con 23 epidemie esplose dal 1948 al 2001, solo 7 delle quali a causa di carne suina o equina d'importazione. Spiccano le 109 persone infettate a Roma nel 1948, le 300 a Salsomaggiore nel 1996, le 500 a Barletta nel 1990.

Nelle filarie italiane del genere *Dirofilaria* (*D. repens* e *D. immitis*), l'infestazione non avviene attraverso l'ingestione di uova o la penetrazione attiva di larve, ma con la puntura di insetti ematofagi come le zanzare o i Simulidi, gli ospiti intermedi del verme. Le *Dirofilaria* parassitano in Italia soprattutto Canidi e Felidi, sia selvatici che domestici, che assumono il parassita in seguito a punture di zanzara; l'uomo può essere infestato accidentalmente. Questi parassiti raggiungono dimensioni considerevoli (fino a 15 cm di lunghezza e 0,5 mm di spessore), ma nell'uomo e in altri ospiti occasionali lo sviluppo si arresta precocemente a livello di larve di piccole dimensioni, e senza particolari conseguenze patologiche. Le larve di *Dirofilaria repens* si annidano a livello sottocutaneo, mentre quelle di *D. immitis* giungono nelle arterie polonari o nel cuore sinistro. Nell'uomo, però, le larve di *D. immitis* si fermano negli alveoli polmonari, formando noduli visibili con esami radiologici. Nei serbatoi, invece, cani e gatti, le larve mutano due volte, maturano e si accoppiano; le femmine sono ovovivipare e partoriscono piccole larve (microfilarie) che arrivano nel circolo sanguigno. Le microfilarie assunte da una zanzara con il pasto di sangue mutano due volte; l'ultimo stadio è quello infettivo. Le larve infettive migrano nell'apparato boccale della zanzara e attendono di essere nuovamente inoculate in un ospite, dove completeranno il ciclo. Dal punto di vista epidemiologico, in Italia i casi documentati di dirofilariosi sono almeno 200.

Ultime, tra i Nematodi parassiti che ancora oggi in Italia causano infestazioni di qualche rilievo, sono *Toxocara canis* e *T. cati*, i vermi responsabili di una sindrome nota come «larva migrans viscerale». I *Toxocara* infestano comunemente cani e gatti domestici e selvatici; non hanno ospiti intermedi, e l'infestazione avviene con l'ingestione delle uova presenti nell'ambiente. Al di fuori degli ospiti tipici, le larve non completano lo sviluppo, ma rimangono comunque vitali, e possono tornare infestanti se un altro animale si nutre di carni infette. L'uomo, quindi, può infestarsi direttamente ingerendo le uova, oppure le larve presenti nella carne infetta degli ospiti occasionali. Gli adulti dei *Toxocara* vivono stabilmente nell'intestino dell'ospite, dove le femmine, dopo l'accoppiamento, producono fino a 200 000 uova al giorno. Le uova, disperse nell'ambiente con le feci dell'ospite, sono dotate di un guscio che le protegge, e rimangono vitali per anni. Lo stadio infestante è rappresentato dalle cosiddette «uova larvate», nelle quali cioè si è sviluppata una larva. Le larve, inoltre, possono passare dalla madre al feto, oppure attraverso il colostro o il latte durante l'allattamento. Le larve, in ogni caso, una volta penetrate nell'organismo, migrano attraverso la circolazione sanguigna o quella linfatica attraverso vari organi, finché raggiungono l'intestino e diventano vermi adulti. La larva migrans viscerale è presente in tutto il mondo; i dati epidemiologici parlano di percentuali di presenza del parassita nella popolazione umana che vanno dal 3% nelle città dei Paesi occidentali al 90% nei suburbi delle grandi aree urbane di molti Paesi tropicali. La sua diffusione cosmopolita dipende da vari fattori: le scarse norme igieniche, la domesticazione del cane e del gatto, l'ampia diffusione dei Canidi e dei Felidi selvatici, la facilità di contatto e ingestione delle uova larvate: uno studio condotto ad Ancona nel 1999 ha dimostrato quanto siano diffuse nell'ambiente le uova di *Toxocara*: su 22 campioni di suolo prelevati da altrettanti giardini pubblici dell'area urbana della città marchigiana, 21 contenevano uova, soprattutto di *T. canis*; solo 16 di quei giardini erano accessibili ai cani, e tutti erano comunque frequentati da bambini.

Gli acari e le zecche

Lasciamo i vermi e torniamo nel popolatissimo gruppo degli Artropodi, gli animali con esoscheletro chitinoso, corpo diviso in parti ben distinte e appendici articolate, che abbiamo già incontrato, con i Crostacei, nel mare. E troviamo gli aracnidi, meglio noti come ragni e scorpioni. Questi animali, seppur popolari, sono però minoritari tra gli aracnidi in quanto a numero di specie e di individui. I veri dominatori sono gli acari, che contendono ai Nematodi i primissimi posti nella classifica degli organismi animali più numerosi nel terreno. Gli acari sono ovunque: il *Demodex folliculorum*, un acaro a sigaro di mezzo millimetro, vive nei bulbi piliferi della barba di buona parte dei maschi, provocando spesso dermatiti pruriginose non sempre correttamente diagnosticate; la *Trombicula*, ectoparassita di mammiferi (in Toscana la chiamano «cinghialina»), vive nei boschi e provoca in autunno pomfi dolorosi a cacciatori e raccoglitori di funghi, e in generale a chi frequenta le aree boscate ricche di foglie cadute; il *Tetranychus urticae*, il temibile ragnetto rosso nemico giurato dei contadini, infesta gli ortaggi; il *Phytoseiulus persimilis*, l'acaro predatore di acari, è allevato e utilizzato nella lotta biologica al ragnetto rosso; il *Dermanissus gallinae* infesta i polli; il *Trombidium holosericeum*, l'acaro rosso, in primavera tappezza muri, pavimenti e ringhiere. E gli acari abbondano anche nelle nostre case: il *Dermatophagoides pteronyssinus*, l'acaro della polvere, vive, appunto, nella polvere, ma anche negli indumenti, nei materassi e nei cuscini; e poi in tappeti, tende, moquette, carta da parati, divani e poltrone, filtri dell'aria condizionata, libri, pu-

TAVOLA X

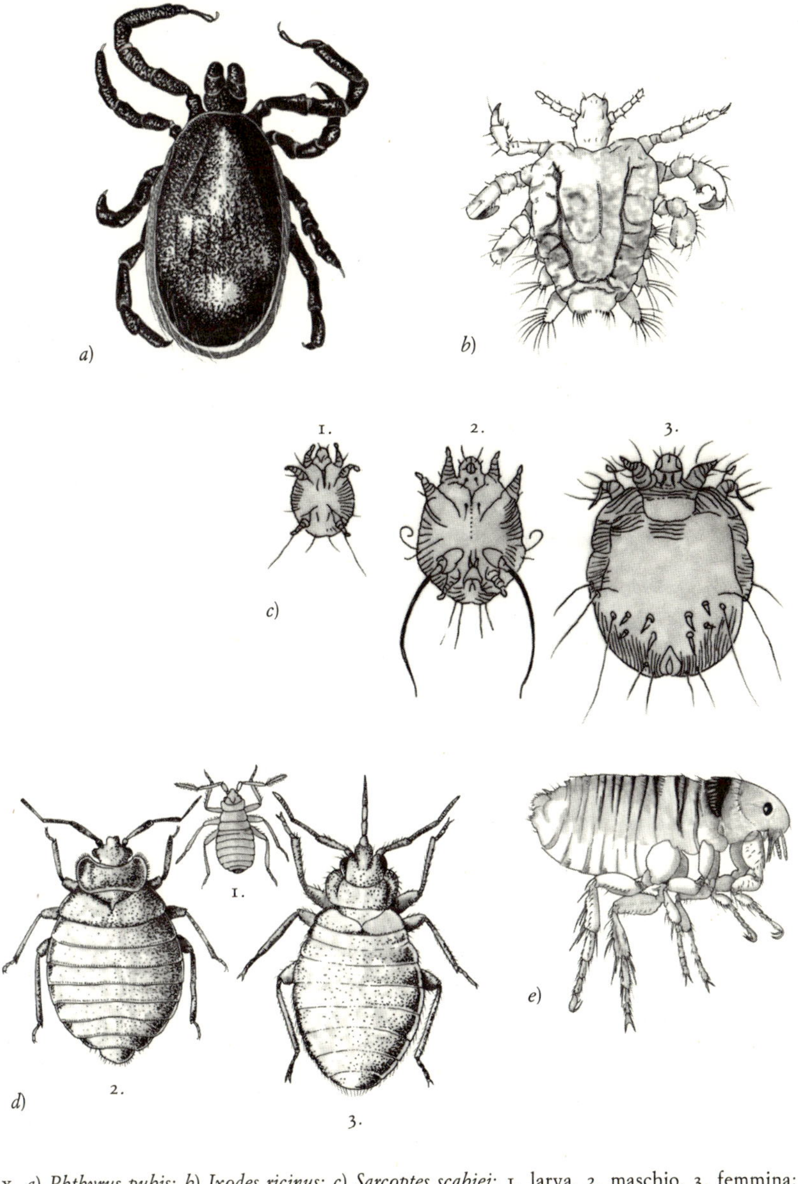

X. *a) Phthyrus pubis*; *b) Ixodes ricinus*; *c) Sarcoptes scabiei*: 1. larva, 2. maschio, 3. femmina; *d) Cimex lectularius*: 1. ninfa, 2. maschio, 3. femmina; *e) Ctenocephalides felis*.

Le figure *a) c) d)* sono ridisegnate da De Carneri, 2004.

pazzi di peluche e ancora nelle gabbie degli uccelli e dei roditori, nelle cucce dei cani e dei gatti, nelle derrate alimentari. Il *Dermatophagoides* e gli altri acari domestici sono, insieme ai pollini, tra i principali responsabili di allergie.

Dal punto di vista medico, certamente la specie più importante è il *Sarcoptes scabiei*, agente della scabbia, parassitosi in aumento dopo che per mezzo secolo era quasi sparita. Il *Sarcoptes* è un acaro di 0,3-0,4 mm di lunghezza (i maschi sono lunghi la metà delle femmine), con corpo ovale e appiattito, irresistibilmente attratto dall'odore e dalla temperatura corporea dell'uomo. Una volta arrivata sulla pelle, la femmina del *Sarcoptes* secerne un enzima cheratolitico, capace cioè di «digerire» la cheratina, grazie al quale penetra gli strati superficiali del derma, dove si ferma in attesa di essere fecondata da un maschio. Una volta gravida, la femmina inizia a scavare un cunicolo nell'epidermide, deponendo le uova lungo il percorso; la lesione sottocutanea tipica della scabbia è dovuta proprio all'azione di scavo delle femmine. Dalle uova, deposte al ritmo di 2-3 al giorno per uno o due mesi (la durata della vita delle femmine) sgusciano larve con tre sole paia di zampe, che tornano in superficie e scavano nuovi cunicoli. Dopo alcuni giorni e due mute le larve diventano prima ninfe con 8 zampe, poi adulti; riprendono allora gli accoppiamenti e l'infestazione ricomincia. I cunicoli sono scavati soprattutto tra le dita delle mani, su polsi, gomiti e ascelle, fianchi e ombelico, regioni palmari e plantari. Lontani dall'ospite, i *Sarcoptes* sopravvivono pochi giorni. Dopo 2-3 settimane dall'infestazione si manifestano i primi sintomi, dovuti alla reazione allergica scatenata dall'acaro: prurito, soprattutto, che diventa quasi insopportabile specialmente nelle ore notturne. Il prurito induce a grattarsi, con conseguenti lesioni della pelle, anche gravi, e infezioni batteriche. Il contagio avviene attraverso il contatto diretto con la pelle delle persone infestate o attraverso gli abiti. La scabbia ha fasi cicliche ventennali documentate, e il numero dei casi negli ultimi anni non è affatto trascurabile: il solo ospedale Sant'Orsola-Malpighi di Bologna ha registrato 1150 casi nel periodo 2000-2003, e dagli anni novanta del XX secolo ai primi anni del XXI i casi in Italia sono raddoppiati, arrivando al picco di 5700 per il 2003. Proprio mentre scrivo trovo sui quotidiani notizie di questi giorni su gravi epidemie di scabbia esplose in alcune carceri italiane, dove il sovraffollamento e le carenze igieniche favoriscono la diffusione dei *Sarcoptes*.

Strette parenti degli acari, ma assai più corpulente, sono le zecche. Al contrario degli acari, per lo più minuscoli e per la stragrande maggioranza a vita libera, le zecche hanno dimensioni apprezzabili, dell'ordine di alcuni millimetri, e sono tutte ectoparassite di vertebrati ed ematofaghe, cioè mangiatrici di sangue. Il corpo delle zecche, come quello degli altri aracnidi, è costituito da un prosoma e da un opistosoma, che però sono fusi insieme e indistinguibili. Il prosoma porta quattro paia di arti (solo tre nelle larve), l'opistosoma è grande, tondeggiante, insegmentato ed elastico, molle o parzialmente protetto da uno scudo dorsale, lo scutum, a seconda delle famiglie. Quello che sembra il capo (capitulum) è piccolo e rivolto in avanti, ed è armato di un apparato boccale atto a pungere e succhiare, costituito da vari pezzi: l'ipostoma (inferiormente), due cheliceri e due palpi. Gli occhi sono assenti, o molto semplici. Non ci sono mai ali né antenne, perché le zecche, nonostante quanto si legge comunemente in giro, non sono insetti. Alla fauna italiana appartengono 36 specie di zecche, suddivise nelle famiglie degli Ixodidi e degli Argasidi. La rilevanza sanitaria delle zecche è notevole, perché molte specie veicolano agenti patogeni di malattie anche gravi, che non di rado colpiscono l'uomo.

Alla famiglia degli Ixodidi appartengono, in Italia, circa 30 specie. Sono zecche di grandi dimensioni, lunghe da alcuni mm a oltre 1 cm, e protette da uno scutum, più sviluppato nei maschi; da qui il nome di «zecche dure». Alla base delle zampe hanno ghiandole che secernono un liquido anticoagulante. Le femmine depongono sul terreno ammassi contenenti da qualche centinaio a molte migliaia di uova; dopo la deposizione, le femmine muoiono. Dopo 30-50 giorni dalla deposizione dalle uova sgusciano minuscole larve che si arrampicano sulla vegetazione e attendono il loro primo ospite, su cui si trasferiscono per iniziare subito a consumare sangue. Dopo il primo, abbondante pasto, che può durare anche venti giorni, metamorfosano in ninfe a 8 zampe e poi in adulti, pronti a riprodursi. Alcune specie passano tutta la loro esistenza sullo stesso ospite, altre si lasciano cadere al suolo dopo ogni pasto, subiscono una muta e ne afferrano un altro, fino ad arrivare allo stadio adulto, nel giro di uno o più anni. *Ixodes ricinus* è diffusa in tutte le regioni, nelle boscaglie e nei cedui alternati a pascoli, nelle aree a clima più freddo o temperato, ed è nota come zecca dei boschi o zecca della pecora. Insieme a *Ixodes persulcatus* è tra le zecche che più spesso colpiscono l'uomo, ed è un comune vettore di virus, batteri, rickettsie e protozoi, agenti di patologie dell'uomo e di molti altri mammiferi, sia domestici – pecore e vacche – che selvatici – caprioli, cervi, volpi e lepri. Il virus TBE (*Thick Borne Encephalitis*) trasmesso dalla zecca è un flavivirus responsabile dell'encefalite da zecca o meningoencefalite, malattia diffusa anche in Italia e nota dapprima per la Toscana (12 casi tra il 1975 e il 1991) e poi anche per il Trentino-Alto Adige e il Veneto (35 casi accertati solo in provincia di Belluno negli anni novanta). I sintomi dell'encefalite da zecca sono febbre, cefalea, spossatezza e nausea, e di norma terminano senza conseguenze in pochi giorni. A volte però complicano in mialgie o paralisi, e nel 1-2% dei casi subentra la morte. Altro patogeno trasmesso all'uomo da *Ixodes* è il batterio *Borrelia burgdorferi*, responsabile della malattia di Lyme o borreliosi. Le borrelie vengono trasmesse all'uomo alla fine del pasto di sangue, quando parte del contenuto intestinale viene rigurgitato. Serbatoi del batterio sono alcuni mammiferi selvatici, soprattutto cervi, conigli e roditori, e le zecche fungono sia da vettori che da ospiti intermedi, dal momento che parte del ciclo del batterio si svolge proprio nella zecca. Il nome della malattia proviene da Lyme, cittadina del Connecticut dove ci fu negli anni settanta del XX secolo una grave e diffusa epidemia. I sintomi iniziano con eritema, febbre, mal di testa, spossatezza, rigidità e dolori muscolari, seguiti, se la malattia non è diagnosticata e correttamente curata, con dolori e gonfiore persistenti alle articolazioni, che evolvono in artriti croniche, o più raramente in danni al sistema nervoso. Nelle donne in gravidanza la malattia aumenta significativamente la probabilità dell'insorgenza di un aborto spontaneo. In Italia la malattia di Lyme è nota dal 1983, e da allora i casi accertati sono stati ben oltre il migliaio, molti dei quali nelle regioni settentrionali, a dimostrazione di una progressiva estensione verso nord della *Borrelia*. Più rara nell'uomo è invece la babesiosi o piroplasmosi, malattia causata dal protozoi del genere *Babesia*, che infestano molti animali selvatici e che le zecche assumono con il pasto di sangue e trasmettono ad altri animali, soprattutto bovini. Pochissimi i casi accertati in Italia, ma a livello globale la babebiosi è in aumento, e solo negli Stati Uniti ha colpito negli ultimi anni centinaia di persone, con una mortalità non trascurabile, che si aggira intorno al 5%, ma che arriva al 40% in soggetti anziani, immunodepressi o sottoposti ad asportazione della milza. I sintomi della babesiosi sono simili a quelli della malaria, con febbre alta e spossatezza, e sono dovuti alla lisi dei globuli rossi, causata dalla riproduzione dei protozoi all'interno delle cellule del sangue.

Altro ixodide comune e diffuso è *Rhipicephalus sanguineus*, la ben nota zecca del cane. Dopo il pasto di sangue, la zecca si stacca dall'ospite, e le mute e i passaggi da uno stadio all'altro avvengono quindi sul terreno; se però l'ospite è un cane domestico, quindi stanziale, tutto il ciclo vitale (4-5 mesi) può compiersi sullo stesso individuo. La zecca del cane è più ampiamente diffusa e ubiquitaria di *Ixodes*, e frequenta comunemente le aree urbane e periurbane ruderali e degradate con vegetazione bassa e sterpaglie; in questi ambienti è spesso l'unica zecca presente. Al pari di *Ixodes*, trasmette gravi infezioni da parassiti: babeliosi, rickettsiosi e ehrlichiosi; delle babeliosi abbiamo già parlato. La rickettsiosi, o febbre bottonosa del Mediterraneo, è provocata in Italia dal microrganismo *Rickettsia conorii*, un parassita endocellulare obbligato, incluso tra i batteri ma con caratteristiche simili per molti aspetti ai virus (uno di quei casi, insomma, che confliggono con la nostra mania di catalogare a tutti i costi i viventi). La febbre bottonosa provoca nell'uomo febbre alta, cefalea, artromialgie, seguite da esantema con eruzioni cutanee eritematose e una tipica macchia nera (*tache noir*) nel punto di inoculo; in certi casi si hanno epatosplenomegalia e linfoadeniti. Normalmente la malattia non ha gravi conseguenze, ma in organi e apparati compromessi per patologie preesistenti, per malattie croniche debilitanti o per deficit immunitari congeniti o acquisiti, può causare gravi manifestazioni cliniche, a evoluzione letale nell'1-2% dei casi. In Italia la malattia è presente in tutte le regioni, Valle d'Aosta esclusa; dal 1989 al 1999 ha colpito qualcosa come 12 000 persone, ed è in costante aumento in tutto il Mediterraneo. L'ehrlichiosi, infine, è una malattia simile alla rickettsiosi e provocata da microrganismi del genere *Ehrlichia*, parassiti endocellulari obbligati come le rickettsie. Le ehrlichiosi sono rare in Italia, ma presenti e in costante aumento in altre parti del mondo, per esempio negli Stati Uniti.

L'altra famiglia di zecche presente sul territorio italiano è quella degli Argasidi, le zecche molli. Ce ne sono 7 specie, tutte con corpo molle a consistenza cuoiosa, prive di scutum e per questo facilmente distinguibili dagli Ixodidi. Le zecche molli frequentano abitualmente le abitazioni umane e le stalle, e non rimangono permanentemente sull'ospite, ma solo il tempo necessario al pasto di sangue, che è notturno e dura da qualche minuto a qualche ora. Terminato il pasto, si lasciano cadere al suolo e trascorrono il giorno nascoste nel terreno, negli interstizi, nelle crepe dei muri o dei pavimenti. Qualche anno fa, in una casa in cui stavo per trasferirmi, mentre iniziavo a portare indumenti e oggetti e a dare, come si dice, una bella ripulita agli ambienti, notai una zecca sul pavimento. Non mi preoccupai, la tolsi e proseguii nelle operazioni. Un'ora dopo, però, avevo già catturato un centinaio di zecche, che continuavano a uscire da dietro i battiscopa e gli stipiti delle porte. Erano Argasidi. Il precedente inquilino aveva due cani, evidentemente infestati dalle zecche, sulle quali però non si osservavano, se non di notte durante il pasto di sangue. Andati via i cani e le rispettive cucce (che per forza di cose non dovevano essere state mai pulite), le zecche sono rimaste e si sono diffuse per le stanze, alla ricerca di qualche altro mammifero da dissanguare. Arrivato io, otto mesi dopo l'uscita dei cani, sono ricomparse in massa, affamate. Ho dovuto effettuare due trattamenti e chiudere la casa per qualche settimana prima di poterci rientrare. Ovviamente le zecche erano sparite e, a distanza di quasi tre anni, non sono più ricomparse. Agli Argasidi appartiene anche la zecca del piccione (*Argas reflexus*), che infesta i colombi terraioli (*Columba livia* forma *domestica*) che a loro volta infestano le città. La puntura della zecca del piccione provoca nell'uomo irritazioni cutanee dovute alle tossine contenute nella saliva della zecca, lesioni eritemato-papulose, rash cutanei orticarioli, con manifestazioni respiratorie, gastrointestinali e cardiocircolatorie che possono portare allo shock anafilattico e alla morte (un caso documentato in Italia nei primi anni ottanta del XX secolo). Tutte le zecche molli ospitano una variegata fauna di parassiti, soprattutto *Borrelia*. La zecca del piccione è per esempio vettore di *Borrelia anserina*, agente della spirochetosi aviaria.

Riassumendo, le zecche rappresentano certamente un grosso problema sanitario, per gli animali domestici in particolare ma anche per l'uomo, e la diffusione delle parassitosi da loro veicolate sembra in netta espansione numerica e geografica in tutto il mondo, complice con ogni probabilità l'aumento delle temperature. Sono proprio le caratteristiche fisiche ed ecologiche delle zecche a renderle così capillarmente diffuse e difficilmente controllabili: animali robusti, estremamente resistenti agli stress ambientali, difficili da asportare, longevi (un argaside può vivere anche quindici anni), poco selettivi in quanto alla scelta dell'ospite e in quanto alla possibilità di essere infestati da microrganismi patogeni, anch'essi relativamente poco selettivi. In poche parole, ospitano e trasmettono una grande varietà di parassiti e aggrediscono una altrettanto grande varietà di animali, dagli uccelli ai roditori, dai cani agli erbivori domestici e selvatici fino all'uomo. Sono insomma i vettori perfetti: fanno poche domande e vanno ovunque. Nel caso delle zecche la prevenzione è fondamentale, e passa anche per poche banali attenzioni: usare un abbigliamento adatto quando si va in estate in luoghi potenzialmente infestati (cioè praticamente ovunque); utilizzare repellenti; ispezionare bene ogni parte del corpo al rientro a casa; per chi ha animali domestici, controllarne periodicamente con attenzione il pelo. C'è poi il problema non secondario della rimozione della zecca. Non è vero che l'olio o l'alcol provocano il distacco delle zecche, né che sono efficaci le più varie sostanze chimiche, il calore o il ghiaccio. Questi procedimenti sono inutili o controproducenti, e provocano nel parassita l'aumento della salivazione e il rigurgito, aumentando così anche la possibilità di infezioni. L'unico sistema valido, sull'animale come sull'uomo, è quello della graduale e lenta rotazione della zecca tramite pinze a punta ricurva (va «svitata» come fosse una lampadina); il movimento rotatorio induce effettivamente il distacco, ma deve essere delicato, così da non rompere i tessuti della zecca, parte dei quali potrebbero rimanere conficcati nella pelle. Successivamente la ferita va disinfettata e la zecca conservata per una eventuale analisi dei patogeni.

Gli Insetti

Si entra ora, finalmente, in quell'universo parallelo che è il mondo degli insetti, già definiti in passato un «oscuro mondo di dominatori». Gli insetti sono Artropodi con sei zampe e due paia di ali. La combinazione di questi elementi li distingue senza ombra di dubbio da qualsiasi altro artropode. Esistono però insetti privi di ali, anche a livello embrionale. In passato, questi insetti erano inclusi nel gruppo degli Apterigoti (senza ali), contrapposta a quello assai più numeroso degli Pterigoti. Al primo gruppo appartenevano gli ordini dei Collemboli, dei Proturi, dei Dipluri e dei Tisanuri, al secondo tutti gli altri. Ci si rese conto, però, che la coabitazione tra Apterigoti era forzata e artificiosa, perché le differenze tra i gruppi erano enormi: i Collemboli hanno 6 segmenti addominali, i Tisanuri e i Dipluri 11 come gli Pterigoti, i Proturi addirittura 12; inoltre, i Proturi non hanno né occhi né antenne né cerci (le appendici addominali tipiche degli insetti), mentre Collemboli e Proturi hanno strutture addominali assenti in ogni altro gruppo. Insomma, sono così diversi tra loro da essersi meritati alla fine il rango di classi a sé stanti. Il risultato di questo riarrangiamento sistematico è che oggi quella che era un tempo la classe Insetti è stata elevata a superclasse (Esapodi), contenente tutti gli animali con 6 zampe, divisi però in 4 diverse classi: Insetti, Collemboli, Proturi e Dipluri. Secondo alcuni autori, le classi sarebbero invece solo due: Insetti ed Entognati – quest'ultima suddivisa negli ordini Collemboli, Proturi e Dipluri. I veri Insetti, a loro volta, sono ancora distinti in Apterigoti e Pterigoti, ma a questi ultimi appartengono ora solo i Tisanuri, che pur non avendo ali hanno però forti affinità morfologiche con gli altri. Tanto per complicare le cose, una moltitudine di specie – Tisanuri a parte – è secondariamente attera, cioè priva di ali, anche se nell'embrione ne sono presenti gli abbozzi. Il discorso è complesso, ma la realtà biologica lo è certamente di più. Ci sono recenti libri di zoologia che per scrollarsi di dosso la trappola delle categorie sistematiche, che si ingrandiscono e si rimpiccioliscono più o meno arbitrariamente, parlano ormai solo di gruppi. Ciò rende più comprensibile il tutto, perché evidenzia l'unica cosa che veramente conta, e cioè l'appartenenza di un animale a un gruppo piuttosto che a un altro, indipendentemente dal rango che a esso si dà. Le specie di insetti oggi note e descritte sono forse un milione, due terzi di tutti gli animali; hanno morfologia, dimensioni e adattamenti tra i più vari; sfruttano ogni risorsa alimentare e ogni nicchia ecologica, sono fitofagi, predatori, detritivori, coprofagi, saprofagi o ectoparassiti, volatori o meno, acquatici e terrestri. Non pochi gruppi pungono l'uomo, per difesa o per suggerne il sangue. Molti di questi trasmettono malattie o sono dotati di veleno, e sono quindi pericolosi. Pochi gruppi, rispetto al totale: cimici, pidocchi, pulci, mosche, pappataci e zanzare, api, vespe e formiche. Iniziamo con le cimici.

Le cimici

Gli insetti che volgarmente chiamiamo cimici appartengono all'ordine degli Eterotteri: 40 000 specie nel mondo, 1400 in Italia. Sono insetti alati, con il primo paio di ali (emielitre) per metà coriaceo e il secondo invece sempre membranoso. Da qui il nome eterotteri, che in greco vuol dire «ali differenti». Tutti hanno un rostro armato di un apparato boccale pungente succhiatore a guisa di stiletto acuminato, tenuto a riposo sotto il corpo, tra le zampe, e pronto a pungere. Moltissime famiglie sono acquatiche. A seconda delle specie, le cimici pungono tanto i tessuti delle piante quanto quelli degli animali, nutrendosi comunque di liquidi: con una bocca a forma di cannuccia non possono del resto fare altro. Le comuni cimici fetide (*Palomena*), quegli insetti verdi o bruni che a volte entrano in casa e spruzzano un liquido puzzolente quando si prendono in mano, sono per esempio fitofaghe, trascorrono l'esistenza a suggere la linfa degli alberi, e sono innocue per l'uomo. Altre, invece, sono entomofaghe, cioè si nutrono di sangue, e pungono anche l'uomo; altre ancora predano piccoli animali, ma possono comunque pungere l'uomo per difesa; alcune possono veicolare microrganismi patogeni. Tra le specie italiane ematofaghe di sicuro la più importante è la cimice dei letti (*Cimex lectularius*), un insetto di pochi millimetri di lunghezza, privo di ali, dal corpo compresso, bruno-giallastro, ma che dopo un bel pasto di sangue diventa rossastro. La cimice dei letti appartiene a una famiglia, quella dei cimicidi, rappresentata in Italia da sole 4 specie; le altre 3 pungono altri vertebrati, e hanno nomi che spiegano tutto: *Cimex columbarius*, *Cimex pipistrelli* e *Oeciacus hirundinis*. La cimice dei letti trascorre il giorno nascosta nelle fessure dei muri, nel legno dei mobili, nei materassi e nei cuscini, persino a volte nell'interruttore delle abat-jour. Di notte diventa attiva, ed esce dai nascondigli per cibarsi di sangue. La sua puntura provoca la formazione di una piccola papula rossastra e pruriginosa, che qualche volta, grattandosi energicamente, può infettarsi. Nonostante siano stati trovati nella cimice il virus HIV e quello dell'epatite B, sembra che in condizioni naturali l'insetto non possa veicolarli all'uomo. In caso di puntura può essere sufficiente somministrare pomate antistaminiche o cortisoniche per lenire l'eventuale reazione allergica; la sua pericolosità è quindi assai blanda. Un tempo la cimice dei letti era diffusissima nelle abitazioni umane. Il miglioramento delle condizioni igieniche, la diffusione di materassi e cuscini in materiali non graditi alle cimici, i prodotti chimici, le abitazioni nuove e povere di rifugi adatti alla specie, l'hanno progressivamente scacciata, ma non eliminata. In caso di infestazione può essere efficace un trattamento con piretrine, o più drasticamente gettare via vecchi materassi e cuscini. L'uso comune di arieggiare le stanze ed esporre lenzuola, materassi e cuscini ai raggi del sole deriva proprio dalla presenza un tempo comune delle cimici dei letti, insetti notoriamente lucifughi, e – come sappiamo – degli acari.

Tutt'altro aspetto ed ecologia hanno invece i Reduvidi, le grandi cimici a cui gli anglofoni hanno dato il poco rassicurante nome di *killer bugs*: sono insetti predatori, diurni, spesso con colorazioni vivaci, aposematiche (se ne riparlerà nel capitolo sugli Imenotteri).

Anche se non mancano specie attere o con ali ridotte, sono per lo più veloci camminatori e ottimi volatori. Hanno sul prosterno, cioè al di sotto del torace, tra le anche delle zampe anteriori, un organo stridulante con cui sono in grado di emettere suoni, caratteristica tipica di molti ordini di insetti, ma non degli eterotteri. In Italia ce ne sono 50 specie, ma quelle che vivono in giro per il mondo sono circa 6000. I Reduvidi si nutrono dei liquidi interni di altri Artropodi, oppure sono ematofagi sui vertebrati, uomo incluso. Le specie italiane sono tutte predatrici di insetti, ma alcune, come *Redivius personatus* e *Ploiaria domestica*, possono pungere per difesa, e la loro puntura è molto dolorosa. Le specie ematofaghe, raggruppate nella sottofamiglia delle Triatomine, sono vettrici di protozoi e veicolano gravi malattie, come la tripanosomiasi americana o malattia di Chagas, causata dal *Tripanosoma cruzi*. La malattia di Chagas colpisce ogni anno tra le 700 000 e le 800 000 persone, soprattutto in America meridionale, uccidendone 45 000. L'OMS ha stimato che nel 2006 le persone infette nel mondo erano oltre 6 milioni. Le triatomine mancano tanto dall'Europa quanto dall'Africa, tranne una specie, la *Triatoma rubrofasciata*, che oggi è presente nelle aree portuali di mezzo mondo, e in passato è stata trovata anche in porti europei, anche se alle nostre latitudini non ha mai costituito popolazioni stabili. Sembra essere quindi il tipico viaggiatore clandestino postcolombiano, che da mezzo millennio gira il mondo a bordo delle navi; per ora rimane comunque confinato alla fascia intertropicale dei continenti, perché altrove non ha alcuna possibilità di riprodursi. Il problema però è che non è solo l'insetto a muoversi, ma anche e soprattutto l'uomo, eventualmente portandosi dietro i propri parassiti. In Europa il numero di immigrati portatori della malattia è alto: nel periodo 2004-2006 circa 80 000 persone, 4000-6000 delle quali in Italia. Nella sola Spagna, il Paese europeo che più di ogni altro ha contatti e scambi con i Paesi del Sudamerica, nel 2008 le persone infette erano tra le 47 000 e le 67 000. Casi non autoctoni, bensì d'importazione, dovuti tanto all'immigrazione dai Paesi endemici quanto ai viaggi verso queste destinazioni. La malattia può essere trasmessa anche dalla madre al figlio durante la gravidanza oppure in seguito a trasfusioni, e si stima che il 10% dei casi, in Europa, sia dovuta alle donazioni di sangue. In Italia, a oggi, non esistono dati clinici pubblicati, né dati di positività alla malattia tra i migranti latino-americani residenti (circa 275 000 nel 2008), né tantomeno linee guida e strumenti per l'accesso alla prevenzione, alla diagnosi, alla terapia della malattia. È illuminante a questo proposito il dato dei neonati con Chagas congenito trasmesso dalle madri: circa 2 ogni 3400 nati vivi da madri latino-americane (stime per l'Italia, 2007); nello stesso anno i casi di fenilchetonuria (PK), per il quale è obbligatorio lo screening alla nascita, sono stati 144 su 580 000 neonati, cioè un caso su 4028. Un rapido calcolo e si scopre che la frequenza stimata del Chagas congenito è superiore a quella della PK, ma per il Chagas non esiste alcun test obbigatorio. La malattia di Chagas rimane ancora, nonostante le evidenze, un problema sconosciuto, mentre meriterebbe ormai lo status di malattia emergente.

I pidocchi e le piattole

Tra tutti gli insetti, certamente tra i meno apprezzati ci sono i pidocchi e le piattole, riuniti nell'ordine degli Anopluri, che comprende forse 500 specie diffuse in tutto il mondo, tutte ectoparassite ematofaghe di mammiferi. I pidocchi delle piante (gli afidi) non hanno nulla a che vedere con i veri pidocchi, e appartengono invece all'ordine degli Omotteri, lo stesso delle cicale; succhiatori di linfa vegetale, nessun afide (e nessun omottero) è parassita di animali. In Italia vivono 24 specie di Anopluri, due sole delle quali infestano l'uomo: il pidocchio (*Pediculus humanus*) e la piattola (*Phthirus pubis*). Gli Anolpuri sono piccoli insetti atteri, dal corpo lungo pochi millimetri, fortemente depresso e con apparato boccale pungente succhiatore. Il tarso delle zampe porta un grosso e robusto uncino che si chiude su un dente della tibia, formando una tenaglia con la quale questi animali si aggrappano saldamente ai peli (o ai capelli) dell'ospite. Il pidocchio infesta tutte le popolazioni umane, che ha sempre seguito nelle migrazioni, antiche e recenti; la sua storia e quella umana sono così legate che oggi ne sono riconosciute almeno tre forme diverse per altrettanti tipi umani: la *nigritarum* per gli etiopici, la *americanus* per i nativi americani, la *angustus* per i giapponesi. Dal punto di vista eco-etologico, il pidocchio è distinto in due forme, considerate vere e proprie sottospecie: il pidocchio del capo (*Pediculus humanus capitis*) e il pidocchio del corpo o dei vestiti (*Pediculus humanus humanus*): il primo vive e depone le uova (lendini) sul capo, tra i capelli; il secondo si muove e depone invece nelle fibre dei vestiti, e si reca sul corpo per alimentarsi. Entrambe le sottospecie sono diffuse in tutte le popolazioni umane, ma il pidocchio del corpo è più comune laddove le condizioni igieniche sono più scarse. L'infestazione da pidocchi del capo (pediculosi), sebbene meno comune che nel passato, è tuttora diffusa, specie nei bambini di 3-6 anni e in ambiente scolastico, dove le occasioni di contagio sono massime. Una volta fecondate, le femmine del pidocchio del capo depongono le uova e le attaccano alla base dei capelli, dove la temperatura è ottimale allo sviluppo; ogni femmina può deporre fino a 6 uova al giorno, per ognuno dei 9 giorni di durata della sua vita adulta. Dopo 7-9 giorni di incubazione dalle uova sgusciano piccole neanidi (non larve, i pidocchi, come anche le cimici, sono insetti a metamorfosi incompleta), che in tre mute e 7-10 giorni, diventano prima ninfe e poi adulti. I giovani iniziano subito a nutrirsi di sangue, anche per 5 ore al giorno, e come gli adulti muoiono rapidamente se rimangono a digiuno; sono anche sensibili alla disidratazione, e trattengono quasi totalmente l'acqua assunta con il sangue, tanto che le loro feci, quella polvere nerastra che si trova sul cuscino e sugli abiti dei soggetti parassitati, ne contengono sono il 2%. I pidocchi del capo passano direttamente da un soggetto infestato all'altro; proprio perché poco resistenti al digiuno, raramente riescono a sfruttare un passaggio offerto da indumenti, lenzuola, cappelli o sciarpe; lo stesso vale per i pidocchi del corpo, a meno che il contatto avvenga entro poche ore, due giorni al massimo. Le pediculosi persistono – e anzi in certi periodi sono aumentate tra la popolazione scolastica anche di dieci volte rispetto al passato – per vari motivi. Innanzitutto sono indipendenti dalle condizioni igieniche: pediculosi non è sinonimo di sporcizia, come sanno bene moltissimi genitori di bambini puliti e curati, ma ugualmente infestati dai pidocchi; inoltre, i bambini delle materne fanno attività di gruppo più frequentemente rispetto a quelli delle elementari e delle medie, e più facilmente un portatore può diffondere il parassita. Le pediculosi prolungate da pidocchio del capo possono provocare reazioni allergiche alla saliva dei pidocchi, formazione di papule e prurito, oppure sintomi come stati febbrili, esantemi, mal di testa, spossatezza, ingrossamento di linfonodi; le infestazioni gravi sono comunque molto rare, e il numero dei portatori asintomatici è superiore al 50% dei soggetti parassitati. Questo fa sì che un portatore possa a lungo fungere da serbatoio per nuovi focolai, che quindi si sviluppano inaspettatamente e improvvisamente. I soggetti infestati da pidocchio del corpo, invece, manifestano ingrossamento dei linfonodi, ispessimento e iperpigmentazione della cute. Ancora più importante è il ruolo che i pidocchi hanno come vettori di microrganismi patogeni: tra gli altri *Rickettsia prowazekii*, agente del tifo petecchiale, *R. typhi* (tifo murino), *Borrelia recurrentis* (febbre ricorrente da pidocchi), *Bartonella quintana* (febbre dei cinque giorni). Molte di queste patologie sopravvivono in alcuni Paesi dell'Africa e dell'America meridionale, dove il clima, la povertà diffusa e la scarsa igiene ne favoriscono la diffusione. Il tifo petecchiale colpì l'Europa durante la seconda guerra mondiale, soprattutto all'interno dei campi di concentramento nazisti e nei lager sovietici, dove le condizioni di vita terribili fecero esplodere epidemie che uccisero migliaia di persone; tra le tante, la ragazzina tedesca, Annelies Marie Frank, morta nel 1945 nel campo di Bergen-Belsen, in Germania.

Parente stretto dei pidocchi è la piattola, simile nella morfologia generale ai cugini dei capelli e dei vestiti, ma frequentatore di altre zone del corpo: il pube e più raramente le gambe, il petto, le ascelle, le sopracciglia. La piattola ha corpo appiattito e largo, vagamente simile a quello di un minuscolo granchio (da qui il nome inglese di *crab louse*), di colore biancastro, semitrasparente; alcuni segmenti dell'addome portano sporgenze coniche che conferiscono all'animale un aspetto spinoso. Ciclo vitale e alimentazione sono simili a quelli del pidocchio. La trasmissione del parassita da soggetto a soggetto è diretta, oppure attraverso indumenti, lenzuola, coperte e ambienti frequentati; rispetto al passato, la sua diffusione tra la popolazione italiana è oggi assai ridotta. La puntura della piattola causa papule che diventano livide, le *maculae cerulae*, a volte dolenti e pruriginose e spesso scambiate per dermatiti; in soggetti sensibili può causare reazioni allergiche di varia entità; la trasmissione di microrganismi patogeni è rara.

Le pulci

Le parole pidocchio e pulce (e anche zecca) vanno spesso a braccetto, e quasi sempre indicano un generico parassita umano, piccolo, attero e succhiatore di sangue. Le zecche sono però Aracnidi, i pidocchi insetti degli Anopluri, le pulci insetti anche loro, ma dei Sifonatteri, ordine a cui appartengono 2000 specie diffuse in tutto il mondo, 80 delle quali italiane. In effetti, parentele a parte, ci sono diversi elementi eco-etologici in comune tra pulci e pidocchi: dimensioni simili, mancanza di ali, dieta ematofaga e apparato boccale pungente succhiatore. Il corpo delle pulci però non è depresso, cioè appiattito dorso-ventralmente, ma compresso, ovvero alto e schiacciato sui lati. Inoltre, la metamorfosi non è incompleta, come nei pidocchi e nelle cimici: in luogo degli stadi di neanide e ninfa c'è lo stadio di larva, che segue quello di uovo e precede quello di pupa, che poi si trasformerà in adulto o immagine o insetto perfetto. In questo, le pulci funzionano esattamente come le farfalle, i coleotteri e le api: subiscono una vera e propria metamorfosi, e sono quindi olometaboli, cioè, letteralmente, a «metamorfosi completa». Gli stadi giovanili delle pulci non sono semplici versioni ridotte e immature degli adulti, ma forme del tutto differenti per morfologia e fisiologia, esattamente come il bruco rispetto alla farfalla. Le pulci, inoltre, invece di aggrapparsi saldamente al pelo o alle penne delle vittime come fanno i pidocchi, si muovono rapidamente, aiutate anche dalle numerose spine rivolte all'indietro che corrono come i denti di un pettine lungo i margini posteriori dei segmenti del corpo, e facilitano gli spostamenti in avanti e l'ancoraggio. Le pulci, si sa, compiono salti prodigiosi grazie alle zampe posteriori, lunghe e robuste. Sembra che possano saltare in orizzontale addirittura fino a 30 cm e più, circa duecento volte la loro lunghezza (come se un saltatore in lungo saltasse 360 metri). In questo le pulci sarebbero seconde, in natura, solo a certi insetti Omotteri tropicali, stretti parenti delle comuni sputacchine, quelle piccole cicale salterine le cui larve si nascondono tra l'erba in nidi di saliva all'ascella delle foglie.

Le femmine di pulce liberano alcune decine di uova, che possono rimanere sul corpo dell'ospite o finire sul terreno. Le larve sgusciano dall'uovo dopo 2-14 giorni, a seconda della specie e della temperatura. Le larve sono vermiformi, apode e prive di occhi, e rifuggono la luce; non si nutrono di sangue, ma dell'emoglobina contenuta nelle feci degli adulti, che trovano in abbondanza sull'ospite oppure nei nidi e nelle tane (e nelle cucce di cani e gatti). Le larve mutano tre volte, si impupano e metamorfosano in un insetto adulto. In condizioni ottimali di alimentazione e temperatura tutto il ciclo si compie in pochi giorni, ma le larve e le pupe possono anche svernare entrando in diapausa, cioè in una sorta di letargo, per completare il ciclo solo nella stagione successiva. In Italia, le specie che pungono l'uomo sono soprattutto *Ctenocephalides felis* e *C. canis*, *Pulex irritans* e *Xenopsylla cheopis*. La prima, la pulce del gatto, è di gran lunga la specie più comune. La pulce del gatto infesta soprattutto gatti e cani, ma ha una bassa specificità per quanto riguarda l'ospite e può nutrirsi del sangue di molti animali, uomo compreso. Vive soprattutto nelle abitazioni dove vi siano cani o gatti, e in condizioni normali non abbandona l'ospite per passare ad altre specie. In estate, però, quando c'è il picco delle nascite e la popolazione di pulci aumenta, può infestare l'uomo; lo stesso può avvenire se si rimane in una casa dove hanno soggiornato precedentemente animali infestati: all'arrivo degli umani, le pulci rimaste a digiuno non esiteranno ad attaccare. Inoltre, le eventuali larve o pupe andate in diapausa, tenderanno, in presenza di ospiti, a riprendere lo sviluppo in maniera sincrona, con il risultato che in pochi giorni si svilupperà, apparentemente dal nulla, una vera e propria infestazione, massiccia e improvvisa. La puntura delle pulci provoca reazioni locali: papule o pomfi infiammati e pruriginosi, infezioni dovute al conseguente, intenso grattarsi, qualche volta reazioni allergiche provocate dalla saliva dei parassiti. Le pulci sono però anche potenziali vettori di microrganismi patogeni. La pulce del gatto è per esempio ospite intermedio del verme *Diphylidium caninum*, un cestode che infesta soprattutto cani e gatti ma che occasionalmente può essere ingerito anche dall'uomo, più spesso da bambini anche molto piccoli, che possono facilmente ingoiare il pelo di animali domestici infestati da pulci infette. Nell'uomo l'infestazione da *Diphylidium* ha conseguenze patologiche lievi, che vanno dalla mancanza di appetito alla perdita di peso. Se correttamente diagnosticata, la parassitosi si combatte senza particolari problemi con antielminti, che uccidono il cestode nell'intestino, dove si annida, e con antiparassitari, che ne eliminano il vettore. Altri microrganismi veicolati dalle pulci sono i batteri *Afipia felis* e *Bertonella henselae*, responsabili, soprattutto il secondo, di una patologia nota come malattia da graffio di gatto. Questi batteri passano dalle pulci ai gatti con le punture; si stima che ne siano affetti 8 gatti domestici su 100 e 13 randagi su 100; l'infezione si trasmette all'uomo attraverso il graffio o il morso dei gatti infetti, e provoca febbre, ingrossamento dei linfonodi, dolori articolari, dimagrimento, epatosplenomegalia. Meno frequentemente (2-14% dei casi) si manifesta con neuriti ottiche, encefaliti, crisi convulsive e polmoniti. Di norma, la malattia ha evoluzione benigna, e guarisce spontaneamente in pochi giorni. La malattia da graffio di gatto è considerata una malattia emergente, ed è in tutto il mondo in aumento. Per quello che riguarda l'Italia, riporto dati pubblicati relativi alla regione Piemonte, estratti dall'analisi delle cartelle ospedaliere: nel periodo 1998-2003 ci sono stati in totale 149 ricoveri di persone affette dalla malattia, per lo più bambini; quasi tutti avevano avuto nei giorni precedenti al ricovero contatti con gatti (graffi, morsi, leccate), ma anche con cani e altri animali.

I Ditteri

Mosche, tafani, zanzare, tipule, moscerini della frutta, flebotomi, insomma Ditteri: insetti con due ali. Anche se in quel vero e proprio labirinto che è la sistematica c'è sempre un'eccezione, quasi sempre un insetto con un solo paio di ali è un dittero. Dico quasi sempre perché, per esempio, gli Strepsitteri, piccoli insetti parassiti di insetti, hanno anche loro due sole ali. Però nei Ditteri scompare il secondo paio, negli Strepsitteri il primo. In realtà, neanche tutto questo è corretto, perché sia gli uni che gli altri hanno in realtà quattro ali, esattamente come tutti gli insetti alati: però un paio è ridotto e trasformato, l'altro è invece funzionale e serve al volo. Nei Ditteri le ali posteriori sono diventati organi per la stabilizzazione del volo, i bilancieri: piccole clave mobili che accoppiate ricordano le aste degli equilibristi. Vederli sull'insetto non è facilissimo, ma se guardate con attenzione una mosca da vicino vi accorgerete che sono lì, proprio dietro l'inserzione della ali anteriori. I Ditteri comprendono 120 000 specie diffuse in tutto il mondo e in ogni ambiente; moltissime hanno larve acquatiche, altre sono parassite, coprofaghe, saprofaghe, fitofaghe o floricole, predatrici, ematofaghe. In Antartide gli unici insetti presenti sono certi moscerini della famiglia Chironomidi. Per quanto riguarda lo sviluppo postembrionale, sono olometaboli. In Italia vivono all'incirca 6600 specie di Ditteri, divise in oltre 100 famiglie e 1700 generi: un vero e proprio esercito. Dal punto di vista morfologico e sistematico, sono suddivisi in due sottordini, quello dei Nematoceri («con antenne filiformi) e quello dei Brachiceri («con antenne brevi»). Le specie ematofaghe e quelle parassite comprendono anche moltissimi vettori di microrganismi patogeni, però per lo più nei paesi tropicali, dove veicolano malattie come malaria, dengue, febbre gialla, malattia del sonno, filariosi. Nessun altro gruppo di insetti – e in generale di Artropodi – annovera un numero di specie di interesse sanitario così alto.

I Ceratopogonidi e i Simulidi

Ceratopogonidi e Simulidi sono piccoli Ditteri Nematoceri dall'aspetto di moscerini, lunghi pochi millimetri, con ali anteriori relativamente grandi e zampe lunghe. Le femmine, sia degli uni che degli altri, sono ematofaghe. I ceratopogonidi depongono le uova in diversi substrati, in genere nel terreno umido e ricco di sostanza organica, nel fango, nelle pozze d'acqua. Le larve, minuscole e vermiformi, prima di impuparsi attraversano quattro stadi, e possono andare in diapausa invernale; gli adulti sono invece presenti dalla primavera all'estate. Le punture dei Ceratopogonidi sono particolarmente fastidiose, e in alcuni casi costituiscono un problema per il turismo balneare, perché alcune specie, quali *Leptoconops bezzii* e *Leptoconops irritans* infestano a volte i litorali, in Italia specialmente quelli del versante tirrenico, casuando forti disagi alle persone che affollano le spiagge. Altre specie, invece, quali quelle del genere *Culicoides*, hanno interesse soprattutto veterinario, perché trasmettono virus responsabili della malattia da lingua blue (o *blue tongue*), che colpisce gli ovini. Nel 2000 in Sardegna è stata rinvenuta per la prima volta la specie *Culicoides imicola*, già nota come vettrice del virus in altri paesi del Mediterraneo.

Simili per dimensioni e aspetto generale ai Ceratopogonidi sono i Simulidi, distinguibili per il corpo più breve, il torace arrotondato, le antenne più brevi. Le larve dei Simulidi si sviluppano nelle acque correnti ossigenate, dove aderiscono al substrato o alle piante acquatiche mediante un disco adesivo posto sull'addome, e così ancorate filtrano microrganismi e materiale organico sospeso. Gli adulti volano attivamente, e vengono spesso portati dal vento ad altezze elevate, entrando a far parte di quello strano mondo che è il plancton aereo, cioè l'insieme degli organismi che viaggiano con le correnti aeree, proprio come accade con il plancton marino: minuscoli insetti e ragni, soprattutto, che in questo modo aggirano il problema della dispersione e affidandosi alla sorte e ai grandi numeri riescono a diffondersi da un continente all'altro, superando mari e catene montuose: si pensa che in questo modo i piccoli Simulidi riescano ad arrivare anche a diverse centinaia di chilometri da dove sono nati, una performance per niente trascurabile, per un moscerino di 2-4 mm di lunghezza. Dal momento che le femmine depongono le uova in acque correnti ossigenate, i Simulidi sono più comuni in montagna, e rispetto al passato sono oggi diventati più rari, a causa dell'inquinamento che abbassa il livello di ossigeno disciolto. Le femmine, ematofaghe, pungono diverse specie animali, uomo incluso; alcune sono generaliste, altre decisamente antropofile. Le punture si concentrano soprattutto sulle gambe, e a essere colpiti sono per lo più contadini e allevatori; le regioni maggiormente colpite in Italia sono quelle del Nordest, dove negli ultimi anni non sono stati rari casi di ospedalizzazione di persone punte ripetutamente e che hanno sviluppato reazioni allergiche, comunque risolvibili con l'uso di cortisonici. I Simulidi trasmettono *Onchocerca volvulus*, verme nematode responsabile della oncocercosi, una malattia che provoca cecità, e che solo in Africa affligge mezzo milione di persone. Nel nostro Paese hanno invece importanza sanitaria in quanto vettori di *Dirofilaria*.

I flebotomi

Capita a volte, in campagna o anche all'interno delle abitazioni, di essere punti da minuscoli insetti bruni, pelosi e dalle ali – relativamente – grandi e anch'esse pelose. Sono i flebotomi, più noti come pappataci, piccoli Ditteri Nematoceri Flebotomidi (o Psicodidi flebotomini, a seconda delle diverse sistematiche) del genere *Phlebotomus*. I nostri piccoli flebotomi sono stretti parenti di quelle piccole mosche pelose, grigie o nerastre, che affollano ambienti particolari come i bagni pubblici, e che talvolta compaiono numerose anche nei bagni domestici, presso il water o la doccia. Si riconoscono facilmente per il fatto che a riposo tengono le ali a V al di sopra del corpo, tanto che l'insetto assume una forma generale a triangolo, più simile a una piccola falena che a una mosca; le antenne sono lunghe e pelose. Le larve di questi insetti, bianche e prive di zampe, si sviluppano nelle acque o nel terreno umido, e in generale in luoghi umidi e fortemente ricchi di materiale organico, o anche decisamente inquinati, come gli scarichi dei sanitari. Gli adulti frequentano anch'essi i luoghi umidi e le abitazioni umane. Se le piccole mosche amanti dei gabinetti sono del tutto innocue, lo stesso non si può dire dei cuglini flebotomi, soprattutto del *Phebotomus perniciosus*, una delle (circa) 7 specie presenti in Italia.

Gli adulti, e più precisamente le femmine, si nutrono del sangue dei mammiferi. Sarebbe in realtà più corretto dire che hanno bisogno del pasto di sangue per maturare le uova, dal momento che i maschi e le femmine non prossime alla deposizione si nutrono di liquidi zuccherini. Esattamente come accade nelle zanzare, di cui parleremo in seguito. I flebotomi non sono pericolosi in sé, perché la loro puntura provoca una modesta reazione locale e un insignificante prelievo di sangue; costituiscono però l'ospite intermedio di un protozoo, la *Leishmania infantum*, agente di una malattia molto grave, la leishmaniosi viscerale zoonotica (LVZ). Come molti protozoi, organismi microscopici e unicellulari, la *Lehismania* è un endoparassita di animali, ha bisogno cioè di penetrare nel corpo di un ospite e qui accrescersi, riprodursi e diffondersi, essendo incapace di vita autonoma. Nel caso della *Lehismania* gli ospiti sono due: il flebotomo e il cane. Il flebotomo è però un ospite obbligato, il cane invece no, potendo essere sostituito per esempio dalla volpe o, in altre aree del mondo, da altri Canidi selvatici. Un recente studio ha poi dimostrato che anche altri carnivori sia domestici che selvatici possono essere infettati: tra questi i gatti, le martore, le donnole e le genette. Cosa c'entra allora l'uomo? In realtà noi siamo ospiti occasionali, e l'infezione avviene in caso di presenza contemporanea di cani domestici infettati e di flebotomi. Questi ultimi, pungendo i cani e poi l'uomo, trasportano il protozoo dai primi al secondo. La puntura di un flebotomo non implica quindi necessariamente l'infezione, che anzi nell'uomo è un evento piuttosto raro. Il ciclo biologico della *Lehismania* è complesso, e prevede fasi di moltiplicazione e differenziazione, infettive o meno. Provo a descriverlo in maniera semplificata. In una tiepida notte d'estate una femmina di flebotomo, pungendo un uomo per il pasto di sangue, gli inocula sotto la pelle, insieme a un liquido anticoagulante, i protozoi allo stadio di promastigoti. I promastigoti vengono immediatamente attaccati e fagocitati dai macrofagi, le cellule del sangue che provvedono a combattere ed eliminare i corpi estranei. Ma i promastigoti giocano d'astuzia e hanno una contromossa: si trasformano in amastigoti e iniziano a moltiplicarsi all'interno dei macrofagi, che diventano i loro cavalli di Troia. Qui si diffondono e penetrano in altri macrofagi e nelle cellule di molti tessuti, aumentando di numero in maniera esponenziale. A questo punto l'infezione arriva a un punto tale da provocare i sintomi della leishmaniosi: ingrossamento della milza, anemia, febbre resistente agli antibiotici, emorragie spontanee. La variante cutanea della malattia provoca invece, nel punto dell'inoculo, la formazione di una papula infiammata, che si espande ed evolve in un'area nodulare con crosta in superficie, e a volte in un'ulcera. Queste formazioni hanno un periodo di incubazione che può arrivare anche a otto mesi dal momento dell'infezione. Spesso nell'uomo la malattia è asintomatica, e la persona colpita continua a funzionare da serbatoio per la moltiplicazione degli amastigoti. A questa fase, cosiddetta *diagnostica*, ne segue un'altra, che però deve avvenire nel corpo dell'altro ospite, il flebotomo. Una ulteriore puntura, un pasto di sangue, ed è fatta: i macrofagi colmi di protozoi vengono ingeriti dall'insetto insieme al sangue, e inizia la fase *infettiva*. Nell'intestino del flebotomo gli amastigoti si trasformano di nuovo in promastigoti, si moltiplicano dividendosi e migrano in massa attraverso l'apparato digerente fino ad arrivare allo stiletto del flebotomo, in attesa di una nuova puntura che li inietterà nel sangue di un altro ospite umano. Se l'uomo è il serbatoio, quindi, il flebotomo è il pilota che trasporta il suo carico volante di protozoi da un serbatorio all'altro. Nel caso – molto più frequente, come sappiamo – in cui a essere punto sia un cane o una volpe, l'animale va incontro a dermatite esfoliativa, alopecia, lesioni cutanee e ulcere, lesioni agli occhi, epistassi; a livello sistemico il parassita causa dolore diffuso e gravi danni ai reni, con conseguenze spesso fatali. Dal momento che il cane è il serbatoio principale del parassita, è bene poter curare la malattia da subito, al manifestarsi dei primi sintomi. Ed è ancora più importante prevenire l'infezione, attraverso per esempio repellenti come la clorodietilbenzamide al 5% o la dietiltuolamide. È chiaro che il randagismo, da questo punto di vista, diventa un enorme problema e costituisce una continua occasione per il passaggio del protozoo dal cane all'uomo, specialmente in alcune aree del mondo. La LVZ è in Italia una cosiddetta malattia riemergente, cioè di ritorno, ed è passata dalle poche decine di casi/anno degli anni ottanta del XX secolo agli oltre 200 di oggi. Le regioni maggiormente colpite sono quelle del Meridione, ma ogni anno si verificano casi sempre più numerosi anche al centro e al nord, a dimostrazione di una progressiva espansione della malattia in aree più settentrionali e più fredde. Nel mondo la LVZ colpisce annualmente 12 milioni di persone; di queste, 70 000 muoiono. Ogni anno.

I flebotomi (in particolare il *Phlebotomus papatasii*) non sono solo vettori della *Lehismania*, ma anche di *Phlebovirus* (i virus dei *Phlebotomus*) del gruppo degli *Arbovirus* (acronimo di *Arthropod borne virus*, virus trasmessi da Artropodi). Questi virus sono responsabili della febbre dei pappataci (o febbre dei tre giorni o di Napoli). La malattia, dopo un periodo di incubazione di 3-6 giorni dal momento dell'infezione, si manifesta con febbre elevata, brividi, cefalea, dolori muscolari e articolari, vertigini, nausea e vomito. La faccia della persona colpita si gonfia, gli occhi si arrossano e dolgono. La febbre dura tipicamente tre giorni, lasciando però un senso di spossatezza per altre due-tre settimane, periodo nel quale non sono rare le ricadute. In alcuni casi alla febbre seguono patologie gravi quali encefaliti, meningiti ed encefalomieliti. Negli anni settanta e ottanta è stato isolato nei pappataci un altro importante *Phlebovirus*, il cosiddetto virus Toscana, agente di infezioni acute del SNC. Il virus Toscana prende il nome della regione in cui è stato isolato per la prima volta all'inizio degli anni settanta, ed è trasmesso dal *Phlebotomus perniciosus* e dal *P. perfiliewi*. Dal 1978 il virus ha provocato oltre 1000 casi di meningite in cinque regioni italiane (Piemonte, Emilia Romagna, Toscana, Umbria e Marche), e sembra che in certe aree sia responsabile della metà dei casi di malattie del SNC cosiddetti «a eziologia sconosciuta», che si verificano in Italia nei mesi estivi. Questi virus possono replicarsi sia in cellule di vertebrati che di invertebrati, con meccanismi che tuttora sono poco noti. Il virus Toscana colpisce soprattutto soggetti che vivono in aree rurali e con attività all'aperto; il 77,2% dei lavoratori forestali delle province di Firenze, Arezzo e Siena è risultato positivo agli anticorpi per il virus (il 22% nelle aree urbane); il decorso della malattia è generalmente benigno.

Le zanzare

Zanzara è il nome onomatopeico con cui sono comunemente chiamati i Ditteri Nematoceri della famiglia dei Culicidi: circa 3000 specie raggruppate in 30 generi e diffuse in tutto il mondo. Sono insetti di piccole dimensioni, con apparato boccale di tipo pungente succhiatore, atto a penetrare i tessuti degli animali, inoculare sostanze anticoagulanti e succhiare il sangue: praticamente una siringa. I Culicidi sono insetti anfibiotici, cioè con larve acquatiche e adulti aericoli e volatori, e la loro presenza è sempre e comunque legata a quella dell'acqua, da cui gli adulti sfarfallano e alla quale tornano per deporre le uova. Dopo l'accoppiamento, infatti, le femmine si avvicinano all'acqua, la assaggiano, e se la ritengono idonea allo sviluppo delle larve, depongono gruppetti di uova in zattere galleggianti oppure in masserelle aderenti a corpi sommersi. Le femmine delle zanzare sono in grado di valutare, come fossero un minuscolo laboratorio chimico e microbiologico da campo, se l'acqua contiene inquinanti tossici, se c'è cibo in quantità sufficiente per le larve, e addirittura se nasconde predatori, la cui presenza sono comunque in grado di valutare anche a vista. Se tutto è a posto, poche ore dopo la deposizione dalle uova sgusciano minuscole larve, mobilissime e filtratrici di batteri, che rapidamente si accrescono e dopo alcune mute si trasformano in pupe, anch'esse mobili, quindi metamorfosano e volano via: in condizioni ottimali di temperatura e disponibilità di cibo, l'intero ciclo può durare una settimana. Le larve, pur essendo acquatiche, respirano aria atmosferica attraverso un sifone posto all'apice dell'addome; questo non è un particolare secondario, perché permette alle zanzare di colonizzare anche le acque più povere di ossigeno, per esempio con un carico organico elevato. La sostanza organica viene consumata dai batteri, che per metabolizzarla sottraggono ossigeno all'acqua; le larve si nutrono di batteri e non respirano l'ossigeno disciolto: per loro, quindi, quelle stesse condizioni ambientali che per altri organismi diventano proibitive, risultano al contrario perfette. Non solo: la rapidità dello sviluppo consente alle zanzare di sfruttare anche acque effimere, dove la maggior parte dei loro predatori non può sopravvivere. Inoltre, a seconda delle specie, le larve possono svilupparsi nelle più svariate raccolte d'acqua naturali e artificiali: pozzanghere, prati allagati, paludi, stagni, laghi, fossati, fiumi, cavità degli alberi, risaie, cisterne, tombini, grondaie e qualsiasi contenitore anche di piccolissime dimensioni; dai continenti meridionali al Circolo Polare Artico, dai deserti alla tundra, dalle acque di scioglimento dei nevai a quelle soprassalate delle pozze di scogliera o inquinatissime degli scarichi fognari. Ho visto personalmente larve di zanzara tigre (*Aedes albopictus*) guizzare in un barattolo di vetro in cui era stata messa dell'acqua (forse mezzo litro) con dei fiori recisi, ed è comunissimo trovare migliaia di larve su un telo protettivo steso all'aperto dopo una pioggia estiva. Ovunque ci sia acqua con un po' di batteri, ci sono zanzare. Questa plasticità consente alle zanzare di sfruttare al meglio le occasioni offerte dall'ambiente, ma anche dalle attività dell'uomo di cui sono diventate compagne tanto inseparabili quanto indesiderate. La storia della zanzara tigre, *Aedes albopictus*, che grazie al commercio dei copertoni ha conquistato il mondo a partire dalle oscure foreste del sud dell'Asia, è esemplare.

Le zanzare, inutile dirlo, sono fastidiose: la *Culex pipiens* guasta il sonno durante la notte, la *Aedes albopictus* tormenta piedi e polpacci durante il giorno, altre *Aedes* nostrane pungono ferocemente nei boschi, le *Ochlerotatus* in riva al mare. Questo accade oggi in Italia, dove zanzara vuol dire quasi sempre fastidio, prurito e notti insonni. Ma nel resto del mondo va molto peggio, e la parola acquista un significato molto diverso. Le zanzare sono vettrici di microrganismi che causano malattie gravissime: malaria, febbre gialla, dengue, filariosi, encefaliti, virus del Nilo. Il 40% della popolazione mondiale, in 106 paesi, vive in aree in cui la malaria è endemica (si definisce endemica in una certa area geografica una malattia che è sempre presente tra la popolazione, con un numero di casi sostanzialmente costante nel tempo). Si stima che nel 2010 la malaria abbia contagiato 216 milioni di persone, uccidendone almeno 655 000, di cui oltre il 90% in Africa, per la maggior parte bambini sotto i cinque anni; la dengue febbrile emorragica colpisce ogni anno mezzo milione di persone, uccidendone 12 500; di febbre gialla si ammalano solo in Africa 200 000 persone l'anno, il 5-10% di queste muoiono. Non tutte le zanzare sono tuttavia pericolose sempre e allo stesso modo, e anzi molte non lo sono affatto. Le zanzare del gruppo dei Toxorinchitini, per esempio, un centinaio di specie in tutto, non si nutrono mai di sangue; le loro larve, tra l'altro, non filtrano batteri ma predano piccoli invertebrati acquatici, larve di zanzara comprese, e vengono per questo utilizzate nella lotta biologica alle *altre* zanzare. Per quanto riguarda le specie ematofaghe, va detto che a pungere sono solo le femmine gravide, che hanno bisogno di integrare la dieta con un pasto proteico a base di sangue per maturare le uova; i maschi e le femmine non gravide si nutrono invece solo di sostanze zuccherine. Ancora, solo alcune specie si nutrono di sangue umano, e di queste soltanto una minoranza trasmette malattie. Nel nostro Paese vivono una sessantina di specie di zanzare, tra cui le tristemente note *Anopheles*, le comuni *Culex*, le moleste *Aedes*; in totale, quelle di interesse medico – ematofaghe sull'uomo e anche vettrici di microrganismi – si riducono a una dozzina; di queste, tre possono veicolare la malaria: *Anopheles labranchiae*, *An. superpictus* e *An. sacharovi*. Le *Anopheles* sono riconoscibili dalle più diffuse *Culex* per la posizione che hanno a riposo: le *Anopheles* se ne stanno con le zampe posteriori sollevate e l'addome all'insù, le *Culex* invece con il corpo parallelo alla superficie. Anche le larve si comportano diversamente: entrambe se ne stanno appese alla superficie con il sifone respiratorio, ma le *Ano-*

pheles tengono il corpo in contatto con la superficie lungo tutta la sua lunghezza, le *Culex* lo tengono invece inclinato di 45°, con la testa all'ingiù; al minimo disturbo entrambe guizzano velocemente verso il fondo, per poi tornare lentamente a galla dopo pochi minuti. Se la *Anopheles sacharovi* è oggi rarissima o addirittura estinta in Italia, la *An. labranchiae* e la *An. superpictus* sono tuttora piuttosto diffuse nel Centro-Sud e nelle isole. L'Italia è quindi un Paese a rischio malaria?

In passato molte aree del nostro Paese e in generale del bacino del Mediterraneo erano malariche. Le coste, il meridione, la Sardegna, le zone umide dell'interno erano pericolose per l'uomo, l'aria era *mala*. Il *paludismo*, come veniva anche chiamata quella strana sindrome, provocava febbri e spesso uccideva. Si combatteva con il chinino, e si sperava. Di malaria scrive Giuseppe Giacchino Belli nel suo sonetto *La morte de Tuta*, del 1835, descrivendo meglio di un testo di medicina il tipico decorso della febbre: «Povera fija mia! Una regazza / che vvenneva salute! Una colonna! / Viè una frebbe, arincarza la siconna, / aripète la terza, e mme l'ammazza». E la malaria la racconta anche Giovanni Verga nella sua novella *Malaria*, del 1883:

> La malaria v'entra nelle ossa col pane che mangiate, e se aprite bocca per parlare, mentre camminate lungo le strade soffocanti di polvere e di sole, e vi sentite mancar le ginocchia, o vi accasciate sul basto della mula che va all'ambio, colla testa bassa. Invano Lentini, e Francofonte, e Paternò, cercano di arrampicarsi come pecore sbrancate sulle prime colline che scappano dalla pianura, e si circondano di aranceti, di vigne, di orti sempre verdi; la malaria acchiappa gli abitanti per le vie spopolate, e li inchioda dinanzi agli usci delle case scalcinate dal sole, tremanti di febbre sotto il pastrano, e con tutte le coperte del letto sulle spalle.

I paesi si costruivano in alto, sulle colline, il più lontano possibile dai fondovalle, umidi e malarici. Lassù, al vento e al freddo e lontano dall'acqua, le zanzare non arrivavano, o si sperava non arrivassero; la malaria ha contribuito a disegnare il paesaggio di questo Paese.

A lungo si è creduto che la malaria fosse provocata dai miasmi esalati dalle paludi; che fossero invece le zanzare a trasmettere il protozoo (*Plasmodium*) responsabile della malattia lo si iniziò a sospettare solo agli inizi del XVIII secolo (da Giovanni Maria Lancisi, scienziato, medico e filosofo), e fu dimostrato solo alla fine del XIX, ancora una volta da un italiano, Giovanni Battista Grassi. Fino agli anni trenta del secolo scorso in Italia morivano di malaria 15 000 persone ogni anno; poi iniziarono le grandiose opere di bonifica, e la malattia fu quasi del tutto eradicata, anche grazie all'uso massiccio del DDT e alla diffusione della gambusia, il piccolo pesce di origine americana, formidabile predatore delle larve; sporadici focolai autoctoni si sono registrati però fino ai primi anni sessanta, appena mezzo secolo fa. E solo nel 1970 l'Organizzazione Mondiale della Sanità dichiarò l'Italia libera dal pericolo malaria. I casi registrati negli anni successivi hanno riguardato quasi esclusivamente immigrati, turisti, lavoratori in aree malariche che hanno contratto la malattia all'estero e portato il plasmodio in Italia. In questo caso, in assenza del vettore adatto, non si sviluppa alcun focolaio, perché il plasmodio non ha alcuna possibilità di passare da un uomo all'altro. Non tutti i plasmodi sono infatti compatibili con le varie specie di anofele: *Anopheles labranchiae* e *An. sacharovi*, per esempio, possono infettarsi con *Plasmodium vivax*, ma non con *Plasmodium falciparum*. Altri casi, ancora più sporadici, si verificano inoltre a causa di trasfusioni, contaminazioni oppure quando, con le persone, arrivano anche zanzare infette. Ma le cose sono più complesse di quello che sembrano. Nel 2001 alcuni ricercatori dell'Istituto Superiore di Sanità hanno tentato di definire il cosiddetto «potenziale malariogenico» di un Paese, cioè la possibilità che in quel Paese possano verificarsi casi autoctoni di malaria. Il potenziale è regolato da tre parametri: la ricettività (la presenza di potenziali vettori), l'infettabilità (la compatibilità dei diversi vettori con i diversi plasmodi) e la vulnerabilità (la circolazione interna al Paese o da aree di endemismo di soggetti portatori del plasmodio). A questi fattori bisogna anche aggiungere la presenza di ambienti idonei alla riproduzione delle zanzare. Perché i focolai si sviluppino, queste quattro condizioni devono essere presenti contemporaneamente e nello stesso luogo. Il risultato è che il potenziale italiano – al momento – è piuttosto basso, anche se esistono comunque zone a rischio, soprattutto, ma non solo, al Sud e nelle Isole. Eppure, nel 1997, c'è stato un episodio accertato di malaria autoctona in provincia di Grosseto, il primo dopo trentacinque anni, e altri ne sono seguiti negli anni successivi. Cosa sta accadendo? La malaria, come tutte le altre malattie da vettore, dipende strettamente dai cicli biologici dei vettori e più in generale degli ospiti, definitivi e intermedi, che a loro volta sono soggetti alle variazioni climatiche. Un clima freddo e secco è incompatibile con il ciclo vitale della zanzara, al contrario il caldo e l'umidità lo favoriscono. Non a caso la malaria è endemica nelle regioni del mondo dove temperature elevate e umidità coesitono per la maggior parte dell'anno o almeno per una intera stagione. Il clima, a quanto sembra, sta evolvendo verso un periodo più caldo e in molte regioni anche più piovoso e umido, almeno in certe stagioni. È il fenomeno climatico che viene spesso chiamato tropicalizzazione. Rispetto alle interazioni uomo-zanzara-plasmodio, le possibili conseguenze di questo cambiamento possono essere molteplici: l'ampliamento verso nord dell'areale di distribuzione dei vettori e la riduzione della durata dei loro cicli di sviluppo; la riduzione della durata del ciclo del plasmodio nella zanzara; il prolungamento della stagione idonea alla trasmissione dei microrganismi patogeni; l'arrivo e l'adattamento di nuovi vettori esotici e di nuovi microrganismi all'interno dei vettori (zanzare) o degli uomini (serbatoi). L'Italia, per la collocazione geografica, per il clima e per il fatto di essere stata in un recente passato area endemica, potrebbe essere coinvolta in questa serie di trasformazioni più di altri Paesi europei. A tutto questo si deve sommare l'effetto della globalizzazione biologica, spontanea o prodotta dalle masse umane in movimento, da e per i tanti paesi dell'Africa e dell'Asia soprattutto dove la malaria è tuttora endemica; tutto ciò non fa che moltiplicare le occasioni di ricomparsa dei focolai. Fino al 1985 il numero dei casi di malaria d'importazione è stato inferiore ai 100/anno, poi è costantemente aumentato, fino a raggiungere un picco di oltre 1000 casi nel 1999. Fino al 1994 questo aumento era dovuto tanto ai casi occorsi tra i cittadini italiani tanto a quelli tra gli immigrati, ma dal 1995 l'incremento ha riguardato solo i casi tra gli immigrati, mentre quelli tra i cittadini italiani si sono progressivamente ridotti. La malaria in Italia ha colpito circa 8000 persone nella decade 1989-1999; la metà erano italiani. Solo in 20 casi (lo 0,3%) la malattia è stata contratta in Italia; tra questi, 8 casi sono stati causati da trasfusione e 2 da contaminazione accidentale attraverso l'uso di siringhe: uno tra tossicodipendenti e uno tra personale sanitario; 9 casi sono stati classificati come «criptici», cioè di origine incerta, anche se con ogni probabilità attribuibili all'importazione di zanzare infette; infine un solo caso, quello del 1997, è stato certamente causato da zanzare indigene (*Anopheles*). Nella stessa decade ci sono stati 65 decessi (mortalità dell'1,2%, scesa all'0,4% nel biennio successivo); in tutti casi di morte l'agente responsabile è stato *Plasmodium falciparum*. Nel 2000-2001 c'è stata un'inversione di tendenza, e i casi di malaria importata sono diminuiti al ritmo di circa il 10% l'anno; in quel biennio è però aumentata la percentuale dei casi tra gli immigrati (61%), che hanno contratto la malaria nei Paesi di origine, in tutto 60: 44 in Africa, 8 in America centrale e meridionale, 7 in Asia e uno in Oceania (Papua Nuova Guinea). Responsabile di oltre l'80% dei casi è stato *Plasmodium falciparum*. Il 94% degli immigrati provenivano dall'Africa occidentale, soprattutto da Ghana, Nigeria, Senegal e Costa d'Avorio, dove è diffuso *Plasmodium ovale*, che sta quindi diventando la specie più comune dopo il *falciparum*. Il fenomeno comunque non è certamente solo italiano; si stima che in ogni anno nei paesi della UE si verifichino 10 000-12 000 casi di malaria importata, dati forse sottostimati. Dieci anni dopo il caso di Grosseto, nel 2006, a Marsiglia, una donna di 41 anni è stata ricoverata in ospedale dopo dodici giorni di febbre, brividi e diarrea. Diagnosi: malaria da infezione con *Plasmodium falciparum*. La donna non aveva mai viaggiato fuori dall'Europa e non aveva subito trasfusioni né mai fatto uso di droghe, e il caso è stato riconosciuto come autoctono. Il primo, in Francia, dopo oltre mezzo secolo.

Anche le zanzare del genere *Culex* sono vettrici di microrganismi patogeni. *Culex pipiens molestus* è la comune zanzara che punge all'interno delle abitazioni, di notte, in estate. La sottospecie *molestus*, diffusissima nelle regioni temperate, deriva da popolazioni ornitofile, cioè entomofaghe sugli uccelli. A un certo punto della loro evoluzione, le *pipiens* ornitofile hanno iniziato a frequentare le abitazioni umane, specializzandosi sull'uomo come fonte di cibo. Per far questo hanno anche in parte modificato la loro biologia: sono diventate in grado di accoppiarsi in spazi chiusi e ristretti e deporre in raccolte d'acqua anche di piccole dimensioni ed estremamente inquinate; dove la temperatura lo consente sono attive tutto l'anno; riposano al chiuso e pungono prevalentemente l'uomo. Di conseguenza, la diffusione e l'aumento demografico della specie umana, l'urbanizzazione, la distruzione degli habitat naturali, non hanno danneggiato la zanzara, ma ne hanno favorito a sua volta la diffusione. *Culex pipiens molestus* ospita un *Flavivirus*, il cosiddetto *West Nile*, endemico in Africa, che causa encefalomieliti equine e che nell'uomo provoca infezioni acute del SNC, a volte mortali. In Italia, nel 2011, i casi di *malattia neuroinvasiva da West Nile virus* (questo è il nome esatto della malattia) sono stati almeno 14 (8 in Veneto, 1 in Friuli Venezia Giulia, 1 in Toscana e 4 in Sardegna), con 4 decessi; ben 50 diversi focolai hanno invece colpito i cavalli in 12 province del Friuli-Venezia Giulia, del Veneto, della Basilicata, della Calabria, della Sardegna e della Sicilia. In Europa i casi al settembre 2011 sono stati 81. Esiste poi una sindrome diversa, ma causata dallo stesso virus, la febbre *West Nile*, che ha colpito alcune persone in Friuli e che in Grecia ha ucciso, nel 2010, 35 persone. Il *West Nile virus* ha come serbatoio gli uccelli, sia migratori che stanziali, e a quanto sembra la concomitanza di uccelli infetti, zanzare e clima caldo-umido, che favorisce i cicli riproduttivi degli insetti e aumenta il periodo di permanenza degli uccelli migratori, l'hanno portato in Europa, dove fino ad alcuni anni fa era sconosciuto e dove ora è ormai stabilizzato. *Culex pipiens* sembra inoltre essere un potenziale vettore del virus *Chickungunya*, di cui si parlerà tra breve.

La fauna italiana comprende anche le zanzare dei generi *Ochlerotatus* e *Aedes*; al primo appartiene per esempio *O. mariae*, le cui larve sono in grado di svilupparsi nelle pozze di scogliera, in acqua ad altissima salinità, e che pungono spesso sul mare durante il giorno; del secondo fa parte invece la famigerata zanzara tigre (*A. albopictus*), la specie di gran lunga più importante in Italia dal punto di vista sanitario. Le *Aedes* sono zanzare piccole, scure, attive durante il giorno, entomofaghe su mammiferi e uccelli a seconda delle specie; alcune sono lucifughe, e preferiscono attendere le vittime all'ombra dei boschi, nel fitto della vegetazione. Molte *Aedes* hanno uova resistenti alla siccità e al gelo, cosa che consente loro di sopravvivere alle estati più calde e agli inverni più freddi. Le uova di *Aedes albopictus* deposte nei periodi favorevoli alla crescita delle larve (in Italia da marzo a ottobre) schiudono rapidamente e concludono il ciclo, mentre quelle deposte in autunno tendono ad andare in diapausa, in attesa che le condizioni di temperatura e soleggiamento tornino ottimali. In questo periodo (novembre-febbraio) resistono senza problemi alla siccità e anche a temperature di diversi gradi sotto lo zero. Le zanzare tigri sono comunque bestioline previdenti: anche durante la primavera e l'estate una percentuale di uova va comunque in diapausa; in questo modo, un essiccamento improvviso ucciderà solo una parte degli embrioni o delle larve, mentre altre uova potranno sopravvivere e schiudere alla prima pioggia. È evidente quanto questo contribuisca a rendere difficile ogni tentativo di lotta alla zanzara tigre, per la quale oggi si spendono milioni di euro in campagne di disinfestazione, spesso però dalla riuscita modesta. Da diversi anni si ricorre anche alla lotta biologica, attraverso l'utilizzo di un batterio, il *Bacillus thuringiensis*, che una volta ingerito dalle larve le uccide, avvelenandole. Il *Bacillus* è efficace, ma solo quando è sospeso nella colonna d'acqua e viene catturato dalle zanzare; una volta caduto sul fondo, non lo è più, perché le larve non possono più cibarsene. È comunque preferibile agli insetticidi, costosi, inquinanti e soprattutto tossici anche per l'uomo. Chiunque capiti, la mattina presto, in una strada di una qualsiasi delle nostre grandi città, potrà vedere macchinari spruzzare veleni sulle aiuole, ai bordi delle strade, vicino ai giardini, dove gli adulti si rifugiano per colpire alle gambe durante il giorno. Quegli stessi luoghi irrorati sono frequentati, poche ore dopo, da migliaia di persone, spesso soprattutto bambini, e ci vuol poco a capire che è necessario trovare sistemi alternativi, che in realtà molte istituzioni da qualche anno stanno cercando e sperimentando, con esiti alterni. Cito alcuni casi di ricerca di ricette efficaci, più naturali e rispettose dell'ambiente. Nel 2005 la Provincia di Novara, in cui la risicoltura è diffusa, ha sperimentato una soluzione alternativa al prosciugamento completo per la «mandata in asciutta» del riso, ricorrendo al prosciugamento parziale dei campi che consente ai predatori delle zanzare di sopravvivere; la sperimentazione ha dato risultati incoraggianti, con una riduzione delle larve tra il 44% e il 77%, dimostrando l'efficacia degli antagonisti naturali nella lotta alle zanzare. Dal 2006 le province di Rimini e Treviso hanno avviato la sperimentazione del *Mosquito Stopper*, un dispositivo che impedisce alle zanzare di deporre le uova nel sistema fognario penetrando dalle caditoie: si tratta di una zanzariera basculante che chiude le caditoie ma permette il deflusso dell'acqua e dei detriti e anche il rigurgito della rete fognaria. Ancora nel 2006, Fiesole ha avviato una sperimentazione contro gli adulti, favorendo l'insediamento dei pipistrelli, grandi predatori di zanzare, tramite l'uso di *bat-box*, cioè rifugi appesi alle grondaie dei cittadini che aderiscono al progetto. La zanzara tigre è, per citare un articolo pubblicato nel 2001, «un problema sanitario sottovalutato». Lo era in quell'anno, lo è ancor più oggi, dal momento che la specie si è ulteriormente diffusa sul territorio, forse favorita dall'innalzamento delle temperature e dal cambiamento stagionale del regime delle piogge. Nel 2001 era diffusa in trenta province, dalla Liguria al Friuli e dall'Emilia Romagna alla Campania; mancava però dalle aree alpine e appenniniche, dal Sud (Napoli era il limite meridionale dell'area) e dalle Isole. In dieci anni la zanzara tigre ha raggiunto anche le aree montane e quelle più interne, capillarizzando la sua distribuzione sul territorio. La zanzara tigre è vettrice di microrganismi patogeni che causano malattie anche gravissime; alle nostre latitudini potrebbe inserirsi nel ciclo di trasmissione di diversi arbovirus di cui è nota l'attività nel bacino del Mediterraneo: virus *Sindbis* (SIN) e *Chikungunya* (CHIK), *West Nile* (WN) e Menigoencefalite Turco-Israeliana (ITM), *Thahyna* (TAH), *Rift Fever Valley* (RFV) e *Batai* (BAT). Inoltre, è stato dimostrato che le *albopictus* provenienti dall'Albania e dall'Italia possono infettarsi in laboratorio col virus dengue tipo II, nonché con *Dirofilaria repens* e *D. immitis*. Nel 2007 in Emilia Romagna c'è stata la prima epidemia europea autoctona di febbre *chikungunya*, una malattia virale caratterizzata da febbre acuta e trasmessa dalla puntura di zanzare infette. La *chikungunya* si manifesta con un esantema pruriginoso o con sintomi di tipo influenzale: febbre alta, brividi, cefalea, nausea, vomito e soprattutto forti dolori articolari (da cui deriva il nome *chikungunya*, che in swahili significa «che contorce»). La malattia si risolve spontaneamente in pochi giorni, ma i dolori articolari possono persistere anche per mesi; in rarissimi casi (mai finora in Italia) la *chikungunya* può essere fatale per soggetti anziani già indeboliti da altre patologie. Per quanto riguarda gli altri virus, al momento, in Italia, non ci sono serbatoi d'infezione. La pericolosità della specie, che comunque arreca fastidi a volte insopportabili per l'aggressività, l'abbondanza delle popolazioni e le reazioni allergiche anche importanti che causa con le sue punture, è quindi solo potenziale. Va però sottolineato che il numero di casi di dengue d'importazione è in costante aumento, essendo passato dai complessivi 23 confermati dall'ISS nel quinquennio 1990-94, agli 80 del quinquennio 1995-99. I cambiamenti climatici e i movimenti umani potrebbero inoltre favorire l'arrivo e la stabilizzazione della *Aedes aegypti*, zanzara di origine africana che l'uomo ha diffuso un pò ovunque nel mondo grazie ai suoi traffici, ai viaggi e alle migrazioni. La *Ae. aegypti* è simile alla *albopictus* per morfologia e biologia, ed è vettrice, nei Paesi tropicali, di febbre *chikungunya*, dengue e febbre gialla. In realtà non si tratterebbe di un arrivo, ma di un ritorno. Questa specie era infatti abbondante in tutta l'area del Mediterraneo fino all'inizio del XX secolo, soprattutto nelle città portuali di Siria, Libano, Turchia, Grecia, Croazia, Italia, Corsica e Spagna. In Grecia, tra il 1927 e il 1928, provocò un'epidemia di dengue che colpì un milione di persone e ne uccise un migliaio; in Spagna era ancora diffusa e abbondante fino agli anni cinquanta, in Italia fino ai quaranta: se ne trovò un esemplare a Genova nel 1944, poi quasi più nulla. È probabile che la *Ae. aegypti* in Italia non si sia mai stabilizzata, ma che ogni anno un gran numero di esemplari arrivassero via mare dall'Africa e si riproducessero, per poi sparire quasi del tutto nei mesi invernali, in genere troppo freddi. A Livorno, nel 1804, un'epidemia di febbre gialla colpì la città da Agosto a Novembre, proprio il periodo coincidente con il ciclo riproduttivo della zanzara a quelle latitudini. Dagli anni cinquanta in poi, a parte un eccezionale cattura avvenuta a Desenzano del Garda (BS) nel 1971, la zanzara sparì, forse per l'effetto combinato delle bonifiche e del DDT, che sterminarono anche le *Anopheles*, e di una serie di stagioni particolarmente fredde (famoso fu l'inverno del 1956, quando la neve arrivò a cadere su Lampedusa, e a Roma si sfiorarono i –7 °C). Nel 2010, durante un controllo di un carico di pneumatici per la sorveglianza alla zanzara tigre, 13 esemplari di *Ae. aegypti* furono scoperti in Olanda: il primo ritrovamento della specie in quel Paese, ma non nell'Europa settentrionale: tra il 1999 e il 2006 ci sono stati infatti focolai di febbre gialla in Germania, Belgio e Svizzera, oltre che in Spagna e Francia, con tassi di mortalità dell'80%.

Il ritrovamento in Veneto nel 2011 di una ulteriore *Aedes* asiatica, la *koreicus*, non è rassicurante, così come non lo sono la diffusione a macchia d'olio della *albopictus* e più recentemente anche della quasi identica *atropalpus*, l'epidemia di chikungunya del 2007, la presenza storica piuttosto recente della *aegypti* nel nostro Paese.

Le *Aedes* viaggiano con facilità a bordo delle navi, nei copertoni usati, con le piante destinate al commercio o in altro modo, sembrano sfruttare alla perfezione le condizioni climatiche favorevoli e i passaggi offerti dal'uomo, e hanno dimostrato di poter diffondere i virus che ospitano e trasmetterli all'uomo. Anche alle nostre latitudini.

Le mosche

Dopo i Nematoceri, arriviamo ai Brachiceri, che comunemente chiamiamo mosche. Dal momento che parliamo di insetti, è quasi superfluo dire che mosca è una parola che indica in realtà migliaia di specie appartenenti a qualche dozzina di famiglie, se non più: Muscidi, Straziomidi, Tabanidi, Sirfidi, Ippoboscidi, Calliforidi, Sarcofagidi e ancora Bibionidi, Estridi, Scatofagidi, Asilidi, Tachinidi e Bombilidi, senza contare la fauna esotica, della quale cito solo i Glossinidi, le famigerate mosche tse-tse del genere *Glossina* (tsetse, al pari di zanzara, è un nome onomatopeico, e in lingua tswana vuol dire semplicemente mosca). Tutte queste mosche hanno in comune la struttura delle antenne, corte e composte da pochi antennomeri (i pezzi che compongono le antenne); le antenne delle mosche, inoltre, sono aristate, cioè hanno una parte basale grande e robusta e una terminale sottile, un filamento detto arista. Le antenne sono inserite molto vicine tra loro, tanto che in certe famiglie, come gli Straziomidi, sembra che siano fuse alla base. L'apparato boccale delle mosche è invece differente nei vari gruppi: succhiatore, lambente-succhiatore o pungente succhiatore. Il primo è tipico delle specie glicifaghe, cioè che si nutrono di nettare o altre sostanze zuccherine liquide; il secondo delle specie che assumono sostanze zuccherine lambendole da una superficie, come fa una mosca domestica quando cerca cibo in cucina; il terzo di specie che invece pungono altri animali per succhiarne i liquidi interni, come fa, per esempio, un tafano. Le mosche accompagnano da sempre l'uomo, nella sua vita quotidiana e nei suoi spostamenti. La mosca domestica (*Musca domestica*) è spesso citata come l'animale cosmopolita per eccellenza: dove c'è l'uomo, c'è lei; e dove le condizioni ambientali le sarebbero proibitive, l'uomo provvede a rendergliele ottimali offrendole calore, cibo, rifiuti in cui deporre le uova; in una parola, ospitalità (salvo poi lamentarsi della sua presenza). In cambio di tante attenzioni, la mosca domestica e le altre specie che frequentano le nostre abitazioni e mangiano il nostro cibo (sul quale allegramente defecano e rigurgitano) ci riforniscono di una quantità sterminata di organismi patogeni. L'elenco è talmente lungo che citarli tutti sarebbe impossibile; ne riporto alcuni, con le relative patologie, tra quelli isolati nella solo mosca domestica. Virus: *Poliovirus* (poliomielite), virus HAV (epatite A); batteri: diverse specie di *Salmonella* (febbre tifoide e salmonellosi), il vibrione *Vibrio cholerae* (colera), la *Shigella* (shigellosi), il *Mycobacterium leprae* (lebbra) e il *Mycobacterium tubercolosis* (tubercolosi), il *Bacillus anthracis* (antrace); elminti: varie specie di *Ascaris* (ascaridiosi). Nelle epidemie, quindi, le mosche giocano un ruolo importante – e difficilmente controllabile – nella diffusione dei patogeni.

I Ditteri, come detto, sono insetti olometaboli, cioè a metamorfosi completa. Le larve delle mosche sono apode e acefale (a volte il capo è presente, ma nascosto nel torace e quindi non visibile dall'esterno), e si sviluppano, a seconda dei gruppi, nel terreno, nella vegetazione marcescente, nella carne in putrefazione, negli escrementi, in generale nella sostanza organica morta; moltissime sono le specie con larve acquatiche. Alcune specie hanno la graziosa abitudine di deporre le uova (o partorire direttamente larve già sviluppate) sugli animali viventi, dei cui tessuti poi le larve si nutriranno: questa particolare forma di infestazione è detta, genericamente, miasi. Si distinguono diverse forme di miasi, a seconda delle modalità: ci sono miasi intestinali causate da larve che si sviluppano nella mucosa intestinale, penetrando dall'ano; ci sono miasi dell'apparato urogenitale, miasi delle mucose del naso e della bocca, miasi degli occhi, miasi della pelle, miasi delle ferite aperte. Le miasi gastrointestinali possono anche essere occasionali, per esempio quando larve di mosca vengono accidentalmente ingerite con il cibo; in questo caso le conseguenze sono nulle o più o meno gravi a seconda delle specie a cui appartengono le larve, che possono essere eliminate con le feci spesso ancora vive (le mosche, non le feci), oppure attaccare la mucosa e provocare danni. In molte miasi delle ferite aperte le larve si nutrono in realtà solo del tessuto morto e infetto, e paradossalmente hanno un effetto positivo sull'evolu-

TAVOLA XI

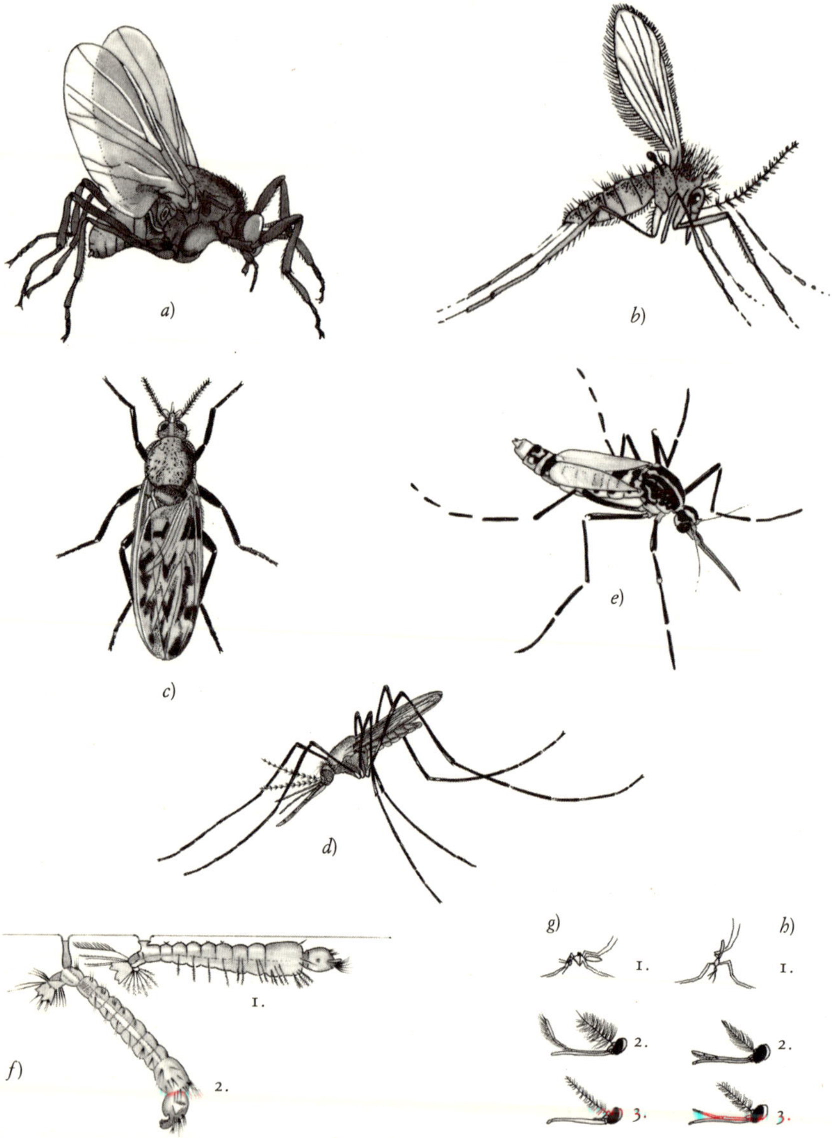

XI. *a) Simulium sp.*; *b) Phlebotomus sp.*; *c) Culicoides sp.* (ridisegnato da Grandi, 1966); *d) Anopheles sp.*; *e) Aedes albopictus*; *f)* posizione in acqua delle larve di *Anopheles spp.* (1.) e *Culex spp.* (2.); *g) Anopheles spp.* 1. posizione a riposo; 2. testa del maschio; 3. testa della femmina; *h) Culex spp.* 1. posizione a riposo; 2. testa del maschio; 3. testa della femmina.

d) Ridisegnato da AA.VV., 1991.

zione della ferita, perché eliminano l'infezione senza attaccare il tessuto sano, e sono impiegate in medicina per il trattamento delle piaghe e delle necrosi. Il problema delle miasi è soprattutto veterinario, perché riguarda per lo più il bestiame domestico, ma non mancano le specie che attaccano l'uomo. Tristemente noto è il caso della *Cochliomya hominivorax*, un calliforide originario dell'America meridionale che però di quando in quando arriva, in seguito a migrazioni spontanee o grazie al commercio della carne e del bestiame, in altre regioni della Terra. La *Cochliomya* attacca le ferite aperte di molti mammiferi, uomo incluso, nonché le mucose del naso, della bocca e quelle genitali, con conseguenze gravissime, spesso fatali. Questa mosca è stata efficacemente eradicata negli Stati Uniti, e più recentemente (1991) in Libia, grazie all'allevamento in laboratorio e alla sterilizzazione dei maschi, sfruttando il fatto che le femmine, essendo monogame, una volta accoppiate con un maschio sterile non possono più produrre larve. La *Wohlfahrtia magnifica*, invece, è un sarcofagide distribuito un pò ovunque nel cosiddetto Vecchio mondo, Italia inclusa. Ha l'aspetto e le dimensioni di una comune mosca, con occhi rossi e corpo grigio striato e maculato di nero; le femmine partoriscono le larve sulla pelle integra, nella quale riescono facilmente a penetrare (non a caso il nome inglese di queste mosche è *screwworm flies*, letteralmente «mosche dal verme a vite»), per poi nutrirsi dei tessuti sottocutanei. Per l'Italia sono noti pochi casi autoctoni, tra cui quello del 1999 di un ragazzo quattordicenne infestato da larve di *Wohlfahrtia* al disotto del cuoio capelluto; molto più numerosi sono invece, in Italia, i casi di miasi da *Wohlfahrtia* in animali domestici (cani, pecore, capre) o in persone – immigrati, turisti o lavoratori – provenienti da paesi tropicali dove le miasi sono endemiche.

Concludo questo lungo elenco di parassiti dell'uomo, interni o esterni che siano, con un documento emanato dalla Società Italiana di Parassitologia con la collaborazione dei gruppi di parassitologia di numerose università italiane, dalla Sicilia al Veneto, e pubblicato nel 2010. Il documento è un semplice elenco di specie di parassiti note per l'Italia, per i quali cioè è accertata la presenza nel nostro Paese. Oggetto del lavoro sono non solo i parassiti dell'uomo, ma anche quelli degli animali domestici: cani, gatti, pecore, capre, vacche, bufali, maiali. Secondo il documento, oggi in Italia l'animale uomo convive con 56 specie di parassiti, così suddivisi: 19 Nematodi, 7 Trematodi, 8 Cestodi, 10 acari (acari e zecche) e circa 20 insetti. A questi vanno aggiunte circa 30 specie di protozoi, per un totale di quasi 90 diversi organismi. Un piccolo esercito di amici affezionati.

Parte terza

Animali terrestri a vita libera

La scolopendra

Una qualsiasi campagna italiana. Un grande e minaccioso invertebrato lungo una dozzina di centimetri si aggira di notte veloce e sinuoso tra le pietre di un campo, a caccia di insetti. È la scolopendra (*Scolopendra cingulata*), un artropode dalla classe dei chilopodi, animali costituiti da un capo ben distinto, rotondeggiante e munito di ocelli e di un paio di antenne, e da un corpo allungato e formato da numero variabile di segmenti, ognuno dei quali porta un paio di zampe. Il numero dei segmenti è tipicamente dispari. L'impressionante, grande, velocissima (e innocua) scutigera delle abitazioni (*Scutigera coleoptrata*), nota anche come centopiedi, ha 15 segmenti; la scolopendra 21, i geofilomorfi, simili a sottili, gialli lombrichi dotati di zampette, anche alcune centinaia. Molti Chilopodi possiedono particolari organi di senso alla base delle antenne, gli organi di Tömösvary, la cui funzione non è stata chiarita del tutto. Secondo alcuni autori sarebbero in grado di percepire le vibrazioni, funzionando quindi come una sorta di orecchio utilizzato per scovare le prede; secondo altri potrebbero essere invece organi olfattivi, o pressocettori, o ancora sensibili all'umidità. Dietro al capo, in posizione ventrale e laterale, i Chilopodi hanno inoltre un paio di zampe trasformate, le forcipule, a forma di tenaglia. Alle forcipule è connessa una ghiandola velenifera, e sono utilizzate per catturare le prede e iniettare il veleno.

Tra tutti i Chilopodi italiani (circa 150 specie), la *Scolopendra cingulata* è l'unica a risultare pericolosa per l'uomo, per la diffusione, le grandi dimensioni, la potenza e la composizione del veleno

TAVOLA XII

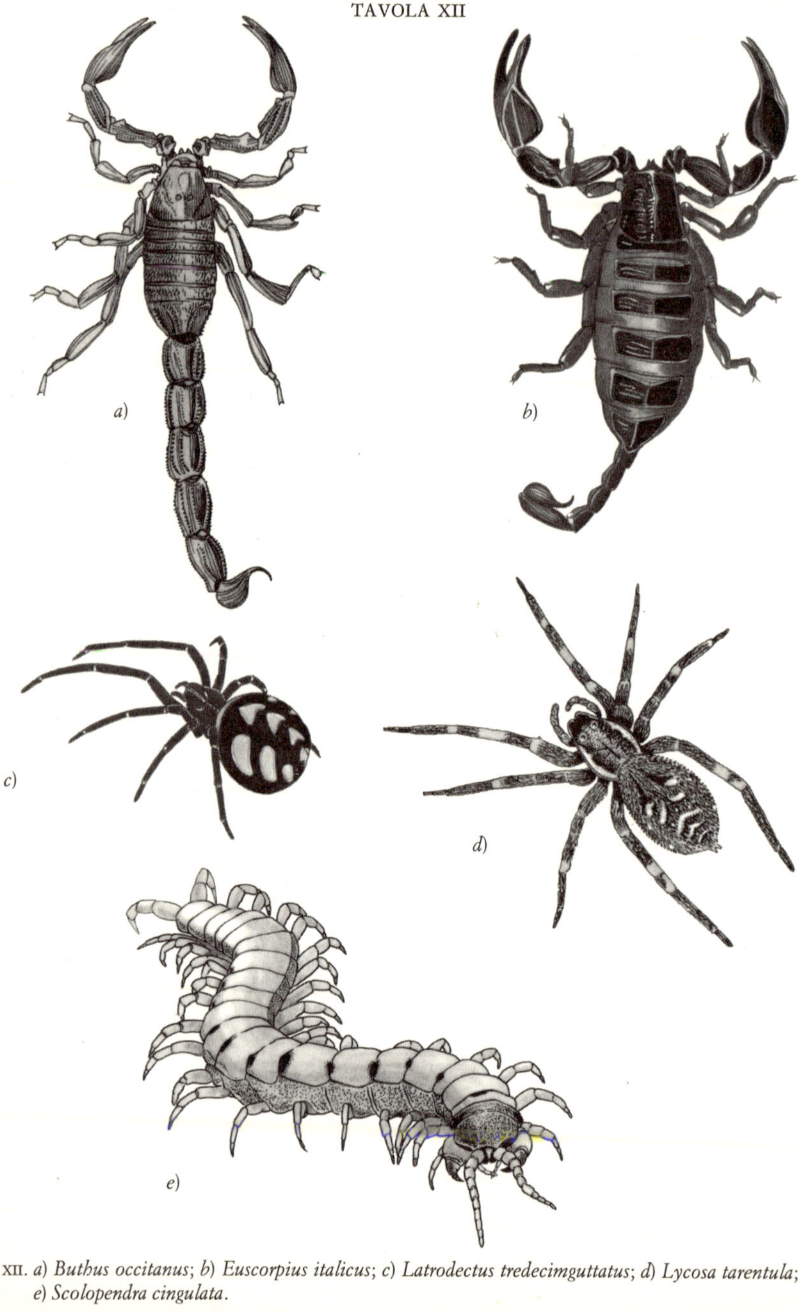

XII. *a*) *Buthus occitanus*; *b*) *Euscorpius italicus*; *c*) *Latrodectus tredecimguttatus*; *d*) *Lycosa tarentula*; *e*) *Scolopendra cingulata*.

e il comportamento piuttosto aggressivo, se catturata e manipolata. Il veleno della scolopendra contiene istamina, istamino-liberatori e neurotossine. Al morso segue una sensazione di dolore molto intensa e la comparsa di un edema o di una ecchimosi di 1-4 cm di diametro intorno al punto di inoculo del veleno. In poche ore generalmente l'edema scompare lasciando l'ecchimosi, che evolve in una piccola ulcerazione. Come sempre accade dopo l'inoculo di sostanze estranee all'organismo, alcuni soggetti sensibili, bambini piccoli o cardiopatici, possono andare incontro a reazioni sistemiche che comprendono febbre, nausea, vomito, parestesie e disturbi del sistema nervoso centrale. Raramente insorge uno shock anafilattico, che va trattato immediatamente con cortisonici e adrenalina. La scolopendra, del resto, fa di tutto per evitare i contatti con l'uomo; raramente frequenta le abitazioni (io ne ricordo una sola nella mia casa di campagna, laddove intorno è facilissimo trovarne sotto le pietre e nel terreno), è per lo più notturna e possiede colorazioni poco rassicuranti, che vanno dal bluastro al verde all'arancione. Anche chi non la conosce percepisce istintivamente che è meglio lasciarla stare, a dimostrazione che in natura il linguaggio dei colori, di cui parleremo in seguito, funziona benissimo.

I ragni

Torniamo agli Aracnidi. Non però a quelli ematofagi come le zecche né a quelli minuscoli e onnipresenti come gli acari, ma agli Aracnidi per antonomasia: i ragni. Sul suolo italico vivono qualcosa come 1400 specie di ragni. Tutti, senza eccezioni, sono predatori, soprattutto di insetti ma anche di altri piccoli animali; non tutti, invece, costruiscono tele per catturare la preda. Insomma, l'iconografia del ragno che attende la mosca al centro della ragnatela tra l'erba, è in realtà limitata a un numero ristretto di specie. Molti infatti cacciano inseguendo la preda, altri le saltano letteralmente addosso o la attendono nascosti dentro buchi nel terreno, tra la vegetazione o sui fiori; alcuni di questi, come i Tomisidi, hanno sviluppato colorazioni mimetiche criptiche, e sembrano petali, bianchi, rosa o verdi, immobili ma pronti con uno scatto ad afferrare e divorare. Tutti comunque uccidono inoculando veleno con appendici particolari poste nella parte anteriore del corpo, i cheliceri. Il veleno dei ragni ha una doppia funzione, quella di paralizzare e uccidere la preda e quella di iniziarne la digestione, che quindi è, almeno all'inizio, extracorporea. La sua composizione è variabilissima, diversa da specie a specie, ma contiene generalmente enzimi digestivi e tossine, alcune dall'effetto insetticida, altre necrotizzanti. Insomma, se si cattura e si manipola un ragno, o se l'animale si è annidato nei vestiti, può capitare accidentalmente di essere morsi. Gran parte dei ragni presenti in Italia è comunque di piccole o piccolissime dimensioni, e di conseguenza il loro morso può essere talmente debole e la quantità di veleno talmente scarsa da risultare irrilevante. Difficile temere per esempio i *Pholcus*, quegli esilissimi ragni bruni dalle zampe filiformi e dal corpo allungato che affollano le cantine e i soffitti delle abitazioni, soprattutto in campagna. A parte il disagio di dover passare lo spazzolone per rimuovere le tele, spesso rese nerastre dalla polvere, questi delicati animali non rappresentano certo un pericolo, nonostante la loro spiccata tendenza a vivere nelle abitazioni umane. Però non mancano le specie potenzialmente o effettivamente pericolose. Come al solito, nulla in confronto alla realtà di molti altri paesi, dove vivono specie spesso addirittura letali, come la celeberrima vedova nera (*Latrodectus mactans*) del continente americano. Nessun ragno italiano si avvicina, in quanto a pericolosità, a questa specie o ad altre. Anche la famosissima e temuta tarantola (*Lycosa tarentula*), nonostante le grandi dimensioni e l'aspetto minaccioso, è in realtà quasi innocua. Il nome tarantola (o taranta) proviene con ogni probabilità da Taranto, la città della Puglia dove certamente questo ragno, amante dei luoghi caldi, doveva essere un tempo, e probabilmente è ancora, piuttosto comune. La tarantola è diffusa nelle regioni mediterranee, compresa la Liguria, e come altri Licosidi (dal greco *Lycos*, «lupo») è un veloce corridore notturno e caccia piccoli animali sul terreno. Non costruisce una tela, quindi, ma tappezza con un velo setoso la tana verticale che scava nel terreno, nella quale si rifugia durante il giorno e in cui le femmine depongono le uova. I suoi morsi sono dolorosi, ma provocano modeste reazioni cutanee locali che normalmente scompaiono nel giro di alcuni minuti. Ben più gravi sono le conseguenze del morso della malmignatta o ragno volterrano (*Latrodectus tredicemguttatus*), un congenere della vedova nera, diffuso come la tarantola nelle regioni mediterranee, anche in Italia. La malmignatta è un ragno di medie dimensioni (10-15 mm le femmine, 4-7 mm i maschi - le dimensioni nei ragni si riferiscono al corpo, e non comprendono le zampe), e ha corpo nero brillante, con evidenti macchie rosse sull'opistosoma (tipiche colorazioni aposematiche). Il veleno contiene neurotossine che agiscono a livello del sistema nervoso. Chi viene morso può andare incontro a una sindrome nota come latrodectismo, che comprende ipersudorazione, febbre, contrazioni muscolari, senso di angoscia, spasmi e perdita del controllo dei movimenti, convulsioni e paresi locale degli arti. Sintomi che si avvicinano molto a quelli delle crisi epilettiche.

Alla tarantola e alla malmignatta è legato il fenomeno del tarantismo (o tarantolismo), che si diffuse in Puglia a partire dal XV secolo, fosse proveniente da altre regioni del Mediterraneo. I tarantolati, soprattutto donne, riproducevano ed esasperavano i sintomi del latrodectismo, nella convinzione che i balli frenetici, i salti, la sudorazione, la perdita di controllo, forse proprio perché ricalcavano gli effetti del veleno, potessero annullarli, esorcizzandoli. Dalla ritualizzazione di questi comportamenti si originarono danze dal ritmo frenetico, che sfociano in vere e proprie *trance*. Nel tempo queste danze si sono trasformate in balli (e musiche) come la taranta, la tarantella e la *pizzica* (dal pizzico del ragno), e sono oggi importanti elementi della cultura del Meridione. Dal punto di vista sociale e politico, il morso del ragno divenne il simbolo dell'oppressione degli uomini in un sud povero e durissimo, il tarantismo una catarsi liberatoria. Tutto questo è raccontato e analizzato da Ernesto De Martino in opere quali *Sud e magia* (1959) e *La terra del rimorso* (1961). Scrive De Martino:

> La terra del rimorso è, in senso stretto, la Puglia in quanto area elettiva del tarantismo, cioè di un fenomeno storico-religioso nato nel Medioevo e protrattosi sino al '700 ed oltre, sino agli attuali relitti ancora utilmente osservabili nella Penisola Salentina. Si tratta di una formazione religiosa minore, prevalentemente contadina ma coinvolgente un tempo anche ceti più elevati, caratterizzata dal simbolismo della taranta che morde e avvelena, e della musica, della danza e dei colori che liberano da questo morso avvelenato [...] si era innestata la plasmazione culturale del tarantismo, così nei casi in cui il latrodectismo non era sicuramente in atto la crisi del tarantismo imitava più o meno grossolanamente la sindrome tossica del latrodectismo, proprio come se il modello culturale di colui che «fa» l'avvelenato fosse stato ricalcato per quanto possibile su quello del latrodectismo reale. La caduta al suolo, il senso di spossatezza, l'angoscia, lo stato di agitazione psicomotoria con obnubilamento del sensorio, la difficoltà di mantenersi in piedi, il mal di stomaco, la nausea e il vomito, le varie parestesie e i dolori muscolari, l'esaltazione dell'appetito venereo figuravano nel momento della crisi del tarantismo anche nei casi – ed erano la grande maggioranza – in cui per altri segni, si poteva escludere con certezza che si trattasse di latrodectismo in atto: ne risultava un'immagine di avvelenato che poteva facilmente trarre in inganno il non-medico.

Secondo De Martino

> o la crisi reale di latrodectismo diventava semplicemente l'occasione per evocare e configurare, per far defluire e per risolvere altre forme di «avvelenamento simbolico», e cioè i traumi, le frustrazioni, i conflitti irrisolti nelle singole biografie individuali [...] oppure, a un più alto livello di autonomia simbolica, in occasione di determinati momenti critici dell'esistenza – come la fatica del raccolto, la crisi della pubertà, la morte di qualche persona cara, un amore infelice o un matrimonio sfortunato, la condizione di dipendenza della donna, i vari conflitti familiari, la miseria, la fame, le più svariate malattie organiche – insorgeva «la crisi dell'avvelenato»; utilizzando il modello del latrodectismo simbolicamente riplasmato come morso di taranta che scatena una crisi da controllare ritualmente mediante l'esorcismo della musica, della danza e dei colori.

In questo caso il tarantismo «non includeva nessun episodio di latrodectismo reale, ma un vivere, sin dall'inizio, la parte dell'avvelenato secondo il modello di avvelenamento più comune in una società agricola», il morso era interamente simbolico e «l'incontro con aracnidi velenosi apparteneva all'ordine delle memorie tradizionali del regime di esistenza contadino». Per concludere, va detto che non a caso De Martino parla di latrodectismo: all'origine del tarantismo c'è proprio il morso del *Latrodectus*, infatti, e non quello dagli effetti ben più modesti della tarantola, anche se nella cultura popolare il ragno, che pizzica e avvelena, è sempre stato identificato con la – quasi – innocua tarantola. C'è tutto questo, e molto altro, dietro un ragno e il suo morso.

Le malmignatte non sono gli unici ragni italiani pericolosi. Un'altra specie è il ragno violino (*Loxosceles rufescens*), il cui nome volgare deriva dalla macchia a forma di violino presente sul prosoma. Il ragno violino non supera i 13 mm di lunghezza, e la sua colorazione generale è giallastra o bruna, più chiara sull'opistosoma. Al contrario della maggior parte dei ragni, il ragno violino ha sei occhi invece che otto, e viene per questo inserito in una famiglia a sé stante, quella dei Sicaridi (nome poco rassicurante, in effetti), insieme ad altre specie con la stessa caratteristica. Questo ragno è diffuso praticamente ovunque in Italia, ma solo localmente comune. Vive però molto volentieri all'interno delle abitazioni dell'uomo, e questo moltiplica le occasioni di contatto tra le due specie. Il morso del ragno violino è a quanto sembra indolore, e i suoi effetti si manifestano solo alcune ore dopo. Il veleno contiene, come quello di altri ragni, enzimi e tossine, e provoca una sintomatologia ben nota e conosciuta come «sindrome necrotica da ragno» o loxoscelismo, a sua volta distinta in loxoscelismo edematoso e loxoscelismo necrotico, la forma più grave. Nel loxoscelismo edematoso, nella parte interessata dal morso si scatena una violenta reazione dolorosa e pruriginosa, seguita dalla formazione di un edema che arriva a deformare la parte, ma che è transitoria e svanisce più o meno rapidamente. Nel loxoscelismo necrotico, invece, si sviluppa un piccolo edema che poi evolve in una vescica sieroemorragica, circondata da un'area giallastra e da un anello ecchimotico. Il tutto assume l'aspetto di un occhio di pavone, quella malattia da crittogame che spesso colpisce le foglie dell'olivo. Come sempre accade, la tipologia e l'entità dei disturbi variano da soggetto a soggetto. L'intera lesione può arrivare a 9 cm di diametro, ed evolve in un'ulcera necrotica, in una gangrena o in una semplice desquamazione cutanea, lasciando comunque una profonda e duratura cicatrice. I sintomi locali sono accompagnati da malessere, febbre e disturbi gastroenterici, o nei casi più gravi da ematuria, ittero e disturbi al sistema nervoso centrale.

Gli scorpioni

Dopo i ragni, gli scorpioni. In tutto il mondo si aggirano, tra specie e sottospecie, circa 1400 tipi diversi di scorpioni suddivisi in 13 famiglie raggruppate nell'ordine Scorpiones, quasi tutte delle regioni tropicali, subtropicali e temperato-calde. Alcune sono enormi: *Hadogens troglodytes*, del Sudafrica, raggiunge i 21 cm di lunghezza. Circa 25 specie sono abbastanza velenose da poter uccidere un uomo. Al contrario dei parenti ragni (ordine Araneae), questi Aracnidi non pungono con i cheliceri, ma con un aculeo posto alla fine del lungo e mobile metasoma. Il primo paio di appendici è invece trasformato in chele prensili, con le quali gli scorpioni, cacciatori come i ragni di insetti e piccoli vertebrati, catturano le prede, che poi paralizzano e uccidono portando il metasoma in avanti e pungendole. Gli scorpioni sono tra i pochissimi invertebrati ad avere cure parentali, e le femmine portano su di sé i piccoli appena nati, proteggendoli. In Italia è presente una sola famiglia di scorpioni, quella dei Cactidi, e un solo genere, *Euscorpius*, con pochissime specie, probabilmente 6, tutte tra l'altro estremamente simili tra loro: le dimensioni variano dai 4 ai 6 cm, la colorazione generale del corpo è nera oppure bruno-rossiccia, il metasoma, la «coda» degli scorpioni, è sottile e lungo all'incirca come il resto del corpo, le chele sono relativamente grandi e robuste. I nostri *Euscorpius* frequentano volentieri le abitazioni umane, specialmente nelle aree meno antropizzate, ma sono presenti anche nelle città più grandi, nei centri storici e nelle vecchie abitazioni. In natura sono comunissimi sotto le pietre e le cortecce, nelle fenditure del terreno, nella lettiera di foglie dei boschi. Gli *Euscorpius* pungono l'uomo per difesa, se vengono disturbati o se capitano accidentalmente a contatto con i vestiti, o entrano nelle calzature o nei letti. La puntura può essere dolorosa, ma sono rarissimi i casi in cui provoca serie conseguenze, e ciò avviene in genere in soggetti sensibili. Alla puntura fa seguito la formazione di un edema locale, con dolore e ipertermia. L'edema può evolvere in un'ecchimosi e poi regredire fino a scomparire nel giro di poche ore. Nulla di grave, quindi, a parte casi rarissimi. La maggior parte dei casi osservati, tra l'altro, è relativa alla specie *Euscorpius italicus*, una delle più diffuse e soprattutto quella che più di altre frequenta le abitazioni umane.

C'è poi il *Buthus occitanus*.

L'Occitania è una antica e vasta regione Europea corrispondente grossolanamente alla attuale Francia meridionale, dalle coste dell'Atlantico a quelle del Mediterraneo e dai Pirenei alle Alpi occidentali. Una piccola parte dell'Occitania varca i confini spagnoli, una poco più consistente quelli italiani. Dove oggi si parlano il francese, lo spagnolo, il provenzale, il catalano e l'italiano, anticamente si parlava l'occitano, che ancora oggi sopravvive qua e là come dialetto locale o seconda lingua non ufficiale. La parte italiana dell'Occitania ricade oggi nei confini amministrativi del Piemonte. Il *Buthus occitanus* è un grosso scorpione, il cui areale attuale comprende proprio la Francia meridionale e la Spagna, ma è presente anche in Portogallo, Africa settentrionale, Grecia, Cipro e Medio Oriente. Il *Buthus* è diverso dagli *Euscorpius*. Il colore di fondo è giallo (in Spagna è noto come *escorpiòn amarillo*), le dimensioni sono maggiori (raggiunge gli 80-90 mm, circa due volte un *Euscorpius*) e le chele sono piccole e sottili. Soprattutto, però, ciò che lo distingue è la pericolosità. Il veleno dei *Buthus* contiene neurotossine in grado di bloccare la trasmissione nervosa e quindi i movimenti, con effetti paralizzanti locali. La puntura provoca una macula eritematosa con ipertermia, che può interessare anche una zona molto vasta, fino a 30 cm dal punto di inoculo del veleno. Ai sintomi locali si accompagnano sintomi sistemici: stato di inquietudine, febbre, vertigini, nausea, vomito, diarrea. Fino ad arrivare a turbe della coscienza, neuriti e paresi più o meno estese. Nei casi più gravi insorgono shock anafilattico, convulsioni, insufficienza respiratoria e collasso cardiocircolatorio. Le varie checklist on line della fauna europea e di quella italiana e i testi sull'argomento non includono al momento il *Buthus occitanus* tra gli animali italiani ma, cartina geografica alla mano, non mi sentirei di escludere che in aree limitate e di confine della Liguria e del Piemonte la specie possa essere occasionalmente presente. Queste regioni infatti rappresentano corridoi faunistici importanti per molte specie europee a gravitazione occidentale, che dagli areali spagnoli e francesi si spingono in Italia o che al contrario da un areale prevalentemente italiano sconfinano in Francia. Nel caso si venga punti da uno scorpione nelle zone di confine con la Francia meridionale, senza aver potuto identificare l'animale, conviene forse fare attenzione a eventuali sintomi che vadano oltre la reazione locale, modesta e di breve durata. Gli animali si spostano, e nel farlo non leggono i cartelli di benvenuto o di alt alle frontiere, non hanno il GPS e non si riconoscono nei confini politici degli stati.

Le blatte

Pianeta in greco vuol dire «vagabondo, errante». È il nome che gli antichi Greci diedero ai corpi celesti che erravano nel cielo, per distinguerli delle stelle che erano invece fisse nella volta celeste. E *Periplaneta americana* è il nome che Linneo nel 1758 diede alla comune blatta americana, ritenendola una vagabonda di origine americana. Difficile dire qual è il luogo d'origine della blatta americana, ma a quanto sembra Linneo sbagliò, perché forse l'insetto è originario dell'Africa settentrionale. Come le mosche, i ratti, i topi, i pidocchi e altri affettuosi coinquilini dell'uomo, le blatte (o scarafaggi), o almeno le specie legate agli ambienti antropizzati, sono oggi ubiquitarie sul pianeta. Hanno seguito l'uomo nelle sue traversate dei mari e dei continenti, a bordo di derrate alimentari, indumenti, utensili; a dorso di mulo e persino sugli aeroplani. Tutto questo non per amicizia disinteressata ma perché sono nostri commensali: sfruttano cioè le risorse di cibo che sfruttiamo anche noi, e che abbiamo l'abitudine di conservare, spesso in grandi quantità. Un'occasione che gli scarafaggi non potevano lasciarsi sfuggire, e che in effetti hanno sfruttato al meglio. La blatta americana è diffusa nelle aree più calde e temperate della Terra, e nelle città delle regioni fredde frequenta comunque gli ambienti più caldi. Ama i magazzini, le stive delle navi, i seminterrati, le intercapedini dei muri dove passano le tubature dell'acqua, le cucine, i bagni, le serre, i luoghi dove si preparano e conservano gli alimenti. Si sposta lungo le reti fognarie, ed esce all'aperto soprattutto di notte. Al di fuori dei centri urbani vive nelle stalle, nel materiale accatastato,

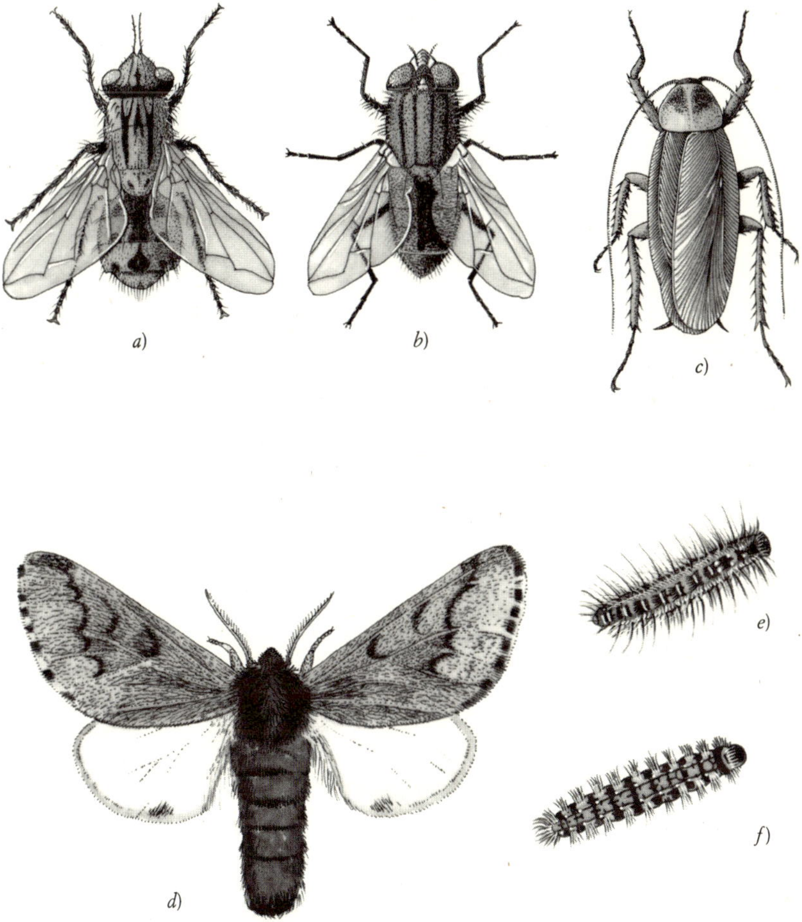

XIII. *a*) *Wohlfartia magnifica*; *b*) *Musca domestica* (ridisegnate da De Carneri, 2004); *c*) *Periplaneta americana*; *d*) *Thaumetopoea pityocampa*; *e*) bruco di *Thaumetopoea processionea*; *f*) bruco di *Thaumetopoea pityocampa*.

a) *b*) Ridisegnati da De Carneri, 2004.

nei giardini umidi e ombrosi. La blatta americana è una specie di grandi dimensioni (fino a oltre 50 mm di lunghezza), dal bel colore bruno-rossastro; le ali, robuste e brunite, sono sviluppate sia nei maschi che nelle femmine. La *Blattella germanica*, altra blatta cosmopolita, è invece più piccola, ha colore giallo ambrato e ali trasparenti; la *Blatta orientalis*, infine, è bruno scura o nerastra, e si distingue anche per la forma del corpo, largo e ovale, e per il fatto che le femmine sono attere.

Le blatte sono insetti a metamorfosi incompleta: non hanno uno stadio larvale, ma dall'uovo sgusciano giovani (neanidi) che poi mutano in ninfe, già piuttosto simili agli adulti, però prive di ali complete e sessualmente immature. Dal punto di vista sistematico appartengono all'ordine dei Blattoidei, affine ai Mantoidei, insetti meglio noti come mantidi religiose. Come le mantidi, le blatte producono delle ooteche in cui si sviluppano le uova, ma tra i due gruppi ci sono notevoli differenze: le ooteche delle mantidi sono strutture dalla consistenza spugnosa, di forma ovale, che è facilissimo trovare attaccate a muri, pali di legno, tronchi d'albero, perché le femmine, dopo averle prodotte, le abbandonano con il loro carico di uova; le ooteche delle blatte, al contrario, sono astucci coriacei che le femmine portano con sé fino alla schiusa delle uova. Proprio qui le blatte si distinguono dalla stragrande maggioranza degli altri insetti e invertebrati in genere. Alla nascita, infatti, le neanidi di alcune specie vengono protette, trasportate e accudite dalla madre, che in alcuni casi arriva a occuparsi anche delle ooteche di altre femmine. È un esempio di cure parentali, quell'insieme di comportamenti che il genitore ha nei confronti dei figli, almeno per un periodo dello sviluppo, volto alla loro protezione, nutrizione e apprendimento. Le cure parentali sono comuni, anzi obbligate, tra gli uccelli e i mammiferi, diventano meno frequenti in altre classi di vertebrati e rarissime tra gli invertebrati; sono presenti, per esempio, come abbiamo visto, anche negli scorpioni. In Italia vivono 40 specie di blatte, ma solo poche frequentano le abitazioni umane o comunque hanno a che fare con l'uomo. Tra queste, le tre blatte descritte nelle righe precedenti.

Al di là del ribrezzo o del vero e proprio terrore che suscitano tra le persone, le blatte rivestono un'importanza sanitaria non trascurabile. Sono vettori di batteri e in generale di microrganismi patogeni, che si sviluppano abbondantemente negli ambienti ricchi di sostanza organica, caldi e umidi, dove le blatte proliferano. Questi microrganismi infestano la superficie esterna del corpo delle blatte, e anche il loro apparato digerente. L'abitudine delle blatte di defecare e rigurgitare durante il pasto (come fanno anche le mosche), la facilità a spostarsi da un luogo all'altro, l'ubiquità, la vicinanza con l'uomo, la capacità di nutrirsi praticamente di qualsiasi cosa, fanno di questi insetti dei formidabili propagatori di malattie microbiche: soprattutto enterobatteri e salmonelle, ma anche protozoi ed elminti. Inoltre, sono una causa non trascurabile di allergie e malattie asmatiche, e causano danni irreparabili alle derrate alimentari in magazzini, mercati, ristoranti, industrie alimentari, bar, panifici e ovviamente abitazioni. Non è un caso che gli interventi di disinfestazione da scarafaggi siano ancora oggi tra i più richiesti in assoluto, e che siano di routine in tutti gli ambienti pubblici e in tutti i luoghi dove ci sia immagazzinamento o lavorazione dei cibi. Nonostante nelle abitazioni le blatte siano oggi molto meno diffuse di un tempo (ricordo le vecchie case di Paese della mia infanzia, dove era comune mettere i piedi dei letti dentro bacinelle piene d'acqua per evitare che di notte le blatte camminassero sulle persone dormienti), non sono affatto scomparse, e sono pronte a invadere cantine e cucine appena le condizioni lo permettono. Insetti opportunisti per eccellenza, le blatte ci accompagnano da sempre e sempre lo faranno; ci accomuna l'essere specie erranti, ubiquitarie, onnivore e opportuniste.

Le processionarie

Può sembrare strano, ma anche alcune specie di Lepidotteri, gli insetti meglio noti come farfalle e falene, possono risultare pericolose per l'uomo. Si parla però, sempre rimanendo nell'ambito della fauna italiana, di due specie sulle oltre 5000 presenti. Eviterei quindi di considerare questi insetti un pericolo, anche se curiosamente le farfalle e soprattutto le falene, pur nella loro totale impossibilità di nuocere, sono un oggetto comunissimo delle fobie di moltissimi umani. Ho conosciuto una persona che è arrivata a dormire in macchina perché, al suo rientro notturno in casa aveva trovato una *Catocala*, una *Apopestes* o peggio una gigantesca *Saturnia pyri*, insomma una qualche grossa falena, posata sulla porta, e questo aveva scatenato in lei reazioni talmente esagerate da impedirle di infilare la chiave nella serratura ed entrare. Casi non così eccezionali, da una parte misteriosi nella genesi, dal momento che come detto la quasi totalità dei Lepidotteri è assolutamente innocua (la totalità assoluta, se si considerano gli adulti alati), e quindi inspiegabili, dall'altra affascinanti ed esplicativi di come molte paure verso gli animali siano del tutto svincolate dalla realtà. Un conto è avere una paura esagerata per una vespa, un ragno o un serpente, un conto averne per animali inermi e inoltre morfologicamente diversissimi da qualunque altro effettivamente o potenzialmente pericoloso. Queste persone non temono delle farfalle il morso o la puntura (anche perché esse, poverine, sono prive tanto di mandibole taglienti quanto di pungiglioni), ma il volo veloce, il corpo peloso, le zampe. Qui però si entra nel campo della fobie. Torniamo invece nel dominio della zoologia. I Lepidotteri costituiscono un ordine di insetti che conta nel mondo qualcosa come 170 000 specie, alcune piccole come formiche, altre più grandi di molti tipi di uccelli o pipistrelli, alcune attere, altre dotate di ali enormi e meravigliosamente colorate. In realtà le loro ali sono trasparenti, ma ricoperte da milioni di scagliette sistemate come le tegole di un tetto, e che formano un disegno variopinto esattamente come le tessere di un mosaico; il nome dell'ordine viene proprio da un termine greco che vuol dire «ali a scaglie». A volte si parla di farfalle notturne e farfalle diurne, ma questo non è corretto. I Lepidotteri diurni sono le farfalle, mentre i notturni sono le falene. Le differenze non sono solo nelle abitudini, in quanto molte falene volano di giorno, ma in alcuni caratteri morfologici, il più evidente dei quali riguarda le antenne: nelle farfalle sono clavate, nelle falene invece hanno le strutture più varie, filiformi o pettinate o simili a penne di uccello, ma mai clavate. Proprio per i caratteri antennali i due gruppi vengono inseriti in sottordini differenti: i Ropaloceri (antenne a clava) e gli Eteroceri (antenne differenti).

Le specie di cui ci occupiamo qui appartengono al secondo gruppo. Delle oltre 4700 specie di falene presenti in Italia, due appartengono alla famiglia dei Taumetopeidi, che alcuni autori però includono nei Notodontidi come sottofamiglia a sé stante, quella dei Taumetopeini. Problemi di sistematica a parte, le falene in questione sono le ben note processionarie: la processionaria del pino (*Thaumetopoea pityocampa*) e quella della quercia (*T. processionea*). Il nome di queste falene deriva dalla curiosa abitudine dei bruchi di formare lunghe processioni quando, in primavera, scendono dalle piante nutrici. Ogni bruco rimane in contatto con quello che lo precede e il risultato è che si forma un lungo serpente entomologico che avanza sul terreno finché i bruchi non trovano un luogo adatto dove impuparsi. Gli adulti delle processionarie sono falene a volo notturno di medie dimensioni, dai colori smorti, mentre i bruchi, attivi sia di giorno sia di notte quando la temperatura lo consente, presentano colorazioni vivaci (aposematiche), e sono fortemente pelosi e tipicamente gregari. Costruiscono tra i rami grandi nidi comuni, biancastri, in cui si rifugiano e in cui mutano, e possono provocare seri danni agli alberi che infestano. I nidi sono facili da vedere per esempio sui pini, specialmente il pino nero, quando sono massicciamente infestati dalle processionarie. A risultare pericolosi per l'uomo non sono gli adulti, ma proprio i bruchi. Questi infatti portano ciuffi di peli particolarmente lunghi e fragili, che si staccano e si spezzano con estrema facilità. Questi peli rimangono anche attaccati all'esuvia (l'esoscheletro che viene abbandonato a ogni muta) all'interno dei nidi. I peli dei bruchi risultano fortemente urticanti per la pelle e le mucose, e contengono un veleno a base di istamina, serotonina ed enzimi. L'effetto è irritante, con manifestazioni cutanee, dolore, prurito, eritema e ipertermia. Molto peggio accade se i peli vengono inalati o ingeriti, o vengono a contatto con gli occhi. In questo caso la reazione è violenta, e comprende asma allergica, bronchite acuta, edema, oftalmie. Può accadere che il veleno arrivi allo stomaco, provocando in tal caso gastroenteriti. Soggetti ipersensibili possono andare incontro a reazioni allergiche violente e shock anafilattico. La maggior parte dei casi registrati riguarda comunque il contatto con la pelle, relativamente meno grave, ma se si toccano o si «aprono» i nidi contenenti le esuvie o se si calpestano inavvertitamente i bruchi sul terreno, i frammenti dei peli urticanti riempiono l'aria, vengono facilmente inalati o ingeriti ed entrano negli occhi. L'esposizione al veleno provoca sempre reazioni di una certa entità, specialmente se si ha a che fare con i bruchi della processionaria della quercia, e sono certamente superiori per gravità alla maggior parte delle punture di un imenottero, per esempio. In molti casi la reazione allergica cutanea è così forte che, terminati i sintomi, ne rimane il ricordo sotto forma di una cicatrice evidente e duratura. Le processionarie non sono le uniche specie, tra i Lepidotteri, ad avere bruchi urticanti. Nessun'altra specie, però, in Italia, provoca reazioni tanto forti e violente. In generale, va evitato assolutamente di manipolare bruchi pelosi, se non se ne conosce con certezza la specie, e certamente bisogna tenersi alla larga dalle processioni tipiche ed esclusive dei Taumetopeidi (anche se osservarle da vicino facendo attenzione a non calpestare i bruchi è cosa innocua e anche molto interessante). Come pure è assolutamente sconsigliato tentare di togliere i nidi dai rami degli alberi, se per esempio si ha in giardino un pino infestato. C'è chi è preposto e adeguatamente preparato a farlo con tuta di protezione, occhiali, mascherina e guanti. Per correttezza nei confronti delle falene incriminate, è necessario fare una importante precisazione. La specie più nota in Italia, e quella che più spesso viene a contatto con l'uomo, è la processionaria del pino. Il motivo è semplice: i pini, come il pino nero (*Pinus nigra*), il pino domestico (*P. pinea*), il pino d'Aleppo (*P. halepensis*) e il pino marittimo (*P. pinaster*), oltre a diverse specie esotiche, sono da secoli largamente impiegati nelle alberature dei viali cittadini, dei parchi e dei giardini, oltre che nei rimboschimenti, specialmente sull'Appennino. Si è quindi favorita la loro diffusione, anche e soprattutto in ambienti urbani o comunque frequentati dall'uomo. E le pinete montane sono meta di escursioni e pranzi al sacco (spesso vengono arredate con tavoli, panche e barbecue). La processionaria del pino ha seguito la diffusione della sua pianta nutrice, ed è penetrata capillarmente anche dove non c'era mai stata, o era limitata ai pochi individui di pino esistenti, per esempio in un bosco misto di conifere e latifoglie, dove tra l'altro doveva fare i conti con formidabili cacciatori di bruchi come il cuculo e l'upupa. Tutte le pinete costiere e grandissima parte di quelle dell'interno nelle regioni peninsulari sono artificiali. E ovviamente lo sono tutte le pinete cittadine, pubbliche e private. Questo spiega la diffusione della processionaria del pino e di conseguenza la sua pericolosità, che in questo modo da potenziale è diventata effettiva, perché le occasioni di incontro tra falena e uomo si sono moltiplicate a dismisura. Insomma, va fatta giustizia, perché la responsabilità degli incidenti da processionaria è in realtà quasi esclusivamente umana.

Gli Imenotteri

Quello degli Imenotteri è un vastissimo ordine di insetti, comprendente qualcosa come 120 000 specie conosciute, 7500 delle quali vivono in Italia. Il nome dell'ordine, che deriva dalla fusione di due parole greche e vuol dire «ali a membrana», descrive l'aspetto trasparente, delicato e membranoso delle ali di questi insetti. Il gruppo è suddiviso in due sottordini, quello dei Sinfiti e quello degli Apocriti. Al primo appartengono relativamente poche specie, per lo più fitofaghe sia da larve che da adulti (anche se non mancano specie carnivore), e si distinguono tra le altre cose per il fatto di non avere il cosiddetto «vitino da vespa», cioè il netto restringimento tra torace e addome che caratterizza invece la gran parte degli Imenotteri. I Sinfiti, pur avendo l'aspetto di vespe, a volte anche di notevoli dimensioni, come l'*Urocerus gigas*, uno dei più grandi Imenotteri europei, sono innocui e non pungono. Al secondo gruppo appartiene invece un gran numero di famiglie di morfologia, ecologia, dimensioni e aspetto tra i più svariati, e sono a loro volta divisi in due gruppi, i Terebranti e gli Aculeati. E qui ci avviciniamo, nel labirinto della sistematica, al tema che ci interessa. Manca però un'ultima distinzione morfologica, che ci permette di proseguire il discorso solamente sugli Aculeati. Gli Imenotteri possiedono tipicamente un ovopositore, un organo, cioè, che serve a inserire le uova nei tessuti delle piante o nel corpo di altri Artropodi, a seconda dei casi (moltissimi sono parassitoidi di insetti o ragni). Nei Sinfiti l'ovopositore ha un profilo a seghetto (da cui il nome inglese di *saw-flies*), e viene utilizzato per tagliare i tessuti delle piante e inserirvi le uova. Nei Terebranti invece l'ovopositore (o terebra), è lungo e sottile, e serve a raggiungere il corpo delle vittime, perforarlo e deporvi le uova. Negli Aculeati, infine, l'ovopositore ha perso la sua funzione originaria ed è diventato un organo di offesa e difesa: l'aculeo. Sono quindi gli Aculeati ad annoverare specie pericolose, non altri. L'aculeo è collegato a una ghiandola del veleno, e funziona esattamente come un ago ipodermico: penetra nei tessuti, riceve il veleno dalla ghiandola e lo inocula nella vittima. Ultima considerazione: dal momento che l'aculeo proviene dall'ovopositore, organo esclusivo delle femmine, negli Imenotteri a pungere sono solo le femmine, i maschi sono invece, senza eccezioni, innocui. Tanto per complicare ulteriormente le cose, nel corso dell'evoluzione, alcuni Aculeati hanno perso l'aculeo. Agli Aculeati appartengono gli Imenotteri più noti, e anche alcuni tra gli insetti più diffusi e conosciuti: le vespe, le formiche, le api e i bombi. Cominciamo dalle prime.

Le vespe

Con il nome di vespa si intendono comunemente numerose specie di Imenotteri del sottordine Vespoidei, appartenenti a varie famiglie. Per necessità e per opportunità, noi qui ci occuperemo fondamentalmente dei generi *Vespa*, *Vespula*, *Dolichovespula* e *Polistes*, tutti raggruppati nella famiglia Vespidi, rappresentata in Italia da oltre 20 specie. Al genere *Vespa* appartiene la specie più grande di tutte, la *Vespa crabro*, più nota come calabrone. È quasi universalmente ritenuto che il calabrone sia quella grande ape nera, pelosa e dalle ali violacee che è facilissimo veder volare sui fiori o intorno ai pali in legno. In realtà quell'insetto non è affatto una vespa, ma uno stretto parente di api e bombi: la xilocopa (*Xilocopa violacea*), della quale ci occuperemo nel capitolo sulle api. Il vero calabrone invece è specie assai diversa. Si distingue immediatamente dalle altre vespe per le dimensioni molto maggiori e per il colore, non giallo chiaro e brillante a bande nere ma ruggine, con torace e primi segmenti dell'addome scuri, fronte e ultimi segmenti addominali più chiari, senza disegni neri contrastati. In volo, comunque, predomina la sensazione visiva di un grande insetto ros-

TAVOLA XIV

XIV. *a) Bombus terrestris*; *b) Xylocopa violacea*; *c) Apis mellifera* fuco; *d) Apis mellifera* regina; *e) Apis mellifera* operaia.

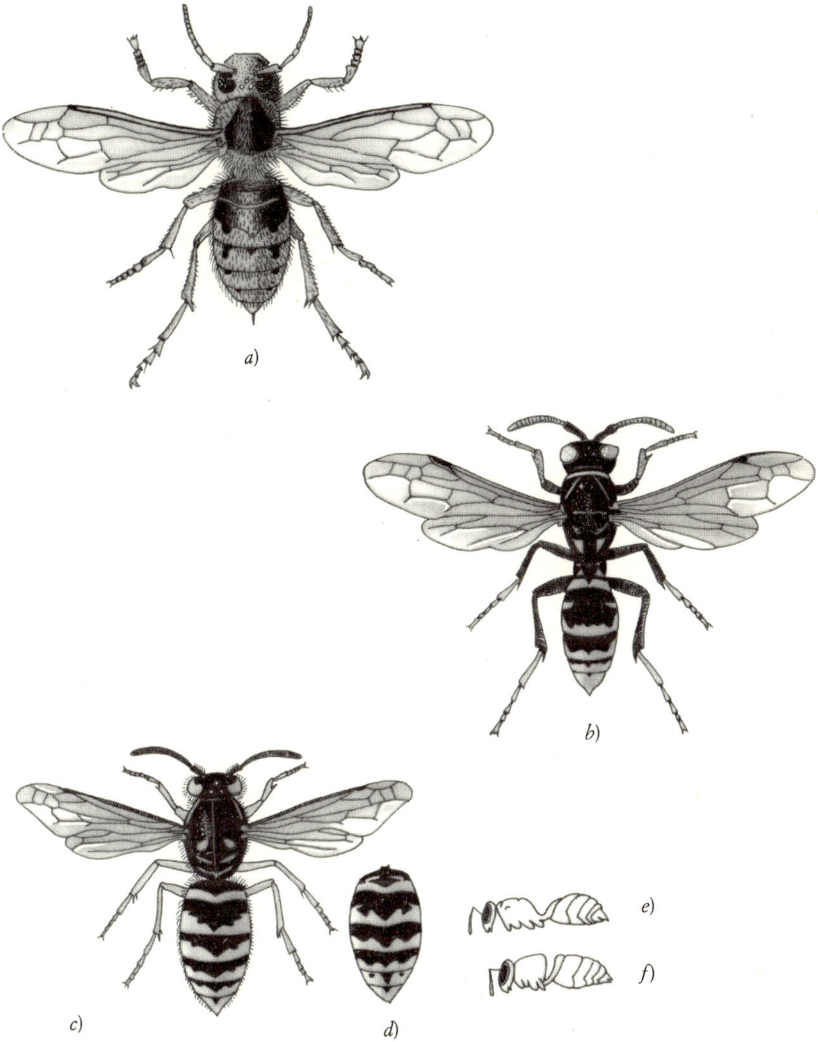

XV. *a*) *Vespa crabro*; *b*) *Polistes gallicus*; *c*) *Vespula vulgaris*; *d*) addome di *Vespula germanica*; *e*) profilo di *Polistes*; *f*) profilo di *Vespula*.

sastro, non giallo e nero. In ogni caso, le altre vespe non superano in lunghezza la metà di una grossa femmina di calabrone. Sociale, come molte vespe, e predatore di altri insetti, tra cui le api (leggendarie le sue incursioni negli alveari, le battaglie all'ultimo aculeo, le stragi di api che nulla possono contro le mandibole dei nemici), il calabrone costruisce grossi nidi sferici fatti di un materiale di aspetto simile al cartone e realizzato impastando il legno con la saliva. I calabroni ampliano il nido in continuazione e, a seconda del tipo di legno usato, producono strati di «cartone» dai colori diversi, con tonalità che vanno dal giallo al bruno al rossastro. Il risultato è un'opera bellissima, simile a un caleidoscopio o a un raffinatissimo intarsio. I nidi sono nascosti nelle cavità degli alberi, nei comignoli, nelle soffitte, in generale in luoghi chiusi, e sono esternamente emisferici, aperti solo nella parte inferiore e ancorati al sostegno con un robusto peduncolo nella parte superiore; se tagliati verticalmente, mostrano all'interno una fantastica struttura a piani orizzontali sovrapposti, ognuno dei quali è costituito da numerose cellette aperte verso il basso in cui la regina depone le uova e le operaie nutrono e proteggono le larve. Alla metamorfosi, queste ultime fuoriescono dalle cellette e vanno ad aumentare la colonia, che comunque ha durata stagionale. Ma andiamo con ordine. In primavera una giovane regina inizia a costruire un nido, all'inizio piccolo e costituito da poche cellette nelle quali depone le prime uova, che erano state fecondate alla fine dell'estate precedente. Dapprima è la regina, da sola, a svolgere tutte le funzioni di costruzione del nido e nutrizione e difesa delle larve e delle pupe. Quando però dalle cellette escono le prime operaie, la regina inizia a occuparsi solo della deposizione delle uova, mentre le figlie, tutte femmine sterili, fanno il resto: procacciano il cibo, difendono e ampliano il nido, nutrono e accudiscono le sorelle larve. Nel corso della stagione estiva la colonia aumenta progressivamente, perché la regina depone continuamente uova e il nido si amplia di conseguenza. Finché alla fine dell'estate la deposizione cessa, o meglio, cambia. Le ultime uova deposte, infatti, sono diverse dalle altre: non sono fecondate e sono quindi aploidi (contengono cioè una sola copia di geni, non due, come nei normali individui diploidi) e danno origine non a femmine sterili ma a maschi in grado di riprodursi. Nello stesso momento la regina smette di secernere l'ormone che ha reso per mesi sterili tutte le operaie, e di conseguenza le ultime nate sono feconde, e saranno destinate a diventare le regine delle colonie della stagione successiva. Le future regine si allontaneranno dalla colonia e potranno accoppiarsi con i maschi; una volta fecondate troveranno un luogo riparato dove svernare e attendere la primavera, quando fonderanno ognuna una propria colonia, ricominciando il ciclo. Le operaie sterili, invece, insieme alla madre regina e ai maschi, muoiono tutte ai primi freddi. Il nido abbandonato, a volte di dimensioni enormi, viene spesso utilizzato come ricovero invernale da altri insetti, soprattutto coleotteri ed eterotteri.

La pericolosità del calabrone è innegabile, perché questa vespa è diffusa e numerosa, in determinate condizioni diventa aggressiva (l'attacco scatta soprattutto quando ci si avvicina troppo al nido, che peraltro, essendo nascosto, risulta difficilmente individuabile) ed è di grandi dimensioni, quindi capace di iniettare una dose notevole di veleno, dose che aumenta quando l'attacco arriva da più individui contemporaneamente, cosa comunissima, dal momento che il calabrone è un insetto sociale e sviluppa il potenziale offensivo proprio nei pressi del nido. Inoltre, il calabrone punge spesso alla testa e al collo, e questo aumenta l'efficacia del veleno. Il veleno del calabrone contiene tra le altre sostanze una componente acida, vari enzimi, epinefrina, serotonina, istamina e dopamina, e può provocare reazioni di due tipi: tossica e anafilattica. La prima dipende dalla quantità di veleno inoculato, quindi dal numero di punture subite. In caso di una o poche punture la reazione tossica normalmente è limitata all'area colpita, ma con cinquanta o più punture possono esserci danni seri alla cute, ai muscoli, alle cellule del sangue, al fegato, al sistema nervoso. In alcuni casi la reazione tossica è generalizzata e arriva a provocare la morte, che può sopraggiungere anche diversi giorni dopo l'attacco. Nel caso di reazione anafilattica, invece, l'entità della reazione stessa è indipendente dalla quantità di veleno inoculato, perché un soggetto allergico reagisce allo stesso modo a dosi minime o ingenti. Di norma la reazione è rapida e può essere locale o sistemica. Nel primo caso si ha edema, irritazione cutanea e prurito su un'area di diversi cm dal punto dell'inoculo e per una durata di 24-48 ore. Nel caso di una reazione sistemica, invece, si possono avere diversi sintomi: orticaria generalizzata, senso di oppressione al petto, ansia, dolori addominali, stato confusionale, astenia. Fino ad arrivare, nei casi più gravi, al collasso, alla cianosi, all'ipotensione grave, all'incoscienza fino allo shock anafilattico e alla morte. Le reazioni sistemiche sono comunque rare (0,15-3,3% dei casi), ma aumentano sensibilmente in alcune categorie a rischio (agricoltori, apicoltori, vigili del fuoco), che sono più esposte alle punture e che quindi possono sviluppare sensibilizzazione al veleno. C'è da dire che nonostante l'elevata potenziale pericolosità, il calabrone, chiamato in molte regioni italiane con poco rassicuranti nomignoli quali ammazzacavalli o ammazzasomari, è piuttosto indifferente alla presenza umana, e diventa aggressivo solo, come già detto, nelle vicinanze del nido. Da questo punto di vista, specie più piccole e meno temute sono più pericolose perché più aggressive. Il problema è che spesso i calabroni costruiscono il nido nei pressi o direttamente all'interno delle abitazioni (sottotetti, canne fumarie, intercapedini, cassoni per gli avvolgibili), oppure nei tronchi vuoti degli ulivi o dei vecchi alberi da frutto, nelle rimesse degli attrezzi agricoli, nei bottini degli acquedotti, nelle cassette dei contatori. E allora i contatti uomo-calabrone aumentano, e con essi i problemi.

Per quanto riguarda le altre vespe, le *Vespula*, *Dolichovespula* e *Polistes*, il discorso sugli effetti del veleno è identico, perché è molto simile la natura del veleno stesso. La gravità degli effetti dipende anche qui da una eventuale sensibilizzazione precedente, dal numero delle punture, dalla sensibilità individuale. Simile è anche il ciclo vitale di tipo matriarcale stagionale a controllo ormonale da parte della regina. Diversi sono invece l'aspetto degli insetti e la tipologia del nido. Tanto le *Vespula*, tra cui sono comunissime la *V. germanica* e la *V. vulgaris*, quanto le *Polistes* come la onnipresente *P. gallicus*, sono più esili, soprattutto le seconde, e la colorazione generale è giallo brillante, nettamente contrastata di nero, e il vitino di vespa sottilissimo ed evidente. Caratteri diagnostici per la distinzione delle diverse specie sono il disegno nero sul giallo della fronte (clipeo), il pattern sull'addome e il colore delle antenne. Le *Polistes*, note anche con il nome di vespe cartonaie, costruiscono piccoli nidi piatti, aperti e attaccati al substrato attraverso un sottile peduncolo. Il nido è all'aperto, su un muro, sotto una sporgenza o sul ramo di un albero, o anche tra l'erba, spessissimo nei pressi delle abitazioni umane (tetti, davanzali, nicchie, vani delle finestre, lampioni). Le *Vespula* e le *Dolichovespula* invece costruiscono i loro nidi in cavità, anche nel terreno. Queste vespe sono molto più interessate alle attività umane di quanto non lo sia il calabrone, per cui la possibilità di essere punti è più alta. Vengono infatti sulle tavole all'aperto a mangiare la frutta o la carne, adorano i pergolati grondanti di grappoli di uva matura, si infilano a decine nei cesti della spazzatura, vanno a bere l'acqua dai bicchieri o presso le fontane e sono irresistibilmente attratte dalla birra e dalle bevande zuccherine. Insomma, da maggio a settembre, in presenza delle *Vespula* e delle *Polistes*, cioè in Italia praticamente ovunque, mangiare all'aperto o prendere un gelato o una bibita può diventare un problema. Ma dobbiamo rassegnarci, perché le vespe, come anche in misura minore i calabroni, si concentrano nei luoghi dove è alta la concentrazione di esseri umani, proprio perché noi offriamo inconsapevolmente loro cibo, acqua, zuccheri, luoghi adatti alla costruzione dei nidi. Questi animali, armati come sono di micidiali aculei velenosi, hanno pochissimi nemici naturali; inoltre hanno cicli biologici che consentono loro un aumento della popolazione rapidissimo (anche se poi ogni anno si azzera e deve cominciare daccapo) e sono veloci volatori, opportunisti e aggressivi, come devono essere i predatori. Questo spiega la loro diffusione, la loro abbondanza, soprattutto in certe condizioni, e la loro assidua frequentazione della specie umana; ed è per questo che ci si deve rassegnare a conviverci, adottando certamente tutte le precauzioni per limitarne le punture, che come abbiamo visto possono essere anche molto pericolose o addirittura letali. Bisognerebbe anche limitare la nostra capillare diffusione nell'ambiente, diminuendo così le occasioni di contatto. Ma direi che ormai è piuttosto tardi.

Tra gli altri Vespoidei, che comprendono come già detto un numero impressionante di specie, molte delle quali potenzialmente pericolose, voglio solo citare alcuni gruppi, tra quelli più facilmente identificabili in natura (delle formiche si parlerà brevemente nel paragrafo successivo). Gli Scoliidi, per esempio, sono grandi Imenotteri pelosi, neri ma con l'addome e il capo variamente macchiati di giallo, parassiti degli scarabei o di altri coleotteri simili. La specie più grande di tutte è la *Megascolia flavifrons*, che raggiunge i 50 mm di lunghezza, più di un grosso calabrone. Tra giugno e agosto le femmine volano alla ricerca delle loro vittime, le larve dello scarabeo rinoceronte (*Oryctes nasicornis*), che scovano e raggiungono nel legno marcescente, e nel corpo delle quali inseriscono le uova; le larve si nutriranno dei tessuti della vittima, fino a metamorfosare e volare via nella primavera successiva, lasciando dell'ospite solo un involucro vuoto. Queste grosse vespe, pur dotate di aculeo, non hanno mai comportamenti aggressivi e non costituiscono alcuna minaccia, nonostante l'aspetto. Possiedono però un'arma, e se proprio si vuole essere punti, basta catturarli e prenderli in mano. Non si può dire però, poi, che la colpa sia la loro.

Piccoli, bellissimi e aggraziati sono invece i Mutillidi, le cui femmine attere ricordano grandi formiche colorate di rosso, nero, bianco e giallo in varie combinazioni; anch'essi sono parassiti, ma di bombi, e la loro puntura è dolorosa, anche se occasionale e molto raramente dalle conseguenze serie. Ancora, i Crisididi, dagli incredibili colori metallici, verdi, blu o rossi. Parassiti di altri Imenotteri, nei nidi dei quali penetrano e depongono le uova, si difendono dalle punture delle proprie vittime grazie al tegumento estremamente robusto. La maggior parte dei Crisididi è comunque innocua per l'uomo. Altra bellissima specie è la *Delta unguiculatum*, che ricorda nei colori e nelle dimensioni il calabrone, ma con il primo dei segmenti addominali ristretto, a forma di campana, nettamente diviso dal resto. Infine, qualche riga meritano le *Scleroderma* (famiglia Betilidi), minuscole vespe simili nell'aspetto a formiche e parassitoidi dei tarli del legno (coleotteri Anobidi), che in certe condizioni infestano le abitazioni umane. Grazie alle piccole dimensioni e al corpo allungato e flessibile, le femmine penetrano nei fori scavati nel legno dai tarli e raggiungono le larve, nelle quali inseriscono le uova. Dagli stessi fori fuoriescono in aprile gli adulti, e qui sorgono i problemi per l'uomo. Chi ha l'abitazione infestata dai tarli, spesso viene punto, sia durante la notte che durante il giorno, e tende ad attribuire i pomfi, fastidiosi e dolorosi, ai tarli stessi, oppure a una qualche forma di allergia per la rosura del legno provocata dai tarli. La ragione invece è un'altra: le *Scleroderma*, appunto, e i loro aculei. In rari casi, anche queste microscopiche vespe (4-5 mm di lunghezza in totale) possono provocare reazioni anafilattiche e rendere necessarie terapie o ricoveri in ospedale, anche perché un singolo individuo può pungere ripetutamente, aumentando quindi la dose di veleno e l'entità della reazione. Normalmente, però, la puntura, pur dolorosa, ha effetti locali che svaniscono in poche ore, anche se arrossamento e gonfiore, non più associati al dolore, possono durare anche per alcune settimane. In caso di infestazione da *Scleroderma*, il rimedio più efficace è quello di trattare il legno con prodotti antitarlo. Una volta eliminate le vittime, i loro aguzzini scompariranno rapidamente e spontaneamente.

Le formiche

Un breve capitolo lo meritano anche le formiche, pur se la limitazione alla fauna italiana elimina automaticamente un gran numero di specie veramente terrificanti, che altrove nel mondo costituiscono un serio problema per l'uomo. Non in Italia, dove comunque sono diffuse oltre 200 specie diverse di formiche, che vivono praticamente ovunque, spessissimo all'interno o nei pressi delle abitazioni umane. Tutte sono raggruppate in un'unica famiglia, quella dei Formicidi. La pericolosità delle specie italiane non è certamente elevata, ma è comunque interessante descrivere la doppia azione, meccanica e chimica, di un attacco da parte delle formiche. Come le vespe e le api, le formiche sono dotate di aculeo, o almeno lo erano originariamente. Molte specie infatti hanno perso l'aculeo, ma non la loro capacità offensiva. È il caso per esempio delle formiche del genere *Formica*, che spruzzano acido formico dall'addome. Può capitare che l'acido finisca negli occhi, e in tal caso può provocare oftalmie anche di una certa gravità, bruciori, arrossamento e in alcuni casi cecità temporanea. Come accade per i calabroni, la reazione di difesa delle formiche si scatena soprattutto quando il nido viene minacciato. I formicai possono contenere migliaia o milioni di individui, e in caso di minaccia un numero impressionante di formiche può attaccare simultaneamente il nemico, compensando con il numero le dimensioni minuscole. L'attacco non prevede solo le poco piacevoli docce a base di acido formico, ma anche i morsi dolorosi provocati delle acuminate e robuste mandibole di cui soldati e operaie sono dotati. La formica argentina *Iridomyrmex humilis* (o *Linephitema humile*) non produce invece acido formico, ma una sostanza nota come iridomirmecina. Di origine sudamericana e ormai diffusa e comunemente presente nelle abitazioni di tutto il mondo, la formica argentina intacca gli alimenti e può arrivare a mordere l'uomo durante il sonno. Inoltre, è un potenziale vettore di malattie, trasmissibili attraverso il morso. Altra specie a volte problematica è la *Monomorium pharaonis*, che pare attratta da ambienti particolari quali gli ospedali, dove in alcuni casi sono stati segnalati attacchi ai malati o ai neonati che vengono morsi sulle palpebre, sui lobi delle orecchie e su altre parti molli. Non mancano formiche che invece si ricordano ancora di essere degli Aculeati, e pungono esattamente come fa una vespa: tra queste le *Myrmica* e la *Manica rubida*. O la esotica e rara *Hypoponera punctatissima*. Queste punture non comportano in genere che danni dermatologici lievi, non paragonabili a quelli almeno potenziali delle cugine vespe. Inoltre, non è secondario ricordare che queste specie non vivono a stretto contatto con l'uomo, per cui la possibilità di essere punti è quasi nulla, e in ogni caso vale quanto detto per la *Megascolia*: bisogna proprio andarsela a cercare. Per quanto riguarda l'organizzazione sociale delle formiche, che ha aspetti interessantissimi e a volte inquietanti, tanto da ricordare le società umane, si rimanda a testi (e autori) molto più autorevoli.

Le api

Agli Aculeati appartengono, oltre alle formiche, alle vespe e ai calabroni, anche api e simili, che i sistematici includono nel sottordine degli Apoidei. In Italia ne sono presenti oltre 500 specie, circa 50 delle quali appartengono alla famiglia degli Apidi, e sono note per lo più con i nomi di api, bombi, xilocope. Per quanto riguarda l'ape (*Apis mellifera*) tralasceremo per necessità gli interessantissimi aspetti comportamentali e sociali, il complesso linguaggio sviluppato da questi insetti, la storia della domesticazione da parte dell'uomo, le modalità di produzione del miele e degli altri prodotti (cera, propoli, pappa reale), la fondamentale importanza della specie come impollinatore. Dal punto di vista morfologico, gli Apidi sono per lo più insetti di medie o piccole dimensioni; pochi, come la xilocopa, sono relativamente grandi. Contrariamente alle vespe, gli Apidi sono pelosi, e il «vitino da vespa» è in genere assai meno o affatto evidente. Altra differenza importantissima risiede nella forma dell'apparato boccale: nelle vespe è di tipo masticatore, nelle api lambente-succhiatore, cioè trasformato in una sorta di lingua flessibile, in grado di suggere nettare dai fiori o altre sostanze liquide zuccherine. Al contrario delle vespe, le api sviluppano colonie pluriennali e divise in caste (regina, fuchi, operaie). Le regine vivono diversi anni, le operaie alcune settimane (quelle nate in autunno svernano fino alla primavera successiva), i fuchi (maschi) il tempo necessario ad accoppiarsi, in genere poche ore. Le uova fecondate danno origine a femmine, quelle non fecondate a maschi. Da alcune uova fecondate nascono operaie sterili, da altre regine in grado di riprodursi, e il controllo in questo caso non è ormonale, come nelle vespe, ma dipende dall'alimentazione; tutte le larve vengono infatti inizialmente nutrite con pappa reale, ma in seguito il regime alimentare cambia a seconda del destino delle larve: le future regine continueranno a essere nutrite con pappa reale, le altre solo con miele e polline. La metamorfosi, di conseguenza, avviene in tempi diversi: lo sfarfallamento avviene dopo 15-16 giorni per le regine, che hanno una dieta più ricca, dopo 21 per le operaie e dopo 24 per i fuchi. Le api non sono, in generale, insetti aggressivi, specialmente per quanto riguarda le popolazioni domestiche, allevate per la produzione di miele, cera e propoli. In estate milioni di api bottinatrici volano sui prati a breve distanza dalle persone, e le arnie vengono comunemente tenute a pochi metri dalle abitazioni, e quasi mai questo costituisce un problema. Sono però insetti sociali, pronti a sacrificarsi per il bene della comunità, e comportamenti sbagliati possono comunque scatenare le loro reazioni di offesa-difesa. In particolare per le api, come vedremo, il sacrificio è reale. Come le vespe, infatti, le api possiedono un aculeo collegato a ghiandole velenifere, ma anche all'apparato digerente. Conseguenza di ciò è che spesso dopo la puntura l'aculeo dell'ape rimane conficcato nella pelle insieme a parte degli organi interni dell'addome. Questo provoca da una parte la morte dell'insetto, dall'altro complica i problemi relativi alla puntura, perché l'aculeo va eliminato, e la cosa a volte non è affatto semplice, specie se frammenti dell'aculeo rimangono nella pelle, potendo provocare infezioni che vanno a sommarsi alle reazioni dovute al veleno. Il veleno delle api ha una forte componente acida (acido citrico) e contiene inoltre altre sostanze, enzimi e neurotrasmettitori. Nella quasi totalità dei casi, il pungiglione rimane conficcato nella pelle insieme al serbatoio del veleno e alla parte terminale dell'intestino. Il veleno ha effetti che vanno dal dolore locale, accompagnato da edema ed eritema, a reazioni di tipo anafilattico immunomediate, cioè mediate da immunoglobuline E (Ig-E). Le reazioni anafilattiche variano da reazioni locali estese a reazioni invece di tipo sistemico e che nei casi più gravi portano a shock anafilattici e alla morte. Queste reazioni si manifestano con orticaria, prurito diffuso, pallore, edema glottido-laringeo (la gola si «stringe» rendendo difficile la respirazione), cianosi, collasso. In caso di cinquanta o più punture contemporanee, la quantità del veleno inoculato può comportare necrosi dei muscoli, lisi cellulare e insufficienza renale. Tra la reazione locale lieve e quella sistemica grave ci sono, come è ovvio, una serie di reazioni intermedie. È chiaro che la sensibilità al veleno è individuale e dipende dalla dose, e che la sensibilizzazione può aggravare la situazione. Del resto, per molti apicoltori, le punture delle api sono una faccenda quotidiana, anche se alcuni possono soffrire di reazioni allergiche respiratorie da esposizione a polveri presenti negli alveari, derivanti da proteine dell'ape. Non entrando nel merito dell'efficacia delle terapie, va anche detto che il veleno delle api sembra avere addirittura importanti virtù terapeutiche, essendo utilizzato in medicina nella lotta all'epilessia, alle artriti, ai reumatismi e ad altre patologie. È impiegato anche in parallelo all'agopuntura (è la cosiddetta apipuntura) e nell'omeopatia, dove entra con il nome di *apis mellifica*.

I bombi e le xilocope

I bombi (genere *Bombus*) e le xilocope (*Xilocopa*) sono stretti parenti delle api. Dei primi esistono in Italia una trentina di specie e un gran numero di sottospecie, delle seconde invece solo tre, tra cui la comunissima *Xilocopa violacea*, dalle belle ali viola. I bombi costruiscono i loro alveari nascosti nel terreno, spesso nelle tane di roditori o di altri piccoli mammiferi, oppure tra l'erba alta. Le colonie sono annuali, e solo la regina sopravvive all'inverno, per andare a rifondare la comunità l'anno successivo. Come le api, i bombi sono formidabili impollinatori, tanto è vero che sono oggi impiegati in agricoltura, e come loro possiedono appositi cestelli sulle zampe posteriori dove raccolgono il polline da portare al nido. I maschi si riconoscono per le antenne più lunghe, e le regine per le dimensioni maggiori rispetto alle operaie bottinatrici. Accade spesso che le prime operaie nate in primavera, e allevate con poco polline e nettare, siano di dimensioni molto più piccole di quelle che si osservano in piena estate, tanto che si fatica a credere che appartengano alla stessa specie. Il corpo dei bombi è più tozzo e peloso rispetto a quello delle api e più variamente colorato, come già detto in precedenza. Le punture da bombo sono rare e occasionali, ancor più rare sono le punture multiple. Per quanto riguarda gli effetti della puntura, non sono dissimili da quelli descritti per l'ape. Una differenza riguarda invece il pungiglione, che raramente rimane conficcato nella pelle.

Le xilocope, infine, simili a grossi bombi neri, sono api solitarie: non formano, cioè, colonie. Depongono le uova all'interno dei fori nel legno, o nelle cavità delle grosse piante erbacee come le canne. Le femmine penetrano nei fori, depongono un uovo e lo chiudono con un setto di legno masticato. Poi depongono un secondo uovo e così via. Il nome xilocopa viene dal greco, e vuol dire letteralmente «bucalegno». È di legno infatti che si nutrono le larve, che poi si impupano protette all'interno delle cavità che loro stesse hanno scavato mangiando, e fuoriescono come adulti. Come per i bombi, le punture da parte delle xilocope sono rare e accidentali, anche per la loro non socialità. La puntura provoca comunque un forte dolore locale, edema ed eritema. Potenzialmente, come accade per qualsiasi sostanza inoculata all'interno dell'organismo, può scatenare reazioni anafilattiche anche mortali. Questi animali, solo potenzialmente pericolosi, non vanno temuti (e allo stesso tempo bisogna evitare di infastidirli o tentare di catturarli), anche se si comprende che il loro aspetto minaccioso, le grandi dimensioni e il volo rumoroso li rendano oggetto ideale delle generiche paure per gli insetti. Dalle quali però dovremmo tentare razionalmente di liberarci.

Per quanto riguarda la pericolosità effettiva degli Imenotteri oggi in Italia, quante siano cioè le persone che effettivamente rimangono vittime delle loro punture, esistono informazioni parziali. Ai soliti e strutturali problemi di collegamento tra i vari enti preposti a produrre e pubblicare statistiche (ospedali, ASL, veterinari,

ISTAT, ISS ecc.), esiste anche un problema di corretta diagnosi post mortem. Molti casi di morte rimangono infatti senza causa accertata, e alcuni studi effettuati in Europa e negli Stati Uniti hanno dimostrato che il 20% dei soggetti morti improvvisamente e senza causa apparente tra maggio e novembre aveva in circolo anticorpi specifici per veleni di imenottero; in altre parole, erano andati incontro a reazioni di tipo allergico nei confronti del veleno di un qualche imenottero, ovvero, erano stati punti. Sembra un'enormità, ma c'è da dire che solo il 3-5% di chi è punto sviluppa reazioni allergiche sistemiche (lo 0,4-0,8% nei bambini, fino al 35% negli apicoltori). Nel nostro Paese, i dati epidemiologici disponibili sono quelli ISTAT, che segnalano 13 decessi per anafilassi da Imenotteri nel decennio 1980-1990: una media di 1,3 vittime all'anno. Nell'estate del 2008 però i morti accertati sono stati 4, così come quelli nell'anno successivo per il solo Veneto; è quindi assai probabile che i numeri siano frutto di stime per difetto, anche se è difficile quantificare le cifre reali. Stime dell'ARPA del Veneto parlano per esempio di 10 vittime ogni anno. Il problema comunque è assai serio, e oggi sono centinaia le persone che si rivolgono a centri specializzati per essere sottoposti a test diagnostici dopo aver subito reazioni allergiche gravi da puntura di imenottero. Dal 2008 esiste anche una associazione, Il Pungiglione, con sede a Verona, che ha lo scopo di promuovere tutte le iniziative a favore dei pazienti allergici sotto il profilo della prevenzione, della diagnosi precoce e del trattamento. Il rapporto esposizione-rischio di malattia non è costante: gli apicoltori professionisti, per esempio, punti almeno cinquanta volte per stagione, raramente hanno reazioni importanti poiché la quantità complessiva di veleno ricevuta li sottopone a una sorta di «desensibilizzazione» naturale; reazioni gravi si verificano invece prevalentemente negli anziani, poiché le condizioni cliniche di questi soggetti, in particolare dell'apparato cardiocircolatorio, aumentano il rischio. In Italia sembrerebbe che oggi i principali responsabili di reazioni allergiche siano le *Vespula*, sia per la loro maggiore aggressività sia per la progressiva diminuzione delle api, falcidiate negli ultimi anni da epidemie causate da un acaro parassita, la *Varroa destructor*. L'aumento costante della diffusione della *Vespa crabro* fa comunque registrare un incremento di reazioni anche alla puntura di questo imenottero.

Concludo il capitolo con un accenno alle colorazioni di questi insetti. Le vespe, come anche api, bombi e gran parte degli Imenotteri aculeati, hanno pattern vistosi, in genere gialli e neri, ma anche bianchi o neri a bande, o rossi, o con varie combinazioni di questi colori. Basta guardare una tavola che illustra le specie italiane di bombi per avere un'idea. Tali colorazioni non sono esclusive degli Imenotteri. Identiche si ritrovano in molti Lepidotteri, come le comuni zigene (*Zygaena*) e le *Amata phegea*, per esempio, per parlare solo della fauna italiana, in moltissimi coleotteri, eterotteri, ditteri, ma anche negli anfibi, come le salamandre (mi limito, come sempre, alle specie italiane). Cosa hanno in comune animali così diversi? A cosa servono queste colorazioni? Non dovrebbe un animale nascondersi agli occhi dei potenziali predatori (o delle prede), piuttosto che farsi notare? La risposta è in parte nella biologia di queste specie, in parte negli occhi e nel cervello di altre, comprese la nostra. Se io vi chiedo che colori hanno una coccinella, una vespa o un'ape, credo che nessuno abbia difficoltà a ricordarlo. E non solo perché sono animali comuni, a noi noti e popolari (vi chiedo per esempio: di che colore è una mosca domestica? Nera? Sbagliato: ha occhi rossi, torace a righe nere e grigie, addome con due ampie aree rossastre, base delle ali bruna), ma anche perché quei colori si fissano con estrema facilità nella nostra memoria, sono facili da ricordare, netti, contrastati, sono quasi dei marchi commerciali, dei loghi, riconoscibili e riproducibili all'infinito. Se a questa immediatezza si somma la memoria dell'esperienza di una puntura, in genere molto dolorosa e traumatica, associata spesso a un senso di paura o di angoscia, ecco che la somma dei due fattori rende indelebile il ricordo: la vespa è gialla a strisce nere, la vespa punge. E diventa un sillogismo: la vespa è gialla e nera, la vespa punge, gli animali gialli e neri pungono. Si obbietterà: e la coccinella? Non punge, né si teme: anzi, è considerata addirittura un portafortuna; tutto vero, ma bisogna sapere che la coccinella in realtà contiene sostanze tossiche (quel liquido scuro che vi lascia sulle dita se la prendete in mano ha un odore sgradevole, e provate ad assaggiarla: è estremamente amara). La coccinella, come anche qualsiasi insetto dotato di pungiglione, non ha alcun interesse a essere masticata da un predatore, anche se poi questo se ne pentirà – è proprio il caso di dirlo – amaramente. Le sue armi di difesa danneggeranno forse l'incauto predatore, ma sarà stato inutile, se non serviranno a salvargli la vita. C'è bisogno quindi di un meccanismo diverso, che prevenga il tentativo di predazione. Anche perché per gli animali non umani la trasmissione culturale non conta. Se un rospo è punto da una vespa che voleva mangiare, non andrà a dirlo agli altri: ogni rospo deve imparare da sé. Ed è qui che entrano in gioco la vista e la memoria: immaginate di essere una rana, un usignolo oppure una lucertola, tutti predatori di insetti. Vi imbattete in un bellissimo insetto vivacemente colorato, delle dimensioni giuste e a portata di bocca. Non lo avete mai visto prima, magari perché siete giovani e avete poca esperienza del mondo. Cosa farete è ovvio: lo mangerete. Un frullo d'ala, uno scatto in avanti o una frustata di lingua appiccicosa e il gioco è fatto, l'insetto è nelle vostre fauci. Ma arriva una sorpresa sgradita: il sapore è disgustoso, o peggio, una dolorosissima puntura vi trafigge. La prima reazione è ovviamente l'espulsione della preda, che normalmente non è stata ancora inghiottita. Questa può morire oppure uscire illesa dall'avventura, e lo stesso può capitare a voi: il veleno della vespa infatti può uccidervi, oppure solo avvelenarvi reversibilmente. Se sopravvivrete il vostro cervello avrà associato l'esperienza negativa alla colorazione, fissando e legando per sempre nella memoria le due sensazioni. Il risultato sarà che non avrete più la tentazione di cibarvi di un insetto con quei colori, perché l'esperienza vi dirà di evitarlo. Il meccanismo funziona perfettamente, anche al costo del sacrificio di alcune prede e di alcuni predatori, e si basa proprio sulla intensità degli stimoli, quindi sul dolore e sulla colorazione. Più questa è memorizzabile più è efficace, più il segnale è costante e ripetuto più sarà facile memorizzarlo. E quindi è selezionato positivamente. Un semaforo rosso ha lo stesso significato ovunque, e proprio come un insetto giallo a bande nere o rosso a punti neri è di sicuro facile da ricordare. Queste colorazioni sono dette aposematiche, cioè evidenti, e costituiscono un linguaggio universale. Moltissimi gruppi animali le adottano, e sempre hanno lo stesso significato: «sono pericoloso, non mangiarmi». Il sistema funziona alla perfezione. Se una rana sopravvive alla cattura di un'ape che punge o di una coccinella dal sapore disgustoso o di un qualsiasi altro insetto in qualche modo velenoso, non dovrà ripetere l'esperienza per ogni tipo di preda non commestibile o pericolosa. Assocerà i colori aposematici alla pericolosità, imparando in un colpo solo a evitarli sempre, chiunque li indossi, proprio come un automobilista fermerà l'auto alla vista di un semaforo rosso, indipendentemente dal luogo in cui si trova a guidare. E i pericolosi avranno tutto l'interesse a coalizzarsi e uniformare, rafforzandolo, il segnale. È interessante sottolineare che, siccome le vie dell'evoluzione sono infinite, esiste anche una vasta schiera di *falsi pericolosi*, specie cioè innocue ma che assumono un aspetto del tutto simile a quelle pericolose, e per questo vengono evitate dai predatori. Sono i cosiddetti mimi, che imitano i *modelli* autenticamente pericolosi. Ne sono esempi, sempre tra la fauna italiana, molti Ditteri della famiglia Sirfidi, così come i Sesiidi tra le falene o alcuni coleotteri Cerambicidi: tutti hanno come modello gli Imenotteri aculeati. La *Milesia crabroniformis* (Sirfidi) assomiglia come una goccia d'acqua alla *Vespa crabro*, e lo stesso fanno la *Sesia apiformis* (Sesiidi) e perfino la femmina di una libellula, la *Libellula depressa*, mentre i Cerambicidi del genere *Necydalis* vanno anche oltre, imitando di alcune vespe non solo la forma e i colori, ma anche il modo di deambulare e perfino quello di muovere le ali e tambureggiare con le antenne. Si formano così le cosiddette catene mimetiche, che comprendono decine o centinaia di specie, e dove tutti si imitano l'un l'altro: i mimi innocui imitano i modelli velenosi, che ne imitano altri che ne imitano altri ancora. È interessante il caso dei serpenti corallo del Messico. Ve ne sono di veri, velenosissimi, di falsi moderatamente velenosi e di falsi innocui. In quel caso a essere imitati non sono i primi, i più pericolosi, ma i secondi. Chi è morso da un vero serpente corallo muore, e ha poco da ricordare. E questo non serve né ai serpenti né ai loro predatori. Chi è morso da un falso serpente corallo innocuo non subisce alcun danno, e non associa quei colori al pericolo. Chi invece è morso da un falso serpente corallo moderatamente velenoso, sopravvive e ricorda l'esperienza negativa. È quindi lui a far funzionare la catena. È ovvio, però, e concludo, che se gli imitatori sono troppi in quanto a numero di specie e soprattutto in quanto a numero di individui, il meccanismo si inceppa, perché un predatore che assaggia un innocuo mimo non assocerà alcuna sensazione sgradevole all'immagine dell'insetto, e continuerà ad assaggiare prede somiglianti, ma volta per volta innocue o pericolose, e questo impedirà qualsiasi associazione mnemonica. Qui interviene di nuovo la selezione, che fa in modo che i mimi siano sempre presenti in densità molto più basse rispetto ai modelli: mantenere l'equilibrio conviene a tutti, perché la protezione garantita ai modelli si estenderà anche ai mimi, mentre i predatori, pur rinunciando a qualche preda falsamente velenosa, avranno salva la vita. Quasi sempre.

Le vipere

Alla famiglia dei Viperidi si ritiene appartengano 270 specie diffuse in tutti i continenti, a esclusione dell'Australia e del Madagascar, che per la loro particolare storia geologica sono privi di molta della fauna mondiale (volatori a parte), e sono allo stesso tempo e per lo stesso motivo ricchissimi di endemismi. Dico che si ritiene le specie siano 270 perché per esempio i serpenti a sonagli americani sono stati a lungo considerati una famiglia a sé stante (Crotalidi), mentre oggi vengono inclusi, come sottofamiglia Crotalini, proprio nei Viperidi. Le vipere sono anche i serpenti che raggiungono le maggiori latitudini, e quindi le regioni più fredde: la *Vipera berus* arriva al Circolo Polare Artico, la *Bothrops ammodytoides*, della Patagonia, al 50° parallelo. Tutti i Viperidi sono velenosi, e hanno sulla mascella grandi denti del veleno (zanne), tipicamente cavi all'interno (denti solenoglifi) e connessi alle ghiandole del veleno. A riposo, le zanne sono ripiegate all'indietro e inserite in apposite tasche; quando la vipera morde, invece, vengono erette, sospinte in avanti e conficcate nel corpo della vittima. Le zanne iniettano il veleno esattamente come farebbe l'ago di una siringa. Il veleno dei Viperidi ha un'azione tossica e una digestiva: uccide la preda e ne inizia la degradazione dei tessuti. Dal punto di vista della riproduzione, le vipere sono ovovivipare: le uova si sviluppano all'interno del corpo materno, e le femmine partoriscono piccoli già attivi e indipendenti.

I caratteri generali che distinguono le vipere dagli altri serpenti sono la pupilla verticale, la testa triangolare e nettamente distinta

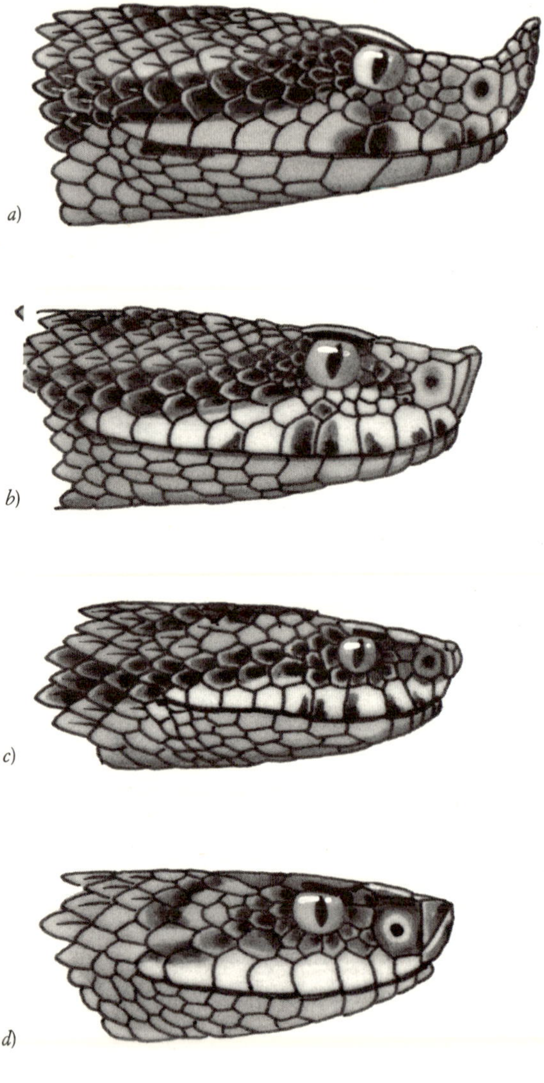

XIV. *a) Vipera ammodytes*; *b) Vipera aspis*; *c) Vipera berus*; *d) Vipera vrsinii*.
Ridisegnate da Arnold e Burton, 1985.

dal resto del corpo (c'è, insomma, un «collo» ben visibile), la coda corta e l'aspetto piuttosto tozzo; le squame, inoltre, non sono lisce ma carenate (come la chiglia di una barca), e questo conferisce all'animale un aspetto «ruvido», piuttosto diverso dagli altri serpenti, che appaiono lisci e lucidi. La colorazione invece è poco indicativa, perché estremamente variabile e comunque spesso simile a quella di altre specie non velenose, quali le natrici e le coronelle. Riguardo alla pupilla verticale, va detto che alla fauna italiana appartiene anche un altro serpente con la stessa caratteristica: il colubro dal cappuccio (*Macroprotodon cucullatus*), colubride dotato di veleno ma innocuo, per le piccole dimensioni e per il fatto di avere i denti del veleno in fondo al palato. Questo animale però è presente solo a Lampedusa, dove peraltro le vipere non ci sono. Altra caratteristica delle vipere è la loro relativa torpidità. Di norma una vipera ha movimenti lenti, se confrontati con quelli di un veloce e agilissimo colubride, e spesso, se sorpresa, rimane immobile o si allontana lentamente.

In italia sono presenti 4 specie di vipere (9 o 10 in Europa), tutte appartenenti al genere *Vipera*: la vipera dal corno (*V. ammodytes*), la vipera comune (*V. aspis*), il marasso (*V. berus*) e la vipera dell'Orsini (*V. ursinii*). L'unica regione italiana priva di vipere è la Sardegna, mentre per quanto riguarda le altre isole sono presenti solo all'Isola d'Elba, a Montecristo e in Sicilia. Per una distinzione certa tra le specie, gli specialisti contano il numero delle squame ventrali o di quelle presenti sul capo. Segue una breve descrizione delle diverse specie italiane.

Vipera dal corno: è la specie più grande. I maschi raggiungono certamente gli 88 cm, le femmine sono più piccole. Si riconosce da tutte le altre vipere per la presenza di una protuberanza molle (il corno) all'apice del muso. È diffusa nella Penisola Balcanica e nel Caucaso, nella Grecia continentale e in molte isole dell'Adriatico, dell'Egeo e dello Ionio; in Italia è presente solo nelle regioni nordorientali: Friuli Venezia Giulia, Trentino Alto-Adige e limitatamente nel Veneto. Frequenta gli ambienti assolati e rocciosi, dal livello del mare fino ai 1700 m di quota: macereti, campi, greti di torrenti in secca, frane, muretti a secco e doline nelle regioni carsiche. Il periodo di attività va da febbraio-aprile a settembre-novembre (a seconda dell'altitudine), e dura quindi dai 6 ai 9 mesi; il resto dell'anno è trascorso in letargo (latenza invernale). Gli accoppiamenti si svolgono tra aprile e maggio, e le femmine partoriscono in estate. Le vipere dal corno si nutrono di invertebrati, lucertole, uccelli, toporagni, talpe e piccoli roditori.

Vipera comune: è di gran lunga la specie più diffusa in Italia, essendo presente in tutte le regioni (ovviamente Sardegna esclusa). In Europa il suo areale va dalla Spagna alla Slovenia. Raggiunge la lunghezza massima, documentata, di 85 cm, ma di norma le dimensioni sono minori. Il profilo del capo è piatto e l'apice del muso è privo di corno, ma rivolto all'insù; l'iride è gialla o arancione. In Italia questa specie è presente con tre distinte sottospecie: la *Vipera aspis aspis* (Val d'Aosta, gran parte del Piemonte e della Liguria), la *Vipera aspis francisciredi* (Piemonte e Liguria orientali, altre regioni del settentrione e Italia centro-meridionale, Elba) e la *Vipera aspis hugyi* (meridione, da Napoli verso sud, Sicilia e Montecristo, dove è stata introdotta in tempi storici). Secondo altre fonti, quest'ultima sottospecie sarebbe da considerarsi specie a sé stante. La vipera comune è diffusa in un gran numero di ambienti, dal livello del mare ai 2200 metri di quota; il periodo di attività varia moltissimo, da popolazione a popolazione, ed è ovviamente influenzato dall'altitudine e dal clima; nelle regioni costiere di Toscana e Lazio, per esempio, la specie è attiva tutto l'anno. Personalmente, sull'Appennino centrale, a 1200 metri di quota, ho osservato un piccolo di poche settimane all'inizio di novembre. Gli accoppiamenti hanno luogo in primavera, e i parti normalmente alla fine dell'estate; non mancano però casi di parti primaverili, forse anticipati (in caso di accoppiamenti tardo invernali o a inizio primavera) o forse posticipati (nel caso il clima o le condizioni fisiche della femmine non avessero consentito il parto nella stagione precedente). Per quanto riguarda l'alimentazione, le vipere comuni si nutrono soprattutto di micromammiferi (roditori e insettivori) e uccelli; i giovani quasi esclusivamente di lucertole.

Marasso: ha dimensioni simili alla vipera comune, ma se ne distingue chiaramente per il profilo del muso, piatto e arrotondato. A livello mondiale, il marasso è uno sei serpenti più ampiamente diffusi, essendo presente dalle Isole Britanniche fino alle coste dell'Oceano Pacifico, in Asia, tra i 42° e i 69° di latitudine. In Italia lo si può incontrare in tutte le regioni settentrionali, Liguria esclusa, soprattutto nella fascia compresa tra 1000 e 2400 metri di quota, anche se si spinge occasionalmente fino a 3000 metri e sotto i 700. Frequenta i ghiaioni colonizzati da pino mugo, gli arbusteti, le boscaglie, i pascoli e le aree antropizzate abbandonate. Gli accoppiamenti sono primaverili (maggio) e i parti tardo estivi (agosto-settembre), ed è documentato che fino al 50% delle femmine muore dopo il parto. Ogni femmina partorisce dai 4 ai 9 piccoli, ma solo ogni 2-3 anni. Questa caratteristica è comune alle specie montane, per le quali la lunga stagione fredda non consente alle femmine la costituzione di una riserva di grasso adeguata per la stagione successiva. Come altre vipere, il marasso si nutre soprattutto di roditori e insettivori, ma anche di uccelli, rettili e anfibi.

Vipera dell'Orsini: la più piccola, rara e interessante (e meno pericolosa) tra le vipere italiane. La specie è distribuita, con ben 5 sottospecie, in Francia meridionale, Austria, Ungheria e Romania, Balcani, Moldavia e Grecia continentale. In Italia (da qui in poi si parlerà solo delle vipere italiane) è presente la sottospecie *Vipera ursinii ursinii*, diffusa con piccole popolazioni su alcuni massicci montuosi dell'Appennino centrale, tra Marche, Umbria, Lazio e Abruzzo: Monti Sibillini (AP, MC e PG), Monti della Laga (RI, AP e TE), Monti Reatini e Montagne della Duchessa (RI), massicci del Velino e del Sirente, Monti Marsicani e Monti della Meta (AQ), Gran Sasso d'Italia (AQ e TE), Majella (AQ e CH). Questa strana distribuzione è certamente di tipo relittuale, ciò che rimane, cioè, di un areale molto più ampio che in passato doveva interessare molte altre aree europee. La vipera dell'Orsini vive esclusivamente tra i 1350 e i 2300 m di quota, o almeno non è stata mai trovata al di fuori di questa fascia altitudinale; frequenta prati e pascoli montani caratterizzati da vegetazione bassa a ginepro nano e da affioramenti rocciosi fessurati, tipici di gran parte dell'Appennino centrale e meridionale. Essendo legata ad ambienti montani, il suo periodo di attività è più breve di quello delle altre vipere, e va dalla tarda primavera alla fine dell'estate: non più di 5 mesi; di questi, solo 4 sono dedicati all'alimentazione. Gli accoppiamenti avvengono in maggio, i parti in settembre. La dieta è quasi interamente insettivora. Dal punto di vista conservazionistico, la vipera dell'Orsini ha oggi in Italia parecchi problemi: l'esiguità e la frammentazione delle popolazioni, con scarsa possibilità di dispersione e quindi di flusso genico con altre popolazioni, il pascolo eccessivo, la diffusione dei cinghiali che modificano l'habitat e probabilmente predano le vipere, la costruzione di infrastrutture per il turismo invernale (piste, impianti di risalita, strade, alberghi), i rimboschimenti. Tutto concorre a ridurre sempre più l'areale della vipera, e ad aumentare l'isolamento e la rarefazione delle popolazioni.

Il veleno delle vipere causa di norma reazioni locali, quali edema e dolenzia. Più raramente gli effetti sono invece sistemici, e comprendono disturbi gastrointestinali e ipotensione, dovuti alla presenza, nel veleno, di proteine che interferiscono con i processi omeostatici dell'organismo e agiscono sulla pressione sanguigna. Dal veleno è stata isolata anche la fosfolipasi A2, un enzima che scatena processi infiammatori. In alcuni casi, in Italia e in Francia, i soggetti morsi sono andati incontro a paralisi dei muscoli, dispnea e sonnolenza. La morte subentra in casi molto rari, e spesso riguarda persone con ipersensibilità, debilitate o con altre patologie. È interessante il fatto che fino a pochi anni fa si moriva in Italia più per la somministrazione del famigerato siero antivipera, spesso tra l'altro eseguita sul posto e senza alcun controllo medico, che per il morso stesso. Il siero scatenava facilmente uno shock anafilattico, cosa che il veleno probabilmente non avrebbe fatto. Oggi il siero è somministrato solo in casi particolari (10-20% del totale) e solo in ambiente ospedaliero (ma vedremo che questo non rappresenta sempre una garanzia), e i flaconi di siero sono finalmente scomparsi dalle farmacie. La pericolosità del morso dipende comunque da molti fattori: la sede del morso, il tempo che trascorre prima dei soccorsi, la temperatura esterna (la vasodilatazione dovuta al caldo facilita il passaggio in circolo del veleno), l'attività svolta dalla vittima dopo il morso (se è intensa, l'assorbimento del veleno è più veloce), l'età e le dimensioni della vipera (i piccoli sono meno pericolosi), la sensibilità dei singoli individui colpiti e il contenuto delle ghiandole velenifere (se una vipera ha mangiato di recente, le ghiandole contengono meno veleno). C'è inoltre da aggiungere che nel 20-30% dei casi al morso non segue alcuna inoculazione di veleno.

Le nostre vipere, in generale, sono diffuse, numerose e a volte anche numericamente abbondanti. Molti italiani delle regioni settentrionali, per esempio, convivono con ben tre specie, e anche al centro, dove ancora sopravvive la vipera dell'Orsini, è spesso presente anche la vipera comune. Le occasioni di contatto con l'uomo, quindi, non mancano. Se ci si reca sulle Alpi in piena estate, magari in Alto Adige, dove coesistono vipera dal corno, marasso e vipera comune, ci si rende conto di quante persone frequentino le montagne: abitanti, turisti, allevatori, lavoratori stagionali. E che dire dei parchi in cui si è arrivati a istituire il numero chiuso per limitare l'eccessivo affollamento dei sentieri da parte degli escursionisti? Si parla ogni anno di alcuni milioni di persone. Quante di queste vengono morse da vipere? E quanti morsi sono letali? L'Istituto Superiore di Sanità riporta dati relativi al quinquennio 1998-2002. In quel periodo le regioni più colpite furono il Piemonte con 12 decessi, la Lombardia con 8, la Toscana con 7. Sempre secondo l'ISS, rapportando i casi documentati alla popolazione delle diverse regioni, i tassi più elevati apparterrebbero ad Abruzzo e Molise (3,2 morti per milione di abitanti per anno), seguite da Piemonte (2,8), Umbria e Toscana (2,1). I casi riportati riguardano soprattutto i maschi (80%), maggiormente dediti a escursionismo, taglio dei boschi, raccolta di asparagi, tartufi e funghi, agricoltura e pastorizia. Dal momento che la maggior parte di tali occupazioni non riguarda i più giovani, l'età media delle persone decedute era di 54 anni, mentre meno del 3% avevano un'età inferiore ai 18 anni. Dal 1978 al 2002 (25 anni) è documentato il decesso per morso di vipera di un solo bambino. Ancora secondo l'ISS, il trend delle vittime sarebbe in aumento rispetto agli anni settanta. In Italia, quindi, sembrerebbe che più o meno 10 persone l'anno perdano la vita a causa delle vipere. Questi numeri, però, sono certamente esagerati. Uno studio del 1988 ha analizzato 2329 casi di persone morse da vipere (per lo più *Vipera aspis*) in Italia tra il 1984 e il 1989, che avevano ricevuto cure in 292 diversi ospedali. Il 62% dei soggetti non aveva mostrato alcuna sintomatologia, negli altri erano insorti sintomi di varia natura e gravità, tra cui edema, disturbi gastrointestinali, dolenzia, problemi respiratori, shock, febbre, cianosi, esantema, ecchimosi, ematuria e altri ancora. La severità dei sintomi fu minima nel 45% dei casi, media nel 30%, moderata nel 14%, grave nell'8%. I morti accertati furono tre (0,1% del campione). In Svizzera, uno studio retrospettivo condotto nel 2005 su 99 casi registrati dal 1973 al 2005 nella regione di Valais, stima che l'incidenza annuale dei morsi era stata minore di 3/100 000 abitanti, simile a quella riscontrata in altri Paesi europei. Sui 99 casi riportati, uno solo era risultato fatale, e riguardava un bambino di due anni; la mortalità tra gli adulti era risultata nulla. In Svezia, su 231 casi documentati di morso da parte di *Vipera berus* nel 1995, uno solo risultò fatale. In quel Paese i morti erano stati 24 tra il 1920 e il 1950, 6 tra il 1950 e il 1980. In Gran Bretagna, nei 100 anni precedenti il 1976, i morti sono stati 14. Riassumendo, in diversi Paesi europei, il numero dei morti accertati ogni anno per morso di vipera è inferiore a uno. Estrapolando questo numero dai casi di studio appena citati, si ottiene 0,03 per la Svizzera, 0,14 per la Gran Bretagna, 0,8 (1920-1950) e 0,2 (1950-1980) per la Svezia. Per l'Italia questo numero si aggirerebbe intorno allo 0,5 morti/anno. Per un Paese di 60 milioni di abitanti e con 4 specie di vipere diffuse in 19 regioni su 20, dal livello del mare ai 3000 metri di quota, si dovrà ammettere che non è molto.

Il motivo di tanta incertezza nei numeri, e delle palesi esagerazioni di statistiche che pretendono di essere ufficiali è complesso, e risiede soprattutto nell'approssimazione nella raccolta dei dati e nell'impreparazione e imperizia di molti medici non specializzati, che porta a diagnosi errate e trattamenti farmacologici inutili o peggio dannosi o fatali. Non a caso, da quando l'utilizzo del siero si è drasticamente ridotto, la situazione è migliorata sensibilmente. Nonostante questo, ancora oggi a volte gli ospedali utilizzano impropriamente il siero, utilizzando per esempio sieri per una particolare specie di vipera anche laddove quella vipera è assente. Ci sono anche casi in cui i soggetti ospedalizzati o che entrano nei reparti di pronto soccorso non sono stati affatto morsi da vipere, ma punti da Imenotteri, che come abbiamo visto causano non di rado reazioni allergiche anche importanti. Infine, molto spesso i morsi sono di innocui colubri; se il medico non ha le giuste competenze o l'esperienza adeguata (come accade comunemente, tanto rari sono questi episodi nella casistica di un pronto soccorso), tende ad attribuire il morso a una vipera, o più semplicemente a fidarsi del racconto della vittima, che per il solo fatto di essersi rivolta a un ospedale, è convinta che a morderla sia stata proprio una vipera. In tutti questi casi i referti medici gonfiano le statistiche, senza alcuna possibilità, in futuro, di accertarne l'attendibilità. Ancora, spesso le persone ufficialmente decedute a causa delle vipere avevano condizioni fisiche generali compromesse o patologie pregresse, e in questi casi valutare la reale causa della morte diventa difficile. E c'è poi un ultimo aspetto, non secondario. A volte la fobia per le vipere e lo shock psicogeno che ne deriva e che provoca agitazione, crisi di panico, interventi improvvisati ed errati, sono tali da costituire in sé un elemento di serio pericolo, che peggiora gli effetti del veleno. Alla luce di tutto questo, appare evidente che cercare di dare dati numerici sui decessi dovuti a morsi di vipera rischia di essere fuorviante, se non del tutto inutile. Si tratta, in ogni caso, di numeri bassissimi. Rimane indiscutibile il pericolo potenziale costituito dalle vipere, e anche la necessità di conoscere meglio queste specie per sapersi comportare correttamente nel caso ci si imbatta in una vipera o si venga morsi. In questi casi è necessario attenersi a semplici regole di comportamento: chiamare il soccorso organizzato; tenere a riposo la vittima, sdraiandola a terra, e tranquillizzarla; evitare la somministrazione di farmaci o altri interventi sulla zona di inoculo del veleno, se possibile trasportare la vittima al più vicino punto di assistenza sanitaria, evitando di farla camminare. In ogni caso il buonsenso suggerisce di evitare, se possibile, di fare escursioni da soli, specie in montagna e in generale in luoghi lontani dai centri abitati e difficilmente raggiungibili. Molto più comuni del morso di una vipera sono incidenti di varia natura, cadute, malori; ci si può smarrire o essere colti, anche in estate, da un improvviso peggioramento del tempo. In tutti questi casi, meglio essere almeno in due.

Le vipere e i serpenti in generale sono oggetto di un numero impressionante di leggende, che surclassa qualsiasi altro animale, con l'eccezione forse del lupo. Molte sono curiosamente legate al latte: è diffusa per esempio la convinzione che per liberarsi di una vipera basti disporre su un fianco una damigiana con del latte; la vipera, attratta, entrerà invariabilmente nella damigiana per poi rimanerne intrappolata. In Val Varaita si dice che «le serpi o le vipere mungano le mucche quando sono al pascolo, e questo sembra piacere ai bovini al punto che ritornano sempre sul luogo dove possono incontrare il rettile»; o anche che «se qualcuno ingoia un serpente vivo (sic!) basta mettere davanti alla sua bocca un piatto di latte ed il serpente, richiamato dall'odore, uscirà dalla bocca»; o ancora che «per fare uscire una vipera da un muro, basta mettere un piatto di latte o per prendere una vipera, basta mettere un fondo di latte in una bottiglia e la serpe entra senza poterne uscire». Dall'Abruzzo invece proviene la credenza che «i serpenti volgarmente detti bianchi [...] sarebbero ghiotti di latte e latticini. Essi berrebbero, quindi, il latte degli animali e delle donne, attaccandosi alle mammelle delle vacche e andando a trovare nel letto le donne lattanti. Quando a una donna vien meno il latte si pensa subito all'azione dei serpenti»; sempre in Abruzzo si racconta che «ad Arsita [Teramo] fu visto un serpente sul tetto. Accorsero uomini, furono tolte tutte le tegole e scoperchiata la casa, finalmente la bestia fu trovata ed uccisa. Le donne la spaccarono e videro che aveva la pancia piena di latte, che certamente era andata a bere nel seno della padrona di casa, la quale già ne lamentava una certa scarsezza».

C'è poi una sterminata letteratura su vipere mitologiche, enormi e feroci: la vipera con i baffi, grande e minacciosa; l'aspide sordo, che ha un secolo ed è grande come il braccio di un uomo; la vipera che diventa cattiva alla fine dell'estate quando non c'è più acqua; quella che viene intrappolata nelle balle di fieno con la testa rivolta in fuori e morde chiunque si avvicini; l'arboricola, che aspetta le vittime arrotolata su un ramo per poterle mordere direttamente sul collo; il maschio della vipera, molto più velenoso della femmina, che risulta essere poi il povero orbettino, innocuo sauro mirmecofago che non è neppure un serpente ma una lucertola priva di zampe, e che viene ammazzato senza pietà. E alla femmina tocca partorire sugli alberi perché altrimenti i suoi piccoli la morderebbero appena nati, uccidendola. E c'è soprattutto l'immortale leggenda secondo la quale la Guardia Forestale, o in alcuni casi i Verdi o gli ambientalisti, effettuano regolari ripopolamenti di vipere, e che questi avvengono mediante damigiane riempite di rettili e lasciate cadere dagli elicotteri (so che in Piemonte si usano invece più ecologiche scatoline di cartone, ma sempre lanciate dagli elicotteri). Ho conosciuto molte persone che sostenevano di aver osservato direttamente il fenomeno, altre che più modestamente si accontentavano di addurre come prova dei fatti il ritrovamento in montagna di bottiglie rotte e pezzi di vetro sparsi, a loro dire incontrovertibili testimonianze di avvenuti bombardamenti erpetologici. Tutto ciò è assolutamente falso. Nessuna vipera è stata mai lanciata da elicotteri, né beve latte, né s'incattivisce se ha sete; né esistono aspidi sordi, vipere baffute o arboricole, piccoli matricidi, maschi-orbettini velenosi. Bisognerebbe chiedersi il perché di tutte queste dicerie sulle vipere, che sono tanto assurde quanto popolari e diffuse. Per l'associazione ricorrente serpente-latte ci si può appellare, forse, all'importanza culturale, atavica, biologica del latte come alimento, e all'esigenza di preservarlo simbolicamente da una natura invece infida e minacciosa che ha le sembianze di un serpente, già di per sé simbolo, nella cultura e nella tradizione cattolica, del male e del peccato, e soggetto di una sterminata iconografia tanto pagana quanto religiosa. In poche parole: la natura è amica se *utile* all'uomo, maligna se ostile o anche inutile: i serpenti rappresentano perfettamente questa seconda natura, quella *cattiva*. La vipera va al latte come la morte va alla vita, il latte attrae la vipera come la vita attrae la morte, la sazietà teme la fame, il bene è sedotto dal male.

Resta da comprendere l'ostinazione di chi giura di aver visto elicotteri lanciare damigiane brulicanti di vipere: perché lo fa? Forse crede a un altro che glielo ha detto. Che a sua volta ci ha creduto, e così via. Evidentemente rifiuta (non può? non sa? evita?) di farsi delle semplici domande. Eccone alcune che propongo io: chi e perché dovrebbe effettuare ripopolamenti di vipere? Esistono quindi allevamenti di vipere? Se si, dove sono? Qualcuno li ha mai visti? Oppure le vipere vengono catturate in natura e poi liberate altrove? Se si, c'è chi fa di mestiere il catturatore di vipere? Perché le vipere da liberare dovrebbero essere messe in damigiane, fatte decollare su un elicottero e infine gettate dall'alto? Non si potrebbe banalmente infilarle in sacchi di stoffa, facili da trasportare in auto o a piedi, e lasciarle andare una volta arrivati comodamente a destinazione? Se fossero oggetto di continui ripopolamenti, le vipere dovrebbero essere milioni, ovunque: in quanti esemplari ciascuno dei lettori si è imbattuto nella sua vita? Attendo risposte.

L'illustre scienziato, accademico, poeta e filosofo aretino Francesco Redi, nelle sue *Osservazioni intorno alle vipere*, già nel XVII secolo si batteva contro i pregiudizi e le falsità sui rettili, come quella secondo la quale le vipere assumessero il veleno mangiando scorpioni, erbe e insetti velenosi. Redi lo fa, fiducioso nella sua «visione oculare delle cose», con un semplice esperimento, che così descrive:

Si pigli una Vipera di quelle, che lungamente sono state nelle scatole [a digiuno]; se le faccia mordere due, o tre volte un pollastro a segno, che in mordendo abbia scaricato tutto il liquore contenuto nelle due guaine; se a questa Vipera si farà mordere un altro pollastro, questo secondo non morrà. Si rimetta poi la Vipera nella sua scatola, e si riosservi in capo a quattro, o cinque, o più giorni, e vedrassi, che il fondo delle guaine si è ripieno del solito liquore, e se allora di nuovo la Viperà morderà, cagionerà la morte; e pure tutti qué giorni è stata digiuna, e non ha mangiato insetti velenosi, che abbiano potuto far a lei nascere in bocca il veleno.

Concludo con una piccola nota sul documento dell'ISS da cui ho tratto i dati sulle morti per morso di vipera. Il documento inizia così: «Tra i pericoli legati alla stagione calda vi è indubbiamente il rischio di essere morsi da serpenti e vipere. In Italia le specie di serpenti sono numerose, ma soltanto 4 di queste sono velenose e pericolose per l'uomo. Le vipere, invece, il cui morso è mortale solo in rari casi, sono diffuse in tutte le regioni, con l'eccezione della Sardegna». Poche righe e alcuni strafalcioni: «...morsi da serpenti e vipere. Le vipere, invece...» Se ne deduce che serpenti e vipere sono due cose diverse. Quindi le vipere non sono serpenti? E cosa allora? E quali sarebbero quindi le 4 specie velenose di serpenti? Non è un caso, secondo me, che ancora una volta l'oggetto di tanta superficialità siano proprio le vipere.

Penso, infine, che sia giusto commentare brevemente i numeri citati prima, comparandoli semplicemente con quelli relativi agli incidenti domestici, cioè a quante persone in Italia muoiono ogni anno nella propria abitazione: anche qui c'è incertezza, ma l'ordine di grandezza è diecimila volte superiore: i morti (dati del 2006) sarebbero oltre 5000 secondo i dati ufficiali del Ministero della Salute, 8000 secondo altre stime. Rimanendo in casa.

I ratti e i topi

Gli animali che genericamente chiamiamo ratti e topi, facendo spesso confusione, sono probabilmente i più diffusi e numerosi sul pianeta. Le specie italiane antropofile, cioè le frequentatrici degli ambienti urbanizzati sono tre – il ratto delle chiaviche (*Rattus norvegicus*), il ratto nero (*Rattus rattus*) e il topolino domestico (*Mus domesticus*) – ma alla stessa famiglia dei Muridi appartengono molte altre specie, presenti in tutti i continenti, Antartide esclusa. Solo in Europa ci sono i topi selvatici del genere *Apodemus*, il topolino delle risaie *Micromys minutus*, i ratti delle sabbie del genere *Meriones*, i topi spinosi del genere *Acomys* e altri ancora. Topi e ratti sono pressoché ubiquitari e cosmopoliti, esattamente come le blatte, le mosche e l'uomo. La storia dell'uomo e la loro sono strettamente legate, e lo saranno per sempre; e con ogni probabilità la nostra sarà la prima a concludersi. Il ratto delle chiaviche è insieme all'uomo il mammifero più diffuso e numeroso sulla terra, e le popolazioni delle grandi città superano agevolmente per abbondanza quelle umane. La sua origine è in Asia, forse in un'area compresa tra la Cina e la Siberia, ed è stato l'uomo a portarlo con sé alla conquista del mondo. Il ratto nero sembra sia invece di origini indiane, ed è relativamente meno diffuso e numeroso. Per i topolini domestici le cose sono un po' più complicate. *Mus musculus* sarebbe originario della cosiddetta Mezzaluna fertile, una delle aree del mondo dove è nata l'agricoltura; prima commensale dell'uomo e poi suo compagno di viaggio negli ultimi 10 000 anni, a ondate successive. Oggi i vari topolini domestici diffusi nel mondo sono per alcuni sistematici

TAVOLA XVII

a)

b)

c)

xvii. *a) Rattus norvegicus*; *b) Rattus rattus*; *c) Mus domesticus*.

a) b) Ridisegnate da AA.VV., 1985. *c)* Ridisegnato da Reid, 1997.

sottospecie della stessa specie *Mus musculus*, per altri specie a se stante (*Mus musculus*, *Mus domesticus* e forse altre). In Europa serebbero oggi presenti due sottospecie distinte: a ovest, Italia compresa, il *Mus musculus domesticus*, a est il *Mus musculus musculus*; la genetica suggerisce che le due sottospecie si incontrino, ibridandosi, lungo il fiume Elba. Il discorso però cambia di poco: i topi sono oggi dappertutto, e specie o sottospecie che siano, certamente a diffonderli è stato l'uomo, dopo che i topi, mangiatori di semi, si sono autoinvitati al banchetto quando è iniziata la domesticazione dei cereali. La domesticazione del gatto, successiva di qualche migliaio di anni, è con ogni probabilità legata alla presenza dei topi, e lo stesso deve essere avvenuto con il furetto, la forma domestica della puzzola europea. Il gatto, l'unico che poteva salvare l'uomo dalle orde di topi che gli sottraevano il cibo, era in passato talmente prezioso da divenire nell'antico Egitto una divinità femminile: Bastet. E da sempre l'uomo si ingegna per inventare rimedi contro il topo: gatti, furetti, trappole, tagliole, veleni di ogni tipo. E il pungitopo si chiama così perché i suoi rami essiccati, duri e puntuti, venivano sistemati intorno alle derrate alimentari nella speranza di tenere lontano l'odiato, minuscolo roditore.

Torniamo ai ratti. Più onnivori e adattabili dei topi, da sempre seguono l'uomo nelle sue traversate, via terra ma anche e soprattutto via mare; viaggiano volentieri a bordo delle imbarcazioni, salendo e scendendo in equilibrio sulle funi di ormeggio (sono arrampicatori formidabili, e per quelli che cadono in acqua nessun problema: nuotano altrettanto bene), infestano i porti e da lì si diffondono nell'entroterra. I ratti, passeggeri clandestini sulle navi, portano a loro volta un carico di altri organismi, loro parassiti: tra gli altri, la pulce *Xenopsilla cheopis* e il batterio *Yersinia pestis*. Il batterio è l'agente della peste, di cui i ratti sono vittime, esattamente come l'uomo, e le pulci ne rappresentano il vettore. Ratti, uomini, pulci, batteri: siamo stati tutti, è il caso di dirlo, sulla stessa barca. La peste nera del XIV secolo provocò la morte di un terzo della popolazione europea, e in molte città il numero dei morti superò quello dei vivi. L'ultima epidemia europea di peste fu probabilmente quella di Mosca della fine del XIX secolo, ma nel primo decennio del XX secolo – 100 anni fa – la peste arrivò di nuovo nei porti di mezza Europa proveniente dall'India, e ancora oggi è diffusa in molti paesi del mondo e colpisce migliaia di persone ogni anno. Ancora nel 2009 il bacillo della peste infettò 13 persone in Libia, non lontano dalla città di Tobruk, ma questo rimane a tutt'oggi un ultimo caso isolato. Se la peste è ormai sparita dal bacino del Mediterraneo, non lo sono invece altre malattie di cui i ratti sono portatori. Le malattie - da virus, da batteri, da protozoi, da elminti - sono moltissime, e di alcune si è già parlato nei capitoli dedicati agli Artropodi vettori. Ne riporto un elenco delle più importanti e diffuse.

Febbre emorragica: colpisce soprattutto *Rattus norvegicus* ed è causata da un *Hantavirus* e trasmessa all'uomo attraverso l'inalazione di aerosol degli escrementi dei roditori infetti; ne è stata provata anche la trasmissione diretta uomo-uomo. Negli ultimi anni le infezioni sono in aumento in tutto il mondo; in Italia, nel 2009, un cittadino senegalese residente a Torino, di ritorno dal Paese di origine è stato ricoverato in ospedale con i sintomi della malattia, ma in quel caso non è stato possibile accertare la responsabilità dei ratti nel contagio.

Rabbia: malattia diffusa in tutti i continenti, con l'eccezione dell'Australia e dell'Antartide. L'agente, un virus del genere *Lyssavirus*, non colpisce solo i roditori selvatici (che anzi risultano infetti più raramente di altri animali, ma mi forniscono il pretesto per parlarne), ma volpi, lupi, sciacalli, pipistrelli, felini selvatici e altri. In Europa è diffusa soprattutto la rabbia della volpe rossa; in Italia è assente, a eccezione di alcune aree alpine per immigrazione di volpi rabide nelle province del Nordest, dove casi di rabbia animale si sono avuti nel 1977 e nel 1993 in provincia di Bolzano, nel 1989 nelle province di Trieste e Gorizia; nel 1993 di nuovo a Bolzano. Per quanto riguarda gli animali domestici, la rabbia colpisce soprattutto il cane, ma anche il gatto, la vacca, il cavallo, la pecora, il maiale. La malattia umana ha la stessa distribuzione mondiale di quella animale; colpisce circa 1000 persone ogni anno in tutto il mondo (dati OMS) ed è più frequente nei Paesi con cattive condizioni economiche e sociali, dove è diffuso il randagismo, mentre altrove è limitata agli animali selvatici. La rabbia è trasmessa all'uomo da morsi o graffi di animali infetti, nella saliva dei quali è presente il virus. Provoca una encefalomielite acuta che esordisce con febbre, stato di ansia e disturbi di varia natura, ed evolve in paresi, paralisi, spasmi muscolari, delirio e convulsioni. La cura consiste nella somministrazione immediata di un vaccino antirabbico, nella pulizia e disinfezione della ferita e nel controllo di eventuali sovrainfezioni batteriche. Gli animali responsabili del morso, quando possibile, vanno tenuti sotto osservazione. Per gli animali domestici è ovviamente obbligatoria la vaccinazione.

Epatite E: il virus dell'Epatite E, isolato solo negli anni novanta, infesta dal 40 al 90% dei ratti delle chiaviche negli Stati Uniti, il 30% in Giappone. Si trasmette all'uomo attraverso il cibo contaminato dalle feci dei ratti infetti, e causa disturbi alimentari e intestinali, febbre, dolori addominali, rash cutanei, atralgie. Non sono noti finora casi per l'Italia.

Salmonellosi: infesta soprattutto il topolino domestico; la trasmissione all'uomo avviene attraverso l'ingestione di cibi contaminati dalle feci e dalle urine dei topi. Il virus *Salmonella* è presente anche nei polli e in altri animali. I sintomi tipici sono diarrea, vomito e crampi addominali, ma in soggetti immunodepressi può avere conseguenze anche molto serie.

Febbre del morso di ratto: viene provocata dal bacillo *Streptobacillus moniliformis*, presente nell'orofaringe di ratti sani, e trasmessa all'uomo in oltre il 10% delle morsicature da ratto. Colpisce soprattutto gli abitanti delle aree urbane e il personale dei laboratori in cui i ratti vengono utilizzati per le sperimentazioni. A volte la malattia si sviluppa in seguito all'ingestione di latte non pastorizzato contaminato dal bacillo.

Febbre spirillare da morso di ratto o *Sodoku*: provocata da *Spirillum minus*; trasmessa attraverso il morso di un ratto o di un topo, ma anche di uno scoiattolo o di un gatto. Provoca infiammazioni e linfoadenite. Entrambe queste patologie sono piuttosto rare, ma *S. moniliformis* è stato isolato nel 10-100% dei ratti da laboratorio e nel 50-100% dei ratti selvatici.

Leptospirosi: causata da batteri del genere *Leptospira*, di cui i ratti costituiscono il serbatoio. L'uomo si infetta attraverso il contatto con le urine o il morso di ratti (o di altri mammiferi) infetti, ma è sufficiente anche il contatto con acqua contaminata dalle loro urine. La *Leptospira* penetra attraverso la cute sana o più facilmente attraverso le ferite. Nell'uomo la malattia può causare ittero, tanto è vero che nelle prime descrizioni di casi europei fu chiamata febbre gialla, febbre e dolori addominali. Nelle forme più gravi, spesso mortali, provoca insufficienza renale ed epatica, emorragie, ipotensione sanguigna, alterazione delle capacità sensoriali. La leptospirosi è nota in Cina da diversi millenni, dove era diffusa soprattutto tra i lavoratori delle risaie; con ogni probabilità è arrivata in Europa nel XVIII secolo insieme a ratti provenienti dall'Asia. Il primo caso documentato nel nostro Paese risale al 1917, e oggi colpisce in Italia alcune decine di persone ogni anno (66 casi nel 1993, 38 nel 2004, per il 90% in forma lieve). In una ricerca del 2004, il 45% dei ratti delle chiaviche del Tevere, nel tratto interno alla città di Roma, risultò positivo alla *Leptospira*.

Toxoplasmosi: i ratti e i topi sono frequentemente infettati dal *Toxoplasma gondii*, che poi passa ai gatti e quindi all'uomo. La malattia non è particolarmente grave, ma costituisce un serio pericolo per il feto se colpisce le donne in gravidanza.

Rickettsiosi: i ratti sono infestati anche dalla *Rickettsia*, che può essere trasmessa all'uomo dalle zecche.

Ratti e topi sono infine pesantemente infestati di parassiti, molti dei quali, per esempio *Toxocara cati* e *Trichinella*, lo abbiamo visto nei capitoli precedenti, possono colpire anche l'uomo. Anche gli ectoparassiti abbondano nel pelo dei roditori: le pulci infestano il 100% dei ratti, le zecche il 67%, i pidocchi il 38%. Come sappiamo, tutti questi parassiti sono potenziali vettori di malattie.

Eppure, la millenaria e a volte drammatica convivenza tra uomo e roditori, la contaminazione del cibo, i morsi e le infezioni, la peste, il ribrezzo che questi animali suscitano in molti di noi, non hanno impedito la loro recente diffusione come animali da compagnia: il ratto delle chiaviche, soprattutto, sta conquistando rapidamente una importante «fetta di mercato», e da animale da laboratorio o cibo per predatori in cattività si è trasformato in *pet*, per dirla con gli anglosassoni. L'uomo ha iniziato ad apprezzarne la vivacità, l'intelligenza e il buon carattere, e dopo averlo allegramente vivisezionato e dato in pasto ai pitoni, gli ha aperto finalmente le porte. Lo stesso animale che genera ribrezzo quando sale dagli scarichi. Dal punto di vista del ratto, ciò può essere senz'altro interpretato come un'ulteriore occasione per espandere la propria presenza, un passaggio evolutivo, un salto di qualità della relazione tra le due specie: competizione (due specie competono per la stessa risorsa), poi parassitismo (una specie sfrutta le occasioni offerte da un'altra), quindi simbiosi (due specie traggano reciproco vantaggio nella convivenza). Il ratto domestico regala all'uomo la compagnia e il piacere che l'osservazione e la cura di un mammifero può dare, in cambio riceve dall'uomo cibo, attenzioni e protezione dai predatori e dalle malattie. Accade però che una discreta percentuale dei ratti-*pets* risulti infetta da *S. moniliformis*, e già sono noti casi di febbre da morso di ratto in possessori di ratti da compagnia un po' troppo espansivi. È stato accertato che spesso in questi casi la trasmissione della malattia non avviene attraverso i morsi (i ratti-*pets* sono animaletti affettuosi e non aggressivi), ma con le effusioni reciproche e addirittura con la condivisione del cibo. Simbiosi, appunto.

Il lupo

Il lupo è il protagonista assoluto di centinaia di modi di dire, proverbi, fiabe, filastrocche. Protagonista sempre e comunque negativo. Il lupo è subdolo e perseverante nel male («Il lupo perde il pelo ma non il vizio»); è spietato con i deboli («È come un agnello tra i lupi», «Chi pecora si fa il lupo se la mangia»); è fedele ai suoi degni compari («Lupo non mangia lupo»); è insaziabile («Una fame da lupi», «la fame caccia il lupo dal bosco»); arriva nei momenti difficili per approfittare delle disgrazie («È tempo da lupi»). Per gli inglesi il lupo è sinonimo di morte per fame («*Keep the wolf from the door*», «Tenere il lupo lontano dalla porta», nel senso di «avere abbastanza denaro per sopravvivere»). Per i polacchi è il male stesso («*Ciągnie wilka do lasu*», lett. «La foresta attira il lupo», cioè «il male attira il male») e il pericolo («*Nie wywołuj wilka z lasu*», «non chiamare il lupo fuori dal bosco», ovvero «non attirare il pericolo»). E l'«In bocca al lupo!» che si augura a chi deve affrontare un esame o una prova di qualche tipo? Ha chiaramente una funzione apotropaica, la stessa della formula di risposta: «Crepi!» (sottinteso: il lupo). Il meccanismo è analogo a quello dei tarantolati che scacciano, imitandole, le conseguenze del morso del ragno. Si può dire che lupo sia un paradosso vivente, o meglio, che lo sia il suo rapporto con l'uomo: *Canis lupus*, come lo chiamò Linneo nel 1758, è il progenitore del *Canis lupus domesticus*, il cane domestico, il migliore amico dell'uomo, l'animale che più di ogni altro ha stretto con noi un rapporto di simbiosi: con nessun altro animale l'uomo *parla* come con il cane; il lupo è però anche il peggior nemico

TAVOLA XVIII

XVIII. *Canis Lupus.*

dell'uomo, il subdolo cacciatore di pecore, la bestia sanguinaria, il lupo cattivo, il lupo di cappuccetto rosso e dei tre porcellini, l'orco, il lupo mannaro. Perché proprio il lupo?

Il lupo è, dopo l'orso, il più grande tra i carnivori italiani, e anche la più grande tra le circa 30 specie di Canidi presenti nel mondo. È – o meglio, era – uno tra gli animali più diffusi sulla terra. Il suo areale originario comprendeva, con numerose sottospecie, tutta l'Europa – dalla Scandinavia alla Sicilia, dalle Isole Britanniche alla Grecia, dal Portogallo agli Urali – l'Asia continentale e l'India, gran parte dell'America settentrionale: praticamente tutto l'emisfero Boreale, con quella che gli zoogeografi chiamano una distribuzione oloartica. In Italia il *Canis lupus italicus* era presente in tutte le regioni, esclusa la Sardegna. Il lupo è un carnivoro intelligente, sociale, che vive in branchi più o meno numerosi, costituiti da una coppia dominante (alfa), generalmente l'unica che si riproduce, da un certo numero di maschi e femmine subordinati e dai piccoli, con una gerarchia regolata da rituali complessi. Gli accoppiamenti dei lupi avvengono tra la fine dell'inverno e l'inizio della primavera, e i cuccioli nascono dopo due mesi di gestazione. I branchi hanno territori vastissimi, anche di molte centinaia di chilometri quadrati. I maschi, e a volte le femmine, possono intraprendere una vita solitaria e poi trovare un nuovo branco in cui inserirsi. La grandezza del branco dipende da molti fattori, tra cui il tipo di ambiente e la disponibilità di cibo. I lupi collaborano nella caccia delle prede più grandi e difficili, alternandosi nell'inseguimento e negli agguati; dopo l'uccisione dividono la preda, però secondo gerarchie ben precise. Il lupo ha una dieta molto eterogenea, e una notevole plasticità nella scelta dell'habitat; preferisce le grandi aree boscate prive di disturbo, con rifugi inaccessibili e idonei a scavare le tane e allevare i piccoli, ma se ci sono prede disponibili o durante gli spostamenti frequenta anche le campagne e le aree antropizzate. Il lupo si nutre di animali selvatici delle più diverse dimensioni: da quella di un topo o di una rana a quella di un grande erbivoro, e non disdegna le carogne. Compie spesso razzie tra le greggi di pecore, e attacca anche cavalli e vacche. Dove la disponibilità di prede selvatiche è alta (in Italia soprattutto cinghiali e caprioli) tende a evitare gli erbivori domestici, o comunque a preferire i selvatici.

Il lupo da sempre compete con *Homo sapiens* per le risorse: entrambe le specie sono state per decine di migliaia di anni predatori delle stesse prede. Ma la vastità degli spazi, la disponibilità illimitata delle prede, la bassissima densità delle popolazioni umane ne hanno permesso la convivenza: le due specie si guardavano da lontano con reciproco sospetto e forse rispetto: nulla più. Poi iniziò la domesticazione degli erbivori, e tutto cambiò. Le pecore domestiche erano prede facili, e il lupo ne approfittò. Pecore, capre, vacche e cavalli invece di cinghiali, caprioli, cervi, renne, alci e bisonti. La tregua si ruppe per sempre, e la guerra volse decisamente a favore dell'uomo. Da allora il lupo è braccato, cacciato, perseguitato con il fucile, i lacci, le tagliole, i bocconi avvelenati; i suoi cuccioli sono uccisi. Millenni di persecuzione hanno eliminato il lupo da gran parte del suo areale originario, ne hanno decimato e isolato le popolazioni. In America settentrionale è stato quasi del tutto eliminato, e in Europa, dove sopravvivono oggi circa 20 000 esemplari, ha un areale estremamente frammentato.

In Francia, nei secoli scorsi, e fino alla definitiva estinzione della specie, tutta la popolazione era tenuta a partecipare a periodiche cacce al lupo, pena multe pecuniarie, e in Italia è esistita, fino agli anni sessanta, la figura del *luparo* (in Sicilia le lupare erano invece quei fucili a canne mozze, utili per muoversi nel fitto dei boschi e delle macchie, che sterminarono i lupi agli inizi del secolo scorso, per poi rivolgersi altrove). I lupari erano uomini, spesso pastori o contadini, che uccidevano il lupo per riscuoterne la taglia, trovando in questo modo una fonte di guadagno supplementare. I lupari di Leonessa, una cittadina dell'Appennino laziale, erano famosi in tutta Italia, e andavano a offrire i propri servigi dalla Lombardia al Regno di Napoli. Strana e paradossale, per molti aspetti, la figura dei lupari. Erano uomini che vivevano uccidendo lupi, ma la loro stessa opera, che contribuì in maniera sostanziale allo sterminio del predatore in gran parte delle regioni italiane, si ritorse loro contro: una volta finiti, i lupi non davano più da mangiare. Il mestiere del luparo iniziò e finì con il lupo. Molti lupari si riconvertirono a guardaboschi o tornarono a fare i pastori, lasciarono il fucile e presero l'accetta e il bastone. C'è qualcosa nel rapporto tra luparo e lupo che ricorda molto certe interazioni tra parassita e ospite. Il primo danneggia la sua vittima, ne condiziona e ne limita l'esistenza, ne sfrutta le funzioni vitali per poter a sua volta vivere e riprodursi. Ma se lo uccide, muore. Così è stato per i lupari: ucciso l'ultimo lupo, si sono estinti con lui. Se in Appennino l'opera dei lupari non fu del tutto efficace, e negli anni settanta ancora forse 100 animali sopravvivevano tra i Sibillini e la Sila, al nord il lupo scomparve del tutto nel XIX secolo.

Nel Medioevo, e poi fino al XIX secolo, l'Europa era un continente profondamente diverso da quello di oggi. Dal XIV secolo in poi la peste uccise, a ondate successive, fino a un terzo della popolazione umana, e lo stesso facevano il colera, il tifo, il vaiolo, la tubercolosi. Qualsiasi infezione poteva essere fatale, perché non c'era rimedio. Le condizioni igieniche erano disastrose, malnutrizione e miseria erano diffusissime, l'aspettativa di vita, che oggi è di circa 80 anni, nel 1880 non superava i 35. Ancora nel XIX secolo, la mortalità infantile era altissima: in Italia tra il 1863 e il 1892 il 37% dei nuovi nati moriva prima dei 5 anni di età, e il 47% dei morti totali non aveva ancora compiuto 5 anni. All'inizio di quel secolo l'Italia contava 17 milioni di abitanti, un quarto di quelli di oggi, all'incirca la popolazione attuale di sole tre regioni: Lombardia, Umbria e Campania. Dopo la fine della prima guerra mondiale, siamo già al XX secolo, l'influenza spagnola portò via più uomini di quello che avevano fatto la guerra e la peste nera del XIV secolo. In quei secoli il lupo, come è documentato da lavori di ricerca storica realizzati sia in Italia che in altri Paesi europei e basati su documenti provenienti da archivi di Stato e fonti ecclesiastiche, assunse comportamenti antropofagi. In un documento del maggio 1654 tratto dai registri di una parrocchia, si legge per esempio: «Pietro Maria figlio di Giovanni Scazzoso detto Farré di età d'anni nove e mezzo, ucciso dal lupo nel ritornare dal pascolo con li bovi adì 17 la sera, fu seppellito il seguente giorno». In tutto, per l'Italia, sono riportate circa 60 uccisioni, e solo per alcune province del nord, soprattutto per la fascia collinare e pedemontana, stretta tra Prealpi e Pianura Padana. Di contro, altri documenti testimoniano l'abbattimento, negli stessi territori, di circa 600 lupi. L'ultimo caso di antropofagia risale al 1825, l'ultima uccisone di lupo al 1897. Nel resto dell'Europa la situazione era analoga. In Francia, in quei secoli, il terrore tra la popolazione era tale che si iniziò a invocare, per protezione, san Lupo, e nacque la convinzione che le *bestie* che spargevano tutto quel sangue umano non fossero normali lupi, ma esseri mostruosi, «come i lupi ma con le zampe più lunghe», lupi mannari. Nel XVIII secolo nacqua la leggenda della bestia del Gévaudan, un mostruoso lupo responsabile della morte di centinaia di persone. Sempre in Francia si arrivò a pregarlo, il lupo: «Nel nome del padre, del figlio, dello spirito santo; lupi e lupe, io vi scongiuro, vi scongiuro in nome della santissima vergine, come è vero che nostra signora fu incinta, che voi non abbiate a prendere né uccidere alcuno degli animali del nostro gregge, agnelli, pecore o montoni, né a loro fare alcun male». La popolazione umana era terrorizzata e indebolita, fiaccata dalle malattie, dalla miseria e dalla fame; dilagavano l'abbandono dei bambini e il lavoro minorile; dilagava anche la rabbia lupina, che prima di ucciderli rendeva gli animali aggressivi. Molte di quelle uccisioni furono dovute a lupi rabidi, altre a lupi cacciatori di pecore che avevano imparato a uccidere i pastori, spesso bambini. Alla fine del XIX secolo il lupo era definitivamente scomparso dalla Francia, dall'Italia settentrionale e da gran parte dell'Europa. La storia ha fatto il suo corso, ci sono state rivoluzioni industriali e culturali, la popolazione umana è triplicata, quella lupina decimata. Questa, in poche righe, la vicenda del lupo, e dell'uomo, negli ultimi secoli. E oggi? Cosa sta accadendo?

Dall'Appennino, a partire dagli anni settanta, la popolazione del lupo italiano ha iniziato a riconquistare spazi e vigore, passando dalle poche decine di esemplari, forse 100, dispersi in quattro aree isolate tra loro, agli 800-1000 o forse più che percorrono la Penisola dalla Calabria alle Alpi occidentali e centrali, attraversano le periferie di città come Roma, Firenze, Genova o Parma, penetrano in Francia e in Svizzera. Un successo dovuto a un concatenarsi di fattori ambientali, storici, economici e politici, l'uno indissolubilmente legato all'altro: l'urbanizzazione esplosa nel dopoguerra e il conseguente spopolamento delle zone rurali e montane; il rimboschimento e la rinaturalizzazione di vasti territori prima densamente coltivati e pascolati; la conseguente creazione di corridoi che hanno ricompattato e tolto dall'isolamento le piccole e residue popolazioni di lupo; il mutato atteggiamento della società nei confronti del lupo e della natura in generale; lo status di specie protetta conferita alla specie *Canis lupus* a partire dal 1971, anno in cui ne è stata vietata la caccia; la politica dei parchi; la diffusione sul territorio di cervi, daini, cinghiali e caprioli, dovuta in gran parte a progetti, a volte avventati, di reintroduzione; la diminuzione della pressione venatoria; la permanenza, in molte aree montane, del pascolo brado di pecore, vacche e cavalli; le conoscenze sempre più approfondite sulla diffusione, l'ecologia, l'etologia dell'animale, fino agli anni sessanta quasi mitico. E certamente l'intelligenza, l'adattabilità, la plasticità di una specie capace di nutrirsi di rifiuti, resistere a trappole, fucili e bocconi avvelenati, alla competizione e all'ibridazione con i cani inselvatichiti. Dagli anni novanta è di nuovo al nord, da dove come abbiamo visto era scomparso da oltre cento anni. Ha ritrovato enormi estensioni protette spesso transnazionali, politiche ambientali nuove, uomini diversi, disponibilità di prede. Ma anche gli eterni problemi di convivenza con *Homo sapiens*, che in fondo sono quelli tra due specie che competono per le risorse. Dobbiamo aspettarci che il lupo del XXI secolo riprenda a mangiare persone? La risposta è no: l'antropofagia nel lupo è una condizione eccezionale, assolutamente marginale e legata a situazioni ambientali del tutto particolari. Nell'Italia e nell'Europa del nostro tempo il lupo antropofago è un lontano ricordo, perché il Paese è cambiato profondamente, i rapporti di forza sono ribaltati, le condizioni ambientali e socio-economiche che ne avevano condizionato il comportamento sono scomparse. E da quasi due secoli, anche laddove il lupo è sopravvissuto allo sterminio, o è tornato, non si verificano casi di antropofagia. Aver paura del lupo oggi in Italia è come aver paura della peste nera, o se si vuole del diavolo e delle streghe. Con la non secondaria differenza che a differenza del diavolo e delle streghe il lupo esiste, è una specie biologica, è un grande predatore e porta, insita nella sua natura, la pericolosità di qualsiasi animale selvatico. Ma quanti escursionisti, pastori, contadini, raccoglitori di funghi sono stati assaliti dai lupi negli ultimi centonovanta anni? Nessuno. Quanti di loro hanno mai solamente visto un lupo? Pochissimi fortunati.

Eppure i pregiudizi ancora perseguitano il lupo. Due studi sulla percezione del lupo da parte della popolazione, condotti nel 2005 in Piemonte e nel 2011 tra i residenti del Parco Nazionale d'Abruzzo, Lazio e Molise, hanno dimostrato come intorno al lupo sopravvivano ancora convinzioni errate riguardo alla sua biologia, alle caratteristiche fisiche, agli aspetti riproduttivi, alla sua recente storia biologica nel nostro Paese. Moltissime persone sono convinte che il ritorno del lupo sia dovuto a reintroduzioni, ignorano che la specie sia protetta a livello nazionale e lo ritengono nocivo per l'ambiente; soprattutto, in Piemonte, un terzo degli intervistati ritiene ancora che il lupo sia pericoloso per le persone. Come il lupo del XXI secolo teme istintivamente l'uomo e lo evita, così l'uomo, o qualcosa di profondo dentro di lui, teme il lupo, al di là di ogni esperienza ed evidenza. Le paure non sono sempre infondate, le leggende non radicano necessariamente nel falso, ma nel nostro teatro interiore, al lupo più che a ogni altro animale abbiamo da sempre affidato la parte più oscura di noi. Il lupo è invariabilmente *cattivo*, quasi fosse una sua caratteristica etologica. È il licantropo. La sua natura mostruosa fatica a morire, forse perché è ancor prima la nostra: *homo homini lupus*.

Mentre scrivo (febbraio 2012) l'Italia è reduce da quella che ai giornali e alle televisioni piace chiamare «ondata di gelo senza precedenti». In effetti nelle prime settimane di febbraio è caduta moltissima neve, al nord come al sud, e intere regioni, soprattutto l'Emilia Romagna, le Marche e l'Abruzzo, hanno avuto enormi difficoltà. Ci sono stati morti per il freddo, sono crollate abitazioni e chiese; molte stalle non hanno retto il peso della neve. Uomini, animali domestici e selvatici stremati, paesi rimasti isolati per giorni, senza luce né riscaldamento né cibo. C'è stato chi è morto assiderato in macchina mentre attraversava l'Appennino dal Lazio all'Abruzzo. Tempo da lupi. E i lupi infatti sono comparsi dal nulla, qua e là. Li hanno visti aggirarsi nelle vie dei paesi, come sempre pronti ad approfittare delle umane disgrazie. In Val Marecchia (RN) un uomo è stato aggredito da un branco di lupi. È il 10 febbraio. Lo mordono, riesce a salire in macchina, è salvo e dà l'allarme. Si saprà poi che ad aggredirlo non erano stati lupi, ma cani. Negli stessi giorni un'altra persona, un escursionista piemontese, dichiara ai giornali che due lupi lo hanno seguito nei boschi durante una passeggiata, sparendo e riapparendo davanti e dietro a lui, tenendosi sempre a pochi metri, minacciosi. Anche lui riesce ad arrivare in macchina e torna a casa. Alla domanda: «Sei stato aggredito?» risponde: «No, ma ho avuto paura». Illeso. Ma tanto basta. Si scatena una massiccia campagna anti lupo, e un comitato di cacciatori del Cuneese arriva a chiedere, finalmente, di poter sparare all'animale (inteso come specie) e risolvere una volta per tutte la questione. Dopo due settimane l'*emergenza neve* termina definitivamente, si inizia a sentire odore di primavera e con l'inverno foriero di morte spariscono anche i lupi, dai paesi e dalle cronache.

Ha scritto Michele Serra su Repubblica (12 febbraio 2012):

> Questa reviviscenza di altri secoli – al lupo! al lupo! – è stata il corollario favolistico di una manciata di giorni effettivamente duri e per qualcuno, purtroppo, anche mortali. Ma utili a capire – se lo volessimo – che la scorza tecnologica che ci ripara dalla natura è più fragile di quello che presumiamo. Il lupo è ancora dietro l'uscio, è sull'orlo della foresta, così come la morte e l'indigenza, il gelo e l'ascia del tempo che passa. Ma non si deve avere paura, la vita è forse meno confortevole di come ce l'ha apparecchiata il noioso, ottundente consumismo, ma ben più potente. Più tenebrosa, ma anche più luminosa. Più rischiosa, ma più sorprendente.

Conclusione

Non posso non concludere questo libro con due immagini. La prima è ancora legata all'Africa. Durante il mio soggiorno nella Repubblica Sudafricana presi un'infezione ai reni, che però fu curata in pochi giorni grazie agli antibiotici; fui punto da alcune zecche, che non mi trasmisero per fortuna alcun agente patogeno; evitai la malaria grazie al chinino (ma forse non l'avrei contratta comunque); nonostante le mie scarse precauzioni nel manipolare organismi d'acqua dolce non contrassi la bilharziosi né altre parassitosi simili; sfuggii sempre ai coccodrilli e ai bufali né fui attaccato da leopardi o iene. L'unico pericolo dal quale non scampai non venne dagli animali, né dalla natura in generale, ma dagli uomini, *i miei simili*, sull'asfalto. Inseguito, circondato, picchiato e rapinato, in pieno centro, di giorno, in una delle città più pericolose del mondo, nella più completa indifferenza dei passanti.

Seconda immagine. Italia. Mentre percorrevo, in automobile, una strada nel bosco vidi una vipera. Era sull'asfalto, immobile come sono immobili le vipere. La superai, convinto di averla evitata, ma quando scesi a vedere la trovai tremante, non reattiva, con la bocca spalancata. Non era ancora morta, ma l'avevo uccisa. Con cautela la trascinai per la coda e la lasciai su un prato vicino, montai in macchina e ripartii. L'ennesima vittima della strada, che però non entrerà mai in nessuna statistica.

Ringraziamenti

Desidero ringraziare le tante persone che mi hanno aiutato in questi mesi di scrittura, nella speranza di non dimenticarne nessuna: Ferdinando Boero, Claudia Bordese, Paolo Ciucci, Stefano De Felici, Dario Domeneghetti, Federica Galvagno, Michele Luzzatto, Maurizio Mei, Giancarlo Minore, Renato Minore, Raniero Panfili, Giovanni Ragionieri, Emanuela Solano, Ilaria Splendorini, Marco Zuffi. Un grazie a Marco Lucarelli, per la revisione della parte marina e le lunghe telefonate mattutine, e ad Antonio Romano, per i suoi lupi e le sue vipere. Ancora un grazie a tutti gli erpetologi della mailing list della Societas Herpetologica Italica, in particolare Luca Cavigioli, Gabor Dalmati, Stefano Doglio, Umberto Fusini, Dante Magnetti, Fabio Pupin e Sebastiano Salvidio. Un grazie particolare a Marzia Minore, per l'indispensabile lettura, attenta e critica, di cui io e il libro avevamo bisogno. Un ultimo grazie a mio padre, per il sostegno e la fiducia incondizionati che mi ha dato mentre scrivevo le pagine del libro e quelle, ben più importanti, della vita.

Appendice

Elenco delle specie citate

ALGHE UNICELLULARI

Dinoflagellati

Exuviella mariaelabouriae (dinoflagellato)
Gymnodinium veneficum (dinoflagellato)

PORIFERI

Suberites domuncula (spugna del paguro o pallottola)

CNIDARI

Scifozoi (meduse)

Aurelia aurita (medusa)
Cotilorhyza tubercolata (medusa)
Drymonema dalmatinum (medusa)
Pelagia noctiluca (medusa)
Rhizostoma pulmo (polmone di mare)

Antozoi (anemoni di mare)

Actinia equina (attinia o pomodoro di mare)
Anemonia viridis (attinia o anemone di mare)
Calliactis parasitica (ortica di mare o anemone del paguro)

Idrozoi

Physalia physalis (caravella portoghese)
Macrorhynchia philippina

Cubozoi (cubomeduse)

Carybdea marsupialis (vespa di mare)

Chironex fleckeri (vespa di mare)

PLATELMINTI

Trematodi Digenei

Dicrocoelium dendriticum
Fasciola hepatica (fasciola epatica)
Opisthorchis felineus
Schistosoma haematobium (schistosoma)
Schistosoma japonicum (schistosoma)
Schistosoma mansoni (schistosoma)

Cestodi

Diphylidium caninum (tenia del cane)
Diphyllobotrium dendriticum (botriocefalo)
Diphyllobotrium elegans (botriocefalo)
Diphyllobotrium erinaceieuropaei (botriocefalo)
Diphyllobotrium fuhrmanni (botriocefalo)
Diphyllobotrium hians (botriocefalo)
Diphyllobotrium latum (botriocefalo)
Diphyllobotrium medium (botriocefalo)
Echinococcus
Echinococcus granulosus (echinoccocco)
Taenia multiceps (tenia)
Taenia saginata (tenia)
Taenia solium (tenia o verme solitario)

NEMATODI (vermi tondi)
Ancylostoma duodenale (anchilostoma)
Anisakis simplex
Ascaris lumbricoides (ascaride)
Caenorhabditis elegans
Dirofilaria immitis (filaria)
Dirofilaria repens (filaria)
Hysterothylacium
Pseudoterranova
Strongyloides stercoralis (strongiloide)
Toxocara canis
Toxocara cati
Trichinella britovi (trichinella)
Trichinella spiralis (trichinella)
Trichuris trichiura (tricocefalo)

MOLLUSCHI

Bivalvi

Anodonta
Dreissena polymorpha (bivalve zebra)
Mytilus galloprovincialis (cozza o mitile)
Ostrea edulis (ostrica)
Pisidium
Unio

Gasteropodi

Aplysia (lepre di mare)
Buccinum (buccino)
Bulinus truncatus
Bolinus brandaris (murice spinoso)
Stramonita haemastoma (porpora)

Cefalopodi

Octopus vulgaris (polpo)

ANELLIDI

Policheti

Hermodice carunculata (verme cane o vermocane)
Lumbriconereis brevicirra (polichete o verme marino)
Lumbriconereis heteropoda (polichete o verme marino)
Marifugia cavatica (polichete d'acqua dolce)

ARTROPODI

Crostacei Decapodi

Cancer pagurus (granciporro o granchio)
Homarus gammarus (astice)
Eupagurus bernhardus (paguro bernardo)
Macrocheira kaempferi (granchio gigante del Giappone)
Palinurus elephas (aragosta del Mediterraneo)

Crostacei Cirripedi

Sacculina carcini

Crostacei Copepodi

Asterocheres suberitis

Aracnidi Scorpiones

Buthus occitanus

Euscorpius italicus (scorpione)

Aracnidi Acari

Argas reflexus
Demodex folliculorum (demodecio dei follicoli)
Dermanissus gallinae (acaro dei polli)
Dermatophagoides pteronyssinus (acaro della polvere)
Ixodes persulcatus (zecca)
Ixodes ricinus (zecca dei boschi o zecca) della *pecora*
Phytoseiulus persimilis (fitoseide)
Rhipicephalus sanguineus (zecca del cane)
Sarcoptes scabiei (acaro della scabbia)
Tetranychus urticae (acaro delle serre o ragnetto rosso)
Trombicula ectoparassita (trombicula o cinghialina)
Trombidium holosericeum (acaro rosso o ragnetto rosso)

Aracnidi Aranee

Latrodectus tredicemguttatus (malmignatta o ragno volterrano)
Loxosceles rufescens (ragno violino)
Lycosa tarentula (tarantola)

Miriapodi

Scolopendra cingulata (scolopendra)
Scutigera coleoptrata (scutigera o centopiedi)

Insetti Blattoidei

Blatta orientalis (scarafaggio nero)
Blattella germanica (fuochista o blatta o scarafaggio)
Periplaneta americana (blatta americana)

Insetti Eterotteri

Cimex columbarius (cimice dei colombi)
Cimex lectularius (cimice dei letti)
Cimex pipistrelli (cimice dei pipistrelli)
Oeciacus hirundinis (cimice della rondine)
Palomena (cimice fetida)

Insetti Anopluri

Pediculus humanus (pidocchio)
Pediculus humanus capitis (pidocchio del capo)
Pediculus humanus humanus (pidocchio del corpo o pidocchio dei vestiti)
Phthirus pubis (piattola)

Insetti Lepidotteri

Catocala (catocala)
Apopestes
Saturnia pyri (saturnia del pero)
Thaumetopoea pityocampa (processionaria del pino)
Thaumetopoea processionea (processionaria della quercia)

Insetti Coleotteri

Lytta (vescicatoria cantaride o mosca di Spagna)
Paederus fuscipes (pedero fasciato)

Insetti Afanitteri

Ctenocephalides canis (pulce del cane)
Ctenocephalides felis (pulce del gatto)
Pulex irritans (pulce dell'uomo)
Xenopsylla cheopis (pulce del ratto orientale)

Insetti Ditteri Brachiceri

Musca domestica (mosca domestica)
Cochliomya hominivorax
Wohlfahrtia magnifica

Insetti Ditteri Nematoceri Culicidi

Aedes aegypti
Aedes albopictus
Aedes albopictus (zanzara tigre)
Aedes koreicus
Anopheles anofele
  Anopheles labranchiae (anofele)
  Anopheles sacharovi (anofele)
  Anopheles superpictus (anofele)
Culex pipiens (zanzara comune)
Culex pipiens molestus (zanzara conune)
Ochlerotatus
Ochlerotatus mariae

Insetti Ditteri Nematoceri Ceratopogonidi

Culicoides imicola
Leptoconops bezzii
Leptoconops irritans

Insetti Ditteri Nematoceri Flebotomidi

Phebotomus perfiliewi (flebotomo, pappatacio)
Phebotomus perniciosus (flebotomo, pappatacio)

Phlebotomus papatasii (flebotomo, pappatacio)

Insetti Imenotteri Vespoidei

Delta unguiculatum
Hypoponera punctatissima (formica)
Iridomyrmex humilis (o *Linephitema humile*) (formica argentina)
Manica rubida (formica)
Monomorium pharaonis (formica)
Myrmica (formica)
Megascolia flavifrons (scolia)
Polistes gallicus (vespa cartonaia)
Scleroderma
Urocerus gigas (sirice gigante o vespa del legno)
Vespa crabro (calabrone)
Vespula germanica (vespa di terra)
Vespula vulgaris (vespa comune)

Insetti Imenotteri Apoidei

Apis mellifera (ape)
Bombus (bombo)
Xilocopa violacea (xilocopa)

BRIOZOI
Alcyonidium gelatinosum (briozoo)

ECHINODERMI

Asteroidei

Acanthaster (stella marina dell'Indo-Pacifico)
Echinaster sepositus (stella marina rossa)
Marthasteria (stella spinosa)
Marthasteria glacialis (stella spinosa)

Echinoidei

Echinocardium (riccio di mare)
Centrostephanus longispinus (riccio di mare o riccio corona)
Paracentrotus lividus (riccio di mare comune)
Spatangus (riccio di mare)
Spheraechinus granularis (riccio di mare)

Oloturoidei

Holoturia (oloturia o cetriolo di mare)
Holothuria tubulosa (oloturia o cetriolo di mare)

CORDATI VERTEBRATI

Pesci Cartilaginei o Condroitti o Condritti

Alopias vulpinus (squalo volpe)
Carcharias taurus o *Eugomphodus taurus* (squalo toro)
Carcharinus (squalo grigio)
Carcharodon carcharias (squalo bianco)
Chimaera monstrosa (chimera)
Dasyatis centroura (trigone spinoso)
Dasyatis pastinaca (pastinaca o trigone)
Dasyatis violacea (trigone viola)
Galeocerdo cuvier (squalo tigre)
Galeorhinus galeo (cagnesca)
Gymnura altavela (altavela)
Heptranchias perlo (notidiano cinereo)
Hexanchus griseus (notidiano grigio)
Isurus oxyrinchus (squalo tonno)
Lamna nasus (squalo smeriglio)
Mobula mobular (manta o diavolo di mare)
Manta birostris (manta gigante)
Mustelus mustelus (palombo)
Myliobatis aquila (aquila di mare)
Odontaspis ferox (squalo tonno o cagnaccio)
Prionace glauca (verdesca)
Pteromylaeus bovinus (pesce vescovo o colombo di mare)
Sphyrna (squalo martello)
Squalus acanthias (spinarolo)
Torpedo marmorata (torpedine mamoreggiata)
Torpedo nobiliana (torpedine nera)
Torpedo torpedo (torpedine comune o torpedine ocellata)
Scyliorhinus canicula (gattuccio)

Pesci Ossei o Osteitti

Amphiprion (pesce pagliaccio)
Anarchias euryurus (murena nana)
Diodon hystrix (pesce istrice)
Echiichthys (Trachinus) vipera (tracina o pesce ragno)
Gymnothorax unicolor (murena nera o murena monaca)
Helicolenus dactylopterus (scorfano di fondale)
Lagocephalus lagocephalus (capolepre)
Muraena helena (murena mediterranea)
Sarpa salpa (salpa)
Scorpaena porcus (scorfano nero)
Scorpaena scrofa (scorfano rosso)

Thunnus thynnus (tonno rosso
Trachinus araneus (tracina o pesce ragno)
Trachinus draco (tracina o pesce ragno)
Trachinus radiatus (tracina o pesce ragno)
Uranoscopus scaber (pesce prete)

Rettili Squamati Ofidi

Naja naja (cobra)
Vipera ammodytes (vipera dal corno)
Vipera aspis aspis (vipera comune)
Vipera aspis francisciredi (vipera comune)
Vipera aspis hugyi (vipera comune)
Vipera berus (marasso)
Vipera ursinii (vipera dell'Orsini)
Vipera ursinii ursinii (vipera dell'Orsini)

Mammiferi Roditori

Mus domesticus (topo domestico)
Mus musculus domesticus (topo domestico)
Mus musculus musculus (topo domestico)
Rattus norvegicus (ratto delle chiaviche)
Rattus rattus (ratto nero)

Mammiferi Carnivori

Canis lupus italicus (lupo appenninico)

Bibliografia

AA.VV.

1985 *Enciclopedia del regno animale*. V: *Mammiferi*, I, Mondadori, Milano.

1991 *Zoologia. Trattato italiano II*, Grasso, Bologna.

2002 *Malattie infettive emergenti di interesse medico e veterinario*, «Quaderni di igiene pubblica e veterinaria», XIV.

2010 *Parassiti d'Italia. Quadro parassitologico minimo nazionale*, «SoIPa», giugno.

Audebert, Françoise *et al.*

1994 *Viper Bites in France. Clinical and Biological Evaluation. Kinetics of Envenomations*, «Human & Experimental Toxicology», XIII, 10, pp. 683-88.

Arcangeli, G. *et al.*

1996 *Prove sperimentali sulla vitalità di larve del genere Anisakis in semiconserve ittiche*, «Industria Conserve», LXXI, pp. 502-07.

Arnold, Edwin Nicholas e Burton, John A.

1985 *Guida dei rettili e degli anfibi d'Europa*, Muzzio, Padova.

Balbi, Rosellina

1984 *Madre paura. Quell'istinto antichissimo che domina la vita e percorre la storia*, Mondadori, Milano.

Bartolommei, Paola, Di Domenico Marco e Zuffi, Marco A.L.

2010 *Delayed or Anticipated Reproduction in the Asp Viper (Vipera aspis)? New field records*, «Herpetology Notes», III, pp. 275-76.

Belli, Giuseppe Gioachino

1978 *La morte de Tuta* (1835), in *Sonetti*, a cura di Giorgio Vigolo, Mondadori, Milano.

Bellmann, Heiko e Maier, Gerhard

1994 *Aràcnidos, crustàceos y miriàpodos. Artròpodos europeos y de la Peninsula Ibérica (excepto insectos)*, Blume, Barcelona.

Bergbauer, Matthias, Myers Robert F. e Kirschner, Manuela

2009 *Dangerous Marine Animals. Mediterranean, Caribbean, Indo-Pacific*, A & C Black, London.

Bertino, Serge, Giacomini, Valerio e Tibaldi, Ettore

1980 *Il pianeta blu. L'ambiente, la vita, la storia, l'evoluzione di mari e oceani del mondo con oltre 750 schede per riconoscere i pesci e tutti gli altri animali che vivono lungo le coste*, Fabbri, Milano.

Bigazzi, Maurizio e Fellegara Ida

2000 *Animali pericolosi del Mediterraneo*, Calderini-Edagricole, Bologna.

Bigazzi, Maurizio e Gardenghi Giuseppe

1994 *Animali pericolosi al mare, ai monti, in casa*, Edagricole, Bologna.

Bordese, Claudia

2009 *Vivere a spese degli altri. Elogio del parassitismo*, Blu, Torino.

Cagnolaro, Luigi *et al.*

1992 *Dati storici sull'antropofagia del lupo nella Padania centrale*, in «Atti del convegno nazionale "Dalla parte del lupo"», Parma.

Chiesa, Ferruccio

2002 *Animali marini pericolosi*, IRECO, Formello.

Corti, Claudia *et al.* (a cura di)

2011 *Fauna d'Italia. 45: Reptilia*, Calderini, Bologna.

Darwin, Charles

1989 *Viaggio di un naturalista intorno al mondo*, Einaudi, Torino.

De Carneri, Ivo

2004 *Parassitologia generale e umana*, Casa Editrice Ambrosiana, Milano.

Delumeau, Jean

1978 *La Peur en Occident. XIVe-XVIIIe siècles. Une cité assiégée*, Fayard, Paris [trad. it. *La paura in Occidente. Secoli 14.-18. La città assediata*, SEI, Torino 1978].

De Martino, Ernesto

1959 *Sud e magia*, Feltrinelli, Milano.
1961 *La terra del rimorso*, il Saggiatore, Milano.

Doudier, Barbara *et al.*

2007 *Possible Autochthonous Malaria from Marseille to Minneapolis*, «Emerging Infectious Disease», XIII, 8, pp. 1236-238.

Dutto, Moreno

2006 *Artropodi terrestri pericolosi sul territorio italiano. Centopiedi, Aracnidi e Insetti*, Fusta, Saluzzo.

Galvagno, F.

2005 *Il lupo (Canis lupus) in Piemonte. Opinioni e atteggiamenti delle comunità locali*, Tesi di laurea, Università degli Studi di Torino.

Ghiretti, Francesco e Cariello, Lucio

1984 *Gli animali marini velenosi e le loro tossine*, Piccin, Padova.

Giacometti, Andrea *et al.*

1999 *Prevalence of Toxocara spp in Public Playgrounds in a Town of Central Italy*, «Le Infezioni in Medicina», VII, 3, pp. 163-67.

Giangrande, Adriana e Gravina Maria Flavia

2000 *Simbiosi. Interazioni e associazioni fra organismi*, UTET, Torino.

Hayward Peter Joseph, Nelson-Smith Tony e Shields, Chris

2005 *Guide de bords de mer. Mer du Nord, Manche, Atlantique, Mediterranée. Identifier plus de 3000 espèces animales et végétales*, Delachaux et Niestlé, Lausanne-Paris.

Khovry, Cristina e Maroli, Michele

2004 *La zecca del piccione Argas reflexus (Acari: Argasidae) e i rischi per la salute umana*, «Annuali dell'Istituto Superiore di Sanità, XL, 4, pp. 427-32.

Kupriyanova, Elena K.

2009 *Evolution of the Unique Freshwater Cave-Dwelling Tube Worm Marifugia cavatica (Annelida: Serpulidae)*, «Systematics and Biodiversity», VII, pp. 389-401.

Marcoaldi, Franco

2011 *Baldo. I cani ci guardano*, Einaudi, Torino.

Marples, Nicola M., Brackfeld, Paul M. e Cowie, Richard J.

1989 *Differences Between the 7-Spot and 2-Spot Ladybird Beetles. (Coccinellidae) in Their Toxic Effects on a Bird Predator*, «Ecological Entomology», XIV, pp. 79-84.

Millán, J. *et al.*

2011 *An Investigation into Alternative Reservoirs of Canine Leishmaniasis on the Endemic Island of Mallorca (Spain)*, «Transboundary and Emerging Diseases», LVIII, 4, pp. 352-57.

Minale, L. *et al.*

1982 *Steroidal Glycosides from Starfishes*, «Pure and Applied Chemistry», LIV, 10, pp. 1935-950.

Minore, G. *et al.*

2003 *Prevalenza di sensibilizzazione al veleno di imenotteri nei vigili del fuoco*, «Giornale italiano di allergologia e immunologia chimica», XIII, pp. 82-87.

Morini, Luigina (a cura di)

1996 *Bestiari medievali*, Einaudi, Torino.

Patterson, J.S. *et al.*

2001 *Population Morphometric Analysis of the Tropicopolitan Bug Triatoma rubrofasciata and Relationships with Old World Species of Triatoma. Evidence of New World Ancestry*, «Medical and Veterinary Entomology», XV, pp. 443-51.

Pillet, Jean-Marc e Petite, Jacques

2006 *La Vipère aspic (Vipera aspis L.) en Valais. Biologie, répartition et étude rétrospective de 99 cas de morsure entre 1975 et 2005*, «Bulletin Murithienne», CXXIV, pp. 7-16.

Pozio, Edoardo

1988 *Venomous Snake Bites in Italy. Epidemiological and Clinical Aspects*, «Annals of Tropical Medicine and Parasitology», XXXIX, 1, pp. 62-66.

Reid, Fiona A.

1997 *A Field Guide to the Mammals of Central America and Southest Mexico*, Oxford University Press, New York.

Rigutti, Adriana

2010 *Zoologia*, Giunti, Firenze-Milano.

Romi, Roberto

2001 *Aedes albopictus in Italia. Un problema sanitario sottovalutato*, «Annali ISS», XXXVII, 2, pp. 241-47.

Romi, Roberto *et al.*

2002 *La malaria in Italia nel 2000-01*, «BEN-Notiziario ISS», XV, 7-8.

Sanchcz-Monsalvez, I.

2005 *A New Procedure for Marinating Fresh Anchovies and Ensuring the Rapid Destruction of Anisakis larvae*, «Journal of Food Protection», LXVIII, 5, pp. 1066-072.

Sartre, Jean Paul

1949 *Les Chemins de la liberté*. II: *Le Sursis*, Gallimard, Paris [trad. it. *Il rinvio*, Mondadori, Milano 1958].

Serra, Michele

2012 *L'amaca*, «la Repubblica», 11 febbraio.

Toma, L. *et al.*

2011 *Aedes aegypti. Risk of Introduction in Italy and Strategy to Detect the Possible Re-introduction*, «Veterinaria Italiana. Collana di monografie. Monografia», XXIII.

Verga, Giovanni

1979 *Novelle rusticane* (1883), in *Tutte le novelle*, a cura di Carla Riccardi, Mondadori, Milano.

Siti internet

http://www.antropozoonosi.it/pdfterzocorso/Pecco2.pdfhttp://www.arpa.veneto.it/glossario_amb/htm/imenotteri.asp

http://www.semp.us/publications/biot_reader.php?BiotID = 195

http://www.archivi.beniculturali.it/DGA-free/Strumenti/Strumenti_CLVI_testo.pdf

http://www.ncbi.nlm.nih.gov/pubmed/3688317

http://www.regione.piemonte.it/sanita/program_sanita/specialita/dwd/imenotteri.pdf

http://www.associazioneilpungiglione.it/articolo%20associazione.pdf

http://www.omceo.bg.it/index.php?option = com_docman&task = doc_download&gid = 451&Itemid = 56. www.fishbase.org

http://assets.wwf.ch/downloads/11_04_21_faq_zum_wolf_final_it.pdf

http://www.biblio.vet.unipi.it/annali2005/77.pdf

http://www.cedifop.it/appunti/oceanografia4.htm
http://www.ecdc.europa.eu/en/publications/Publications/110920_TER_Rapid%20risk%20assessment_WNF.pdf
http://www.epicentro.iss.it/
http://www.etimo.it
http://www.eurosurveillance.org/
www.focus.it/meduse/
http://www.faunaitalia.it/checklist/
http://www.faunaeur.org/
http://www.greenpeace.org/italy/it/ufficiostampa/comunicati/estinzione-tonno/
http://illustrated-history.blogspot.com/search/label/Domenica%20Del%20Corriere
http://www.iol.co.za/
http://www.lastoriasiamonoi.rai.it/
http://www.medicoebambino.com/
http://www.odv.bo.it/2004-2//saggio-01.php
http://www.pubblicitaitalia.com/ilpesce/2008/1/7958.html
http://www.marbef.org/
http://www.medicitalia.it/minforma/Allergologia-e-immunologia/872/Allergia-al-veleno-di-api-e-vespe-imenotteri

Nuova Cultura - Introduzioni

Marco Di Domenico

Clandestini

Animali e piante senza permesso di soggiorno

Attraverso quarantacinque brevi ritratti, il libro presenta altrettante specie animali o vegetali «clandestine», che hanno colonizzato habitat naturali differenti da quelli di origine. Organismi grandi e piccoli, acquatici e terrestri, animali e vegetali, protisti e virus. Alcuni, come il gatto, la volpe, il coniglio, la capra domestica, il cervo, la carpa e il pino marittimo, sono noti a tutti; molti altri appartengono a faune e flore a noi lontane e sconosciute. Tutti hanno in comune storie di invasioni, più o meno drammatiche, hanno inventato fantasiosi sistemi di dispersione, sono stati protagonisti involontari di introduzioni azzardate da parte dell'uomo. Tutti in ogni caso sono arrivati lontano o lontanissimo, hanno stravolto gli ecosistemi che hanno trovato, quasi sempre colmando «vuoti ecologici», sostituendosi alle specie locali e riproducendosi con ritmi infinitamente più alti di quelli che avevano nei luoghi di origine.

Caso emblematico è quello dell'introduzione nel lago Vittoria, in Africa, di giovani esemplari di perca del Nilo: questo gesto ha causato l'estinzione di centinaia di specie di pesci e una irreversibile catastrofe ambientale, ha stravolto per sempre il più grande ecosistema d'acqua dolce del mondo e la vita di intere popolazioni umane, che basavano la propria economia sulla pesca.

Bollati Boringhieri

Nuova Cultura - Introduzioni

Michele Emmer

Numeri immaginari

Cinema e matematica

Spesso relegata dalla memoria degli anni di scuola tra le astruserie temibili, la matematica si prende al cinema una formidabile rivincita. I numeri e lo schermo sono affratellati dall'immaginazione. Per entrambi interi mondi diventano possibili. E oltre che possibili, diventano divertenti. Nessuno può saperlo meglio di Michele Emmer, tra i pochissimi matematici di rilievo a vantare fin dall'infanzia la dimestichezza con il mezzo cinematografico: dall'altra parte dello schermo, s'intende. È lui il bambino di nove anni che sta al pianoforte nel film *Camilla*, per la regia del padre Luciano, una delle figure eminenti della nostra cinematografia. Figlio d'arte e giovane matematico già affermato internazionalmente, Michele Emmer decide di non tenere separate le sue due passioni imperiose. Le ragioni di questo libro nascono allora e durano una vita intera. *Numeri immaginari* attinge a piene mani alle esperienze personali, ma non ha l'andamento tradizionale di un'autobiografia; fa scorribande in sessant'anni di cinema che mette in scena matematici, fornendone anche un repertorio aggiornatissimo e unico nel suo genere, ma si sottrae alle convenzioni di un saggio critico. Strutturato come un film, cattura il lettore dalla prima inquadratura ai titoli di coda. Scorrono sullo schermo delle pagine capolavori del passato e grandi produzioni di fine-inizio millennio, popolari serie televisive o corti sperimentali di scarsa circolazione, e il fermo-immagine interviene sempre al momento giusto, quando un'informazione e una chiosa competente servono a esplicitare ciò che ci era sfuggito, a richiamare libri e vicende a cui, da spettatori, non avevamo pensato. Il privilegio di avere accanto, in sala, un matematico che sa di cinema moltiplicherà il piacere della visione.

Bollati Boringhieri